フルカラー写真で覚える
鑑別問題対策
名称と用途

【配線材料・器具・機器類】

	写 真	ヒント	名称と図記号	用 途
1 ○ ×		コンクリートボックスと違い，底ふたが取れない構造になっている．四角アウトレットボックスともいう．	アウトレットボックス ※図記号としての名称は，ジョイントボックス 図記号 □	照明器具，コンセント，点滅器などの取付け位置に使用する．他のボックスへの電線の接続などもこの中で行う．
2 ○ ×		アウトレットボックスとは違って，左右にボックス固定用の穴があり，底ふた（バックプレート）が取れる構造になっている．	コンクリートボックス ※図記号としての名称は，ジョイントボックス 図記号 □	コンクリート形枠にボックスを固定するための取付け用穴が左右にあり，コンクリートに埋込む場合に用いる．用途はアウトレットボックスと同じ．
3 ○ ×		アウトレットボックス，コンクリートボックスと違い，これには打ち抜き穴がない．	プルボックス 図記号 ⊠	多くの電線管がある場所に使用するもので，この中で電線を引き込んだり，接続したりする．

4 ◯ ✕		接続する金属管の受け口（ハブ）の数で，何方出という言い方をする．1～4方出があり，2方出には，直線型と直角型がある．	丸形三方出露出ボックス	露出配管用のボックスで，電線の接続や配管の分岐に用いる．
5 ◯ ✕		電線管の挿入部分（ハブ）が突出していることに着目する．	ねじなし露出スイッチボックス	露出配管用のスイッチボックスで，点滅器やコンセントなどを取り付けるのに用いる．
6 ◯ ✕	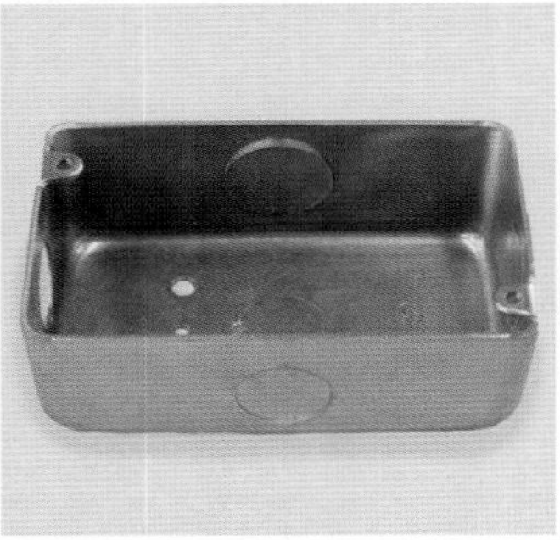	露出スイッチボックスとの形状の違いを確認しよう．	埋込スイッチボックス（金属製）	金属管の埋込配線で，点滅器やコンセントなどを取り付けるのに用いる．
7 ◯ ✕	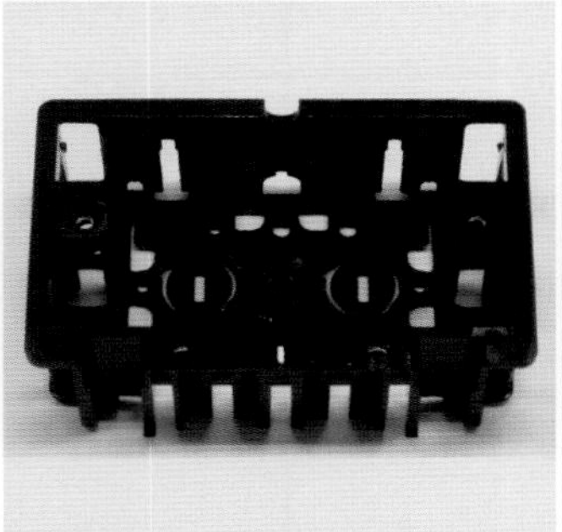	埋込形の配線器具は，金属製または難燃性絶縁物のボックスに収める．左右面，底面にノックアウトがあり，木柱や軽量鉄骨に固定できる．	埋込スイッチボックス（合成樹脂製）	埋込配線で，点滅器やコンセントなどを取り付けるのに用いる．
8 ◯ ✕		材質に着目する． 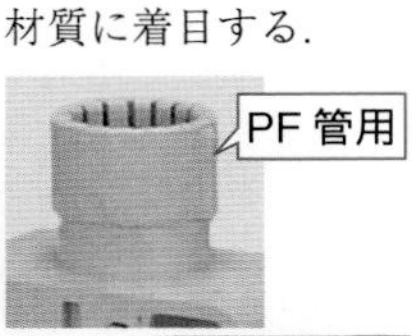 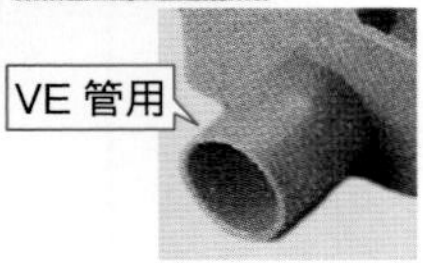 PF 管用 VE 管用	合成樹脂管用スイッチボックス	合成樹脂管用として用いるスイッチボックスで，用途は他のスイッチボックスと同じ．

9 ○ ×		下の写真のものはアウトレットボックス用である. 	ぬりしろカバー	ボックスの表面に取り付けて,内装仕上げとの調節に用いる.
10 ○ ×	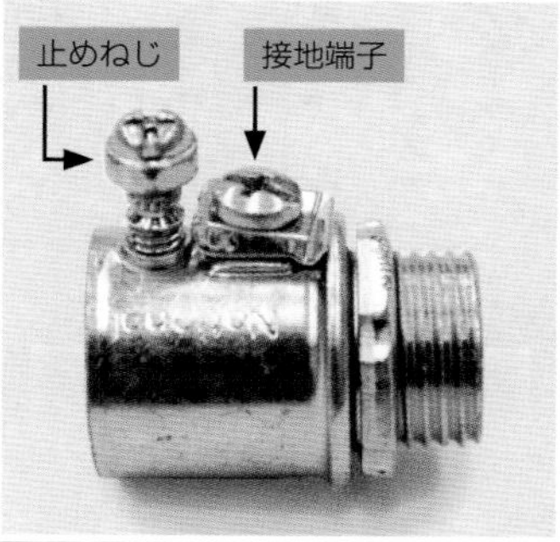 止めねじ 接地端子	内部にはねじが切られておらず,金属管を挿入して止めねじで固定する.	ねじなし ボックスコネクタ	ボックスとねじなし電線管を接続するのに用いる. 接地端子にボンド線を結線して,金属管に接地工事ができる.
11 ○ ×		コネクタ内部には,可とう管用のねじが切られている.	ストレート ボックスコネクタ	2種金属製可とう電線管とボックスの接続に用いる.
12 ○ ×		合成樹脂製のロックナットで締め付けて固定する.	合成樹脂製 可とう電線管用 ボックスコネクタ	合成樹脂製可とう電線管(PF管)とボックスの接続に用いる.
13 ○ ×		合成樹脂製で,管とボックスを接続するものである.	2号 ボックスコネクタ	硬質ポリ塩化ビニル電線管とボックスの接続に用いる.

14 ○ ✕		可とう性を持たせた電線管. 材質に着目する.	2種金属製可とう電線管	可とう性を必要とする金属配管に用いる. （使用例）電動機と金属管の間.
15 ○ ✕		可とう性を持たせた電線管. 材質から判断する. 耐燃性（自己消火性）を持ったPF管（写真）と耐燃性を持たないCD管がある.	合成樹脂製可とう電線管（PF管）	露出, 隠ぺい, 埋込配管の可とう性を必要とする合成樹脂配管に使用する.
16 ○ ✕		金属管の1本の長さは, 3.66mと決められているので, それ以上の長さで使用するときに用いる.	カップリング	金属管相互を接続するのに用いる.
17 ○ ✕		管内部の片方にねじが切ってあり, もう片方にはねじがなく, 止めねじで固定する. 両管端の径の大きさが異なる.	コンビネーションカップリング	2種金属製可とう電線管とねじなし電線管を接続するのに用いる.
18 ○ ✕		管の内部にねじがなく, 管端は止めねじで固定する.	ねじなしカップリング	ねじなし電線管相互を接続するのに用いる.

19 ⃝ ✕		これは合成樹脂管用である．材質と形状に着目する．	TSカップリング	硬質ポリ塩化ビニル電線管（VE管）相互を接続するのに用いる．
20 ⃝ ✕		内部と外部それぞれにねじが切ってあり，左右に分離できることに着目する．	ユニオンカップリング	厚鋼電線管相互を両方とも回すことのできない場合の接続に用いる．
21 ⃝ ✕		金属管の管端に取り付けて，止めねじで固定して使用する．	ねじなしブッシング	ねじなし電線管の管端に取り付けて，電線を保護する．
22 ⃝ ✕		金属管の管端やボックスコネクタに取り付けて使用する．	絶縁ブッシング	金属管の管端やボックスコネクタに取り付けて，電線を保護する．
23 ⃝ ✕		ケーブル工事で金属製ボックスなどの挿入箇所に使用する．	ゴムブッシング	金属製のボックスのケーブル挿入箇所に取り付け，ケーブルの損傷を防ぐ．

24 ⚪ ❌		アウトレットボックスと金属管の接続箇所で，ボックスの内側と外側に1枚ずつ使用する．	リングレジューサ	ボックスの穴の径が，管の径より大きい場合の接続に用いる．
25 ⚪ ❌	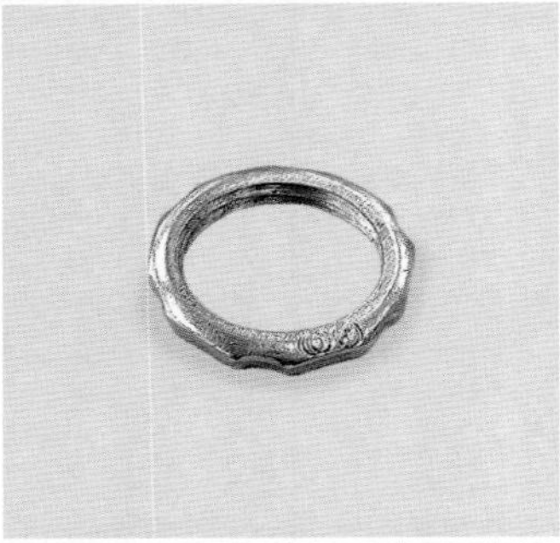	金属管工事の附属品で，内部にねじが切ってある．使用時は，表と裏があるので注意する．	ロックナット	金属管をボックスに取り付けて固定するために用いる．
26 ⚪ ❌	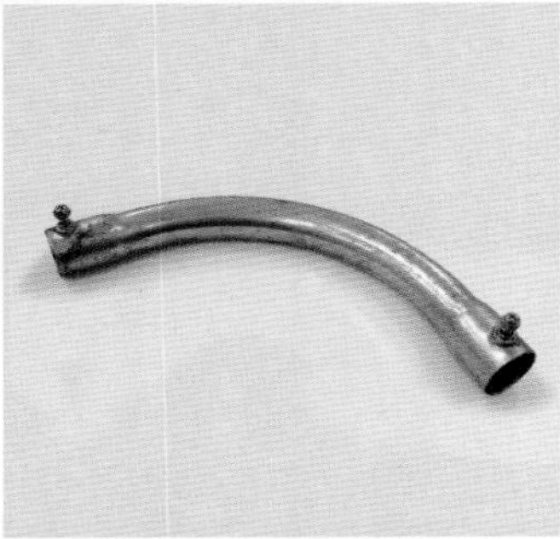	写真はねじなし電線管用である．形状に着目する．	ノーマルベンド	金属管の直角屈曲場所に用いる．
27 ⚪ ❌		ハブとカバーの位置により，LL形，LB形がある．ハブが3方出のT形もある．	ユニバーサル	露出金属配管用の直角部分に用いる．
28 ⚪ ❌	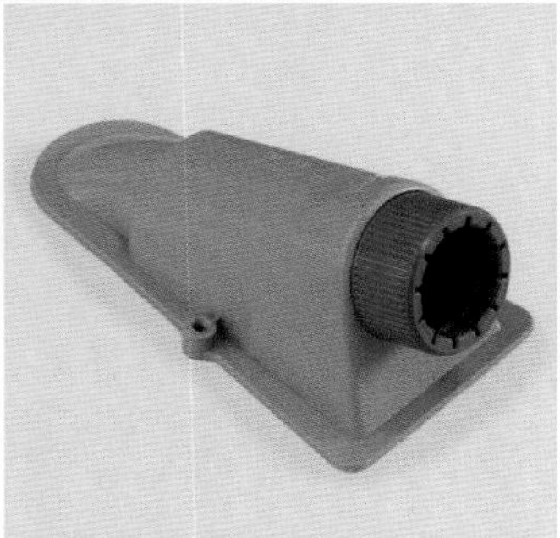	コンクリート埋設配管の出口部分にスペースを確保して，二重天井配管と接続する．CD管用はオレンジ色．	エンドカバー（PF 管用）	合成樹脂製可とう電線管をコンクリート埋設配線から二重天井内配管に移すのに用いる．

29 ◯ ✕		金属管に巻き付けて，ボンド線を右側上部の挿入溝に差し込み，締め付けて接続する．	接地クランプ (商品名：ラジアスクランプ)	金属管に接地線を取り付けるのに用いる．
30 ◯ ✕		左側の本体を鉄骨に，右側のクリップを金属管に取り付けて用いる．	パイラック (商品名)	鉄骨などに金属管を固定するのに用いる．
31 ◯ ✕		金属管工事の附属品．コンクリート面では，カールプラグを使用する．	サドル	金属管を造営材に固定するのに用いる．
32 ◯ ✕	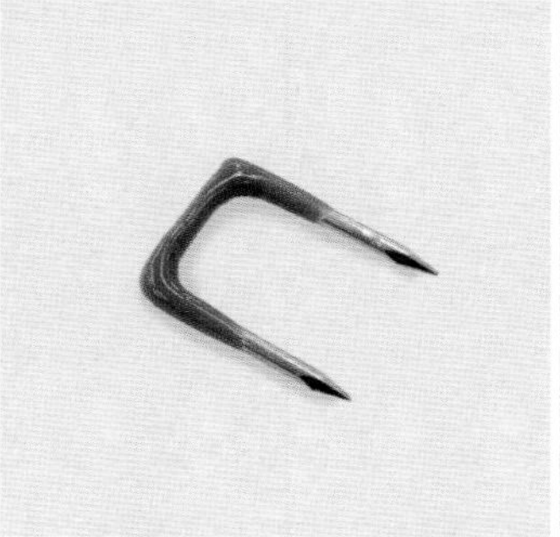	VVFケーブル工事の附属品であり，金属管工事のサドルと同じ役割のもの．ハンマで打ち込んで使用する．	ステープル (ステップル)	ケーブルの支持に用いる．
33 ◯ ✕	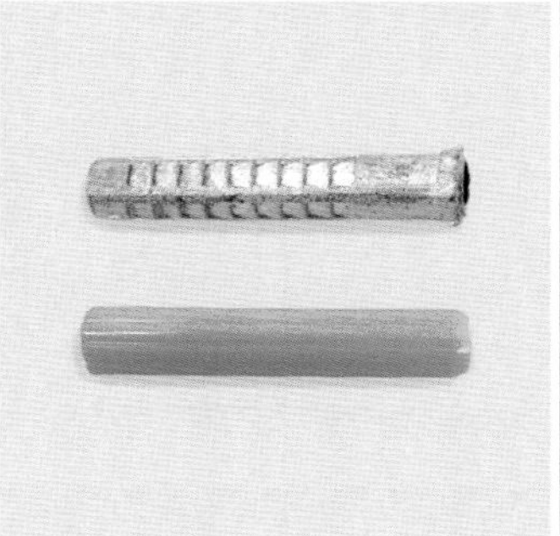	上が鉛製，下が合成樹脂製である．コンクリートに穴をあけ，打ち込んで使用する．	カールプラグ	コンクリート壁に埋め込んで，器具などをねじ止めする場合に用いる．

34 ◯ ✕	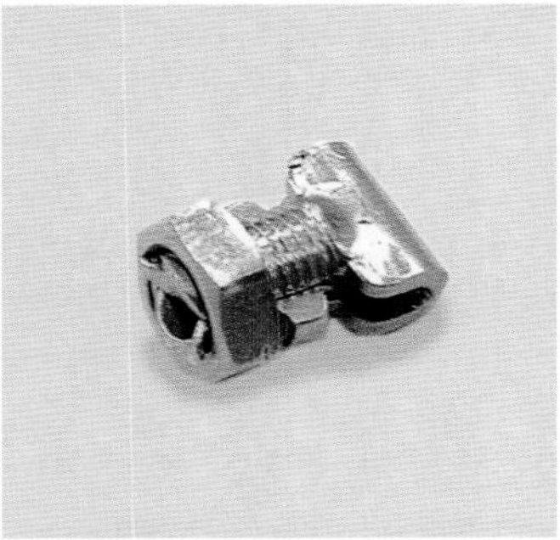	右側のU字部分に電線を差し込み，ナットで締め付けて接続する．	ボルト形コネクタ	主に屋外工事での電線接続に用いる．
35 ◯ ✕	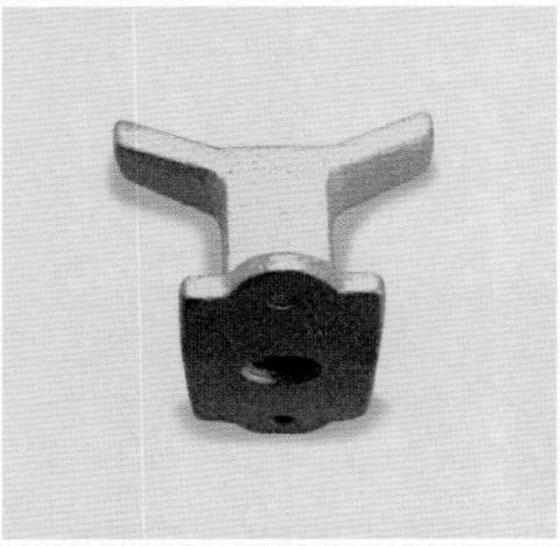	コンクリートに埋め込んで使用する材料で，各種ある．下はデッキプレート用． 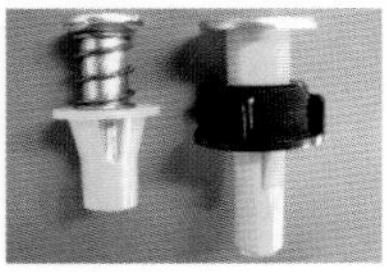	インサート	コンクリート天井に埋め込み，吊りボルトでダクト，ケーブルラック，照明器具などを取り付けるのに用いる．
36 ◯ ✕	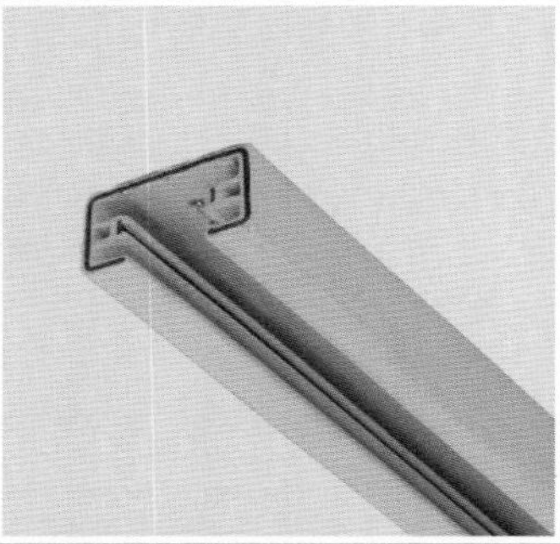	各種専用プラグにより，照明器具やコンセントなどの取付位置をダクトの任意の位置にできる．	ライティングダクト ・・・・・・・・・・・・・・ 図記号  ▢━ ━ ━ ━ LD	店舗，工場などの照明配線に用いる．
37 ◯ ✕	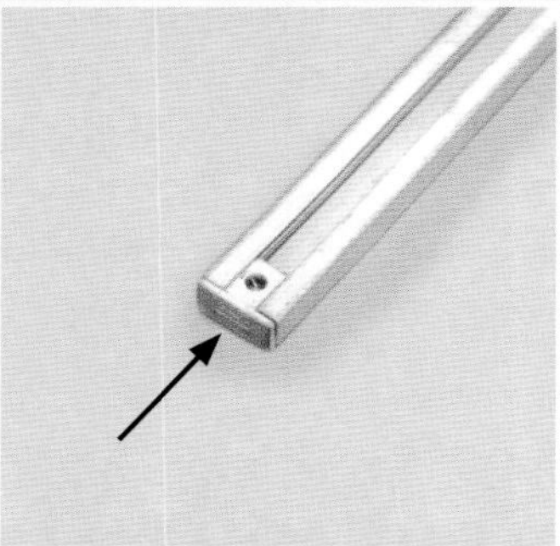	ライティングダクトと組み合わせて使用する．	エンドキャップ	ライティングダクトの終端に取り付け，導体がダクトから露出するのを防ぐ．
38 ◯ ✕		ターミナルキャップと形状が似ているが，用途の違いをしっかり確認する．	エントランスキャップ	主として引き込み口又は屋外の金属管の管端に取り付けて，雨が入らないようにする．

鑑別 8

39 ☐◯ ☐✕		エントランスキャップとの相違は，金属管の出る角度と電線の出る部分の角度の違い．	ターミナルキャップ	配管の管端に取り付けて，電線被覆の保護に用いる．
40 ☐◯ ☐✕		電線の終端接続に用い，「小」「中」「大」の種類がある．	リングスリーブ（E形）	ボックス内での電線相互の圧着接続に用いる（接続後に絶縁キャップを取り付けるか，テープ巻きが必要）．
41 ☐◯ ☐✕		電線の絶縁被覆をはいだ状態で心線を差し込んで用いる．	差込形コネクタ	ボックス内での電線相互の接続に用いる（接続後のテープ巻きは不要）．
42 ☐◯ ☐✕	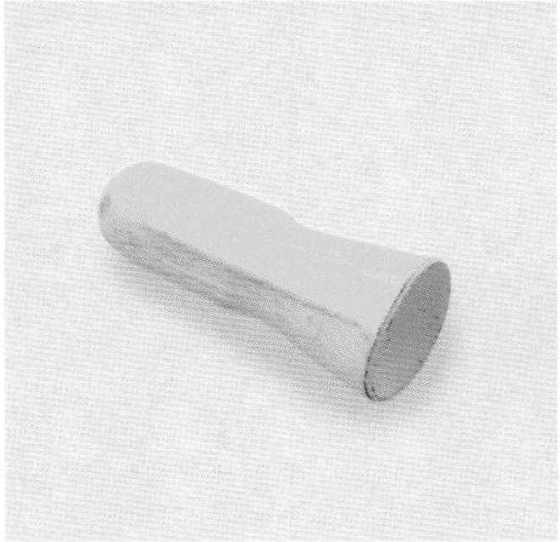	下のものは，ワイヤコネクタと呼ばれている． 	ねじ込み形コネクタ	ボックス内での電線相互の接続に用いる（接続後のテープ巻きは不要）．
43 ☐◯ ☐✕	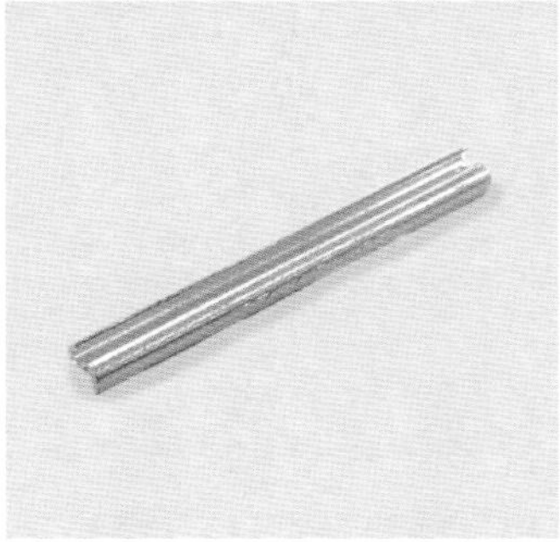	IV線の心線相互を左右から挿入して使用する．	ねじりスリーブ（S形）	がいし引き工事での電線相互の接続に用いる（接続後はテープ巻きが必要）．

44 ○ ×		丸穴にねじやボルトが入り，固定される．銅板を加工し，継目をろう付けし，電気すずメッキを施したもの．太い電線用には，取付穴が二つの端子もある．	圧着端子	電線の端に圧着し，機器類の端子結線に用いる．
45 ○ ×		コンクリートボックス，アウトレットボックスに取り付けて使用するもの．	フィクスチュアスタッド	ボックスの底部に組み込み，照明器具などの取り付けに用いる．
46 ○ ×		電球と共に用いる．	ランプレセプタクル	電球をねじ込んで使用する器具．
47 ○ ×	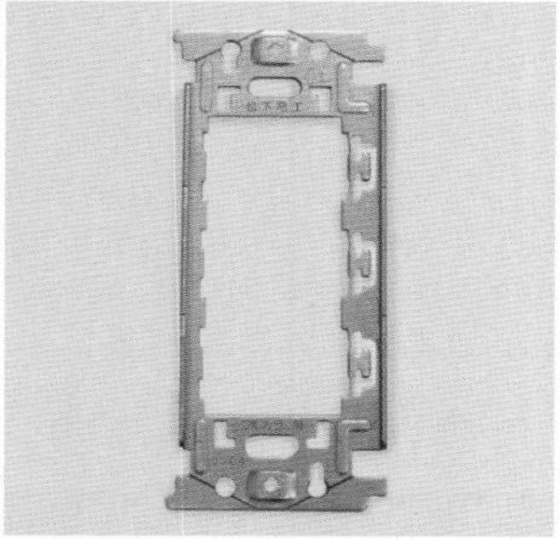	スイッチボックスやアウトレットボックスに取り付けて用いる．	埋込連用取付枠	埋込スイッチや埋込コンセントなどの器具をボックスに取り付けるのに用いる．
48 ○ ×	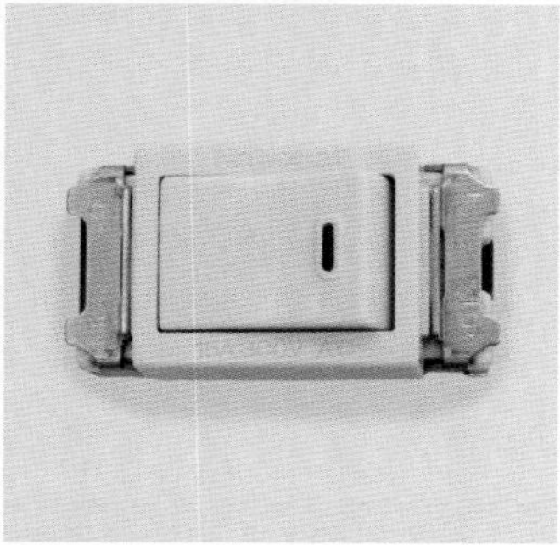	点滅器表面の █マークに着目する．	単極スイッチ（片切スイッチ） 図記号 ●	負荷の点滅用に用いる（埋込用）．

49 ⃝ ✕	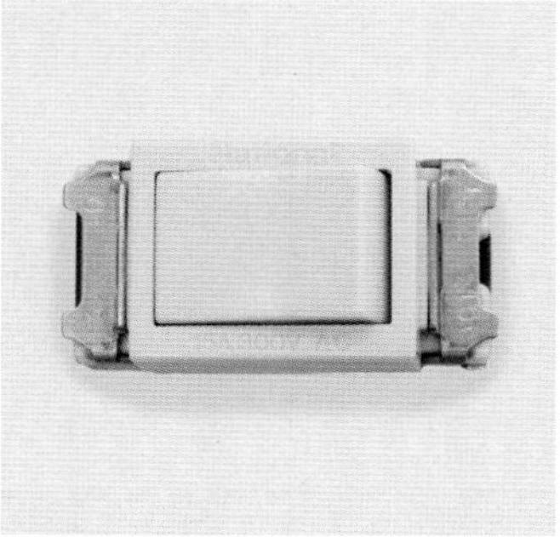	点滅器表面に■マークがないことに着目する．4路スイッチも表面は同じなので，結線部の表示に注意する．	3路スイッチ 図記号 ●₃	電灯を2箇所から点滅させるのに用いる（埋込用）．
50 ⃝ ✕		スイッチが「切」（オフ）の状態で，スイッチ右側の標示部が緑色に点灯する．「ほたるスイッチ」または「オフピカ」と商品名で呼ばれている．	位置表示灯内蔵スイッチ 図記号 ●ₕ	夜間帰宅時など，暗くてスイッチの場所がわからない箇所に用いる．照明器具の消灯時には，スイッチの標示部が緑色に点灯し，位置がわかる．照明器具の点灯時には，スイッチの標示部は消灯する．
51 ⃝ ✕		スイッチが「入」（オン）の状態で，スイッチ右側の標示部が赤色に点灯する．「ひかるスイッチ」または「オンピカ」と商品名で呼ばれている．	確認表示灯内蔵スイッチ 図記号 ●ₗ	トイレ，浴室等の室外で，換気扇の運転・停止の状態を確認したい場合に用いる．換気扇の運転時には，スイッチの標示部が赤色に点灯し，停止時にはスイッチの標示部は消灯する．
52 ⃝ ✕		本体の内部には，ネオン管が組み込まれている（電圧形）．負荷電流により，LEDを点灯する電流形もある．	パイロットランプ ※図記号としての名称は，別置された確認表示灯 図記号 ○	電灯の点灯状態や換気扇の運転状態，電源の表示に用いる（埋込用）．
53 ⃝ ✕		左側の接地側刃受の縦長の極と，右側の短い電圧側刃受の極が平行に配置され，プラグが2個差し込める．	2口コンセント（ダブルコンセント） 図記号 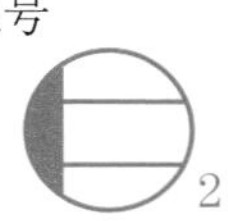 ⊖₂	極の形状より100V用のプラグが2個使用できるので，100Vの電気機器が2台使用できるコンセント．

54 ○ ✕		下側の接地側刃受の横長の極, 上側の短い電圧側刃受の極, 右側に半円の接地極がある.	接地極付コンセント 図記号 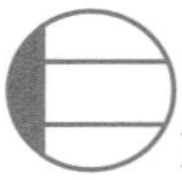 ⊖ E	極の形状より100 V用の接地極付プラグを使用し, 接地極付コンセントとして用いる.
55 ○ ✕		左側の接地側刃受の縦長の極, 右側の短い電圧側刃受の極, 中央に半円の接地極, 下部には接地端子（金色）がある.	接地極付接地端子付コンセント 図記号 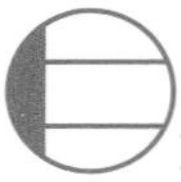 ⊖ EET	100 V用の接地極付プラグを使用し, 接地極付コンセントとして用いる. また, 100 V用の接地極なしのプラグの場合は, 電気機器からの接地線を金色の接地端子に結線する.
56 ○ ✕	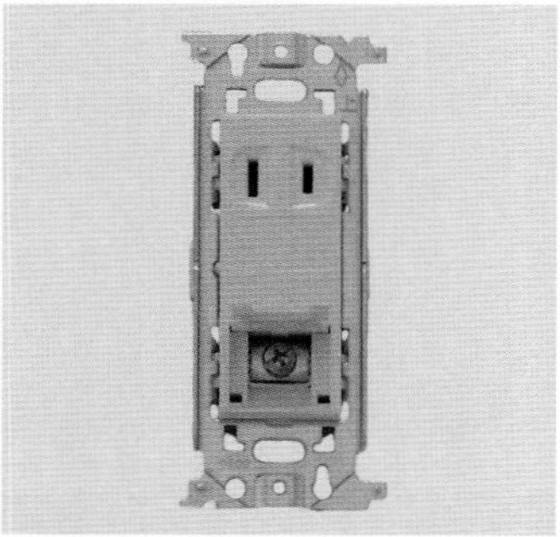	左側の接地側刃受の縦長の極, 右側の短い電圧側刃受の極, 下部には接地端子（金色）がある.	接地端子付コンセント 図記号 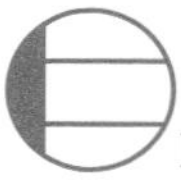 ⊖ ET	100 V用の接地極なしのプラグを使用し, 電気機器からの接地線を金色の接地端子に結線して, 接地端子付コンセントとして用いる.
57 ○ ✕		スイッチ, コンセント, パイロットランプとの違いを見極める.	接地端子 図記号  ⏚	機器の接地線を結線するために用いる（埋込用）.
58 ○ ✕	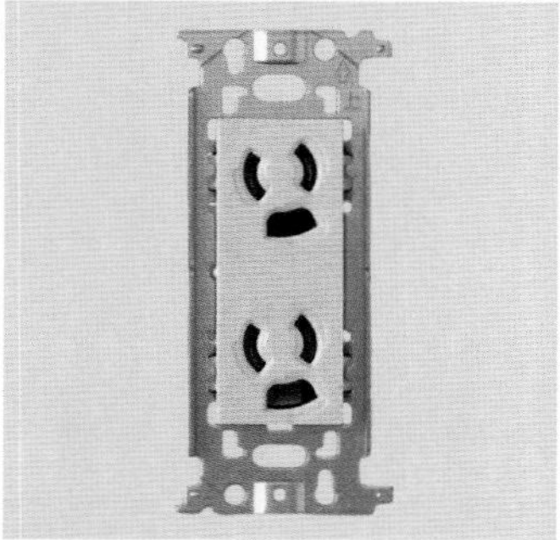	接地側刃受と電圧側刃受の極が同じようにわん曲し, 下部には接地極がある.	接地極付抜け止め形2口コンセント 図記号 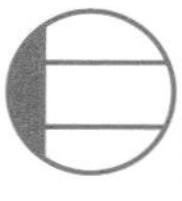 ⊖ 2 E LK	電源プラグが外れるのを防止したい場所に用いる. 100 V用のプラグを差し込んで右に回すと, 抜け止めの状態になって簡単に抜けにくくなる.

59 ◯ ✕	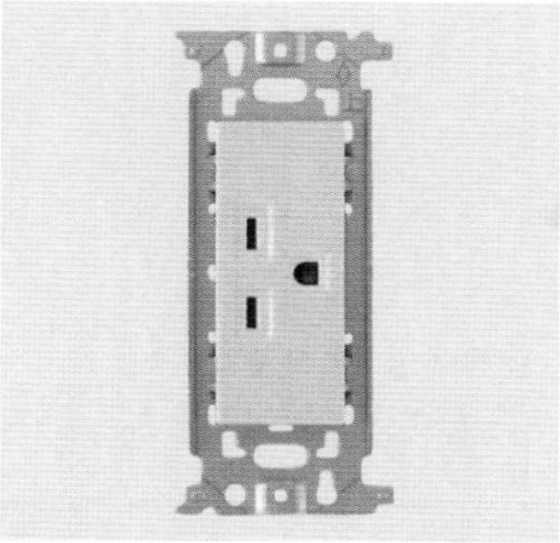	一線上に電圧側刃受の極が配置され，右側に半円の接地極がある．	**250V 接地極付コンセント** 図記号 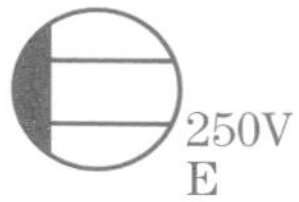 250V E	極の形状より，200 V 15 A 用の接地極付プラグを使用し，接地極付コンセントとして用いる．
60 ◯ ✕	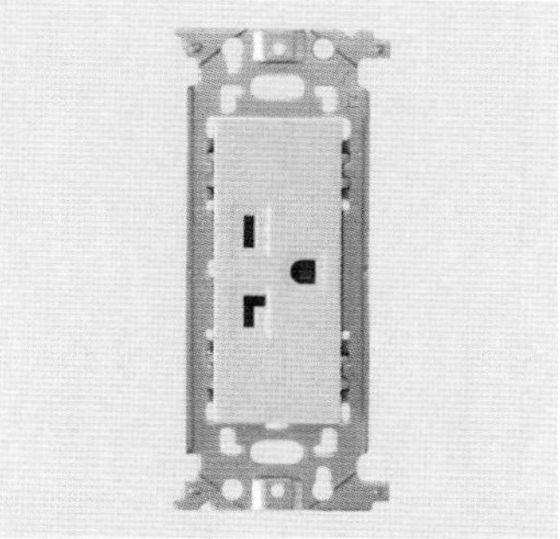	一線上に電圧側刃受の極が配置され，下の極が直角に曲がっていて，右側に半円の接地極がある．	**20A250V 接地極付コンセント** 図記号 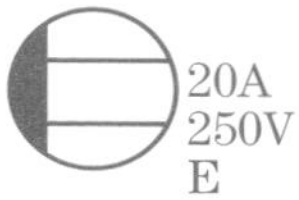 20A 250V E	極の形状より，200 V 20 A 用の接地極付プラグを使用し，接地極付コンセントとして用いる．
61 ◯ ✕		接地極付コンセントでも形状が異なる．図記号には極数の 3P と種類を示す E が併記される．	**250V 3極接地極付コンセント** 図記号 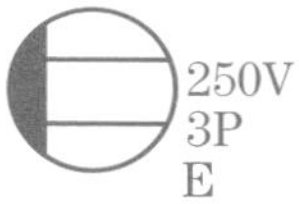 250V 3P E	接地を必要とする三相 200V 用器具の埋込用コンセントとして用いる．
62 ◯ ✕		刃および刃受けがわん曲していて，右方向に回転させると差し込みプラグが抜けないもの．図記号に種類を示す T が併記される．	**差込プラグとコンセント（引掛形）** 図記号  T ※引掛形コンセントを示す	引掛形の差し込みプラグとコンセントとして用いる．
63 ◯ ✕		コンセントの一種である．どこで使用するかを見極める．	**防雨形コンセント（JIS 図記号）** 製造者名称：防水コンセント 図記号  LK ET WP	雨水などが浸入しやすい屋外などに用いるコンセント．

64 ○ ✕		充電ケーブルの専用の電源プラグを回転させなくとも，挿入するだけで，抜け止め形，引掛形のようにロックできる．	防雨形コンセント （20A200V 接地極付） （EV・PHEV 充電用） ──────── 図記号 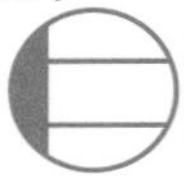 20A 250V E WP	EV 自動車，PHEV（プラグインハイブリッド）自動車の充電用のコンセントとして用いる．
65 ○ ✕	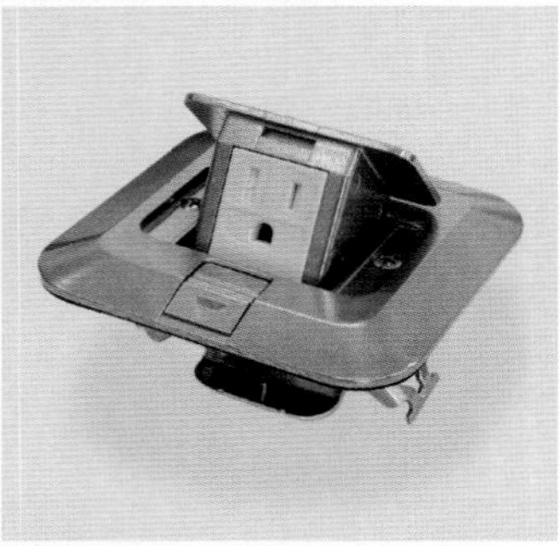	どのような場所で用いるコンセントかを見極める．写真は接地極付．	フロアコンセント ──────── 図記号 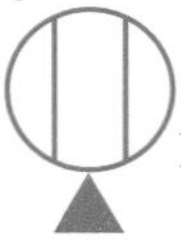 E ▲	事務所などの床面に施設するコンセントとして用いる．
66 ○ ✕	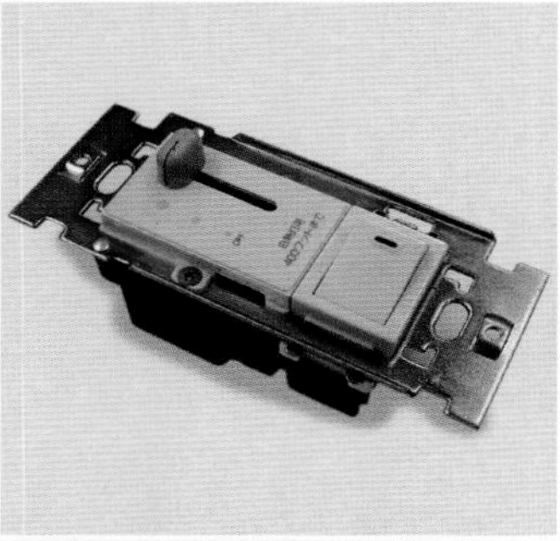	表面のレバーをスライドさせて，電力を半導体調光方式により調整する．写真は白熱電球 400W 以下用で，点滅器と組み合わされている．	調光器 ──────── 図記号 	電灯（白熱電球用）の明るさの調整に用いる．
67 ○ ✕	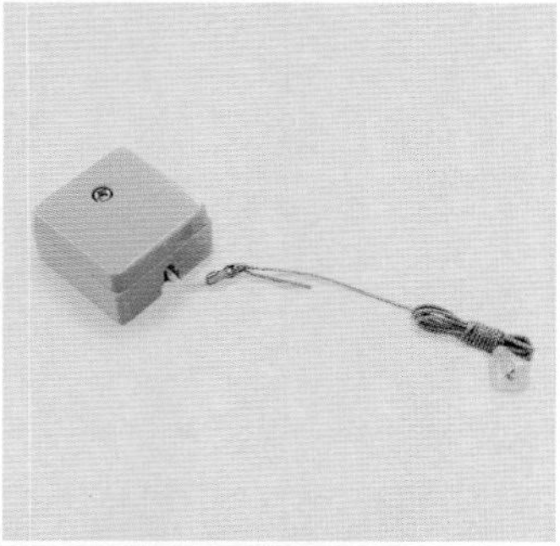	ひもを引くことでON，OFF 操作をするもの．	プルスイッチ ──────── 図記号 ●P	照明器具などの点滅に用いるスイッチ．
68 ○ ✕	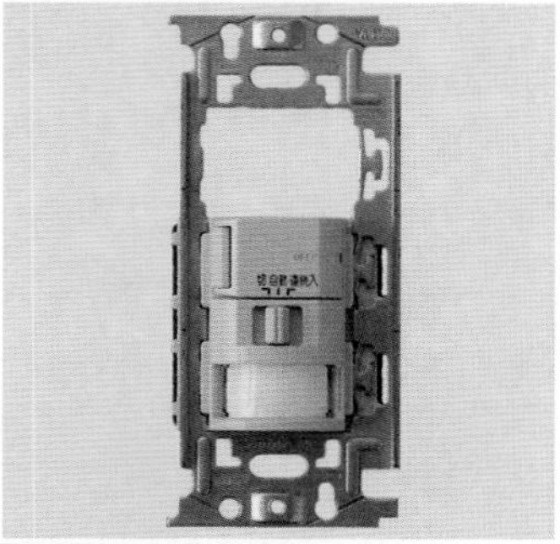	手動切替スイッチの切，自動，連続入の動作モードがあり，下部にセンサがある．	熱線式 自動スイッチ ──────── 図記号 ●RAS	センサにより人の接近を感知して，自動で「入」，「切」するスイッチ．人の接近による自動点滅器として用いる．

69 ◯ ✕	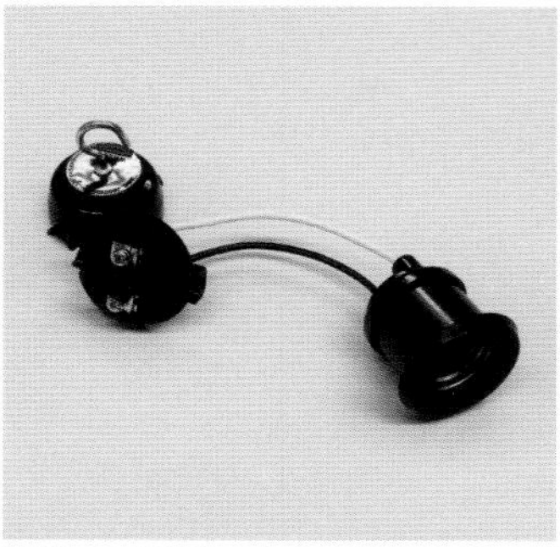	ターミナル部（左）とソケット部（右）がリード線で接続されている．性能は防雨形になっている．	線付防水ソケット	屋内外で仮設照明用電球のソケットとして用いる．
70 ◯ ✕	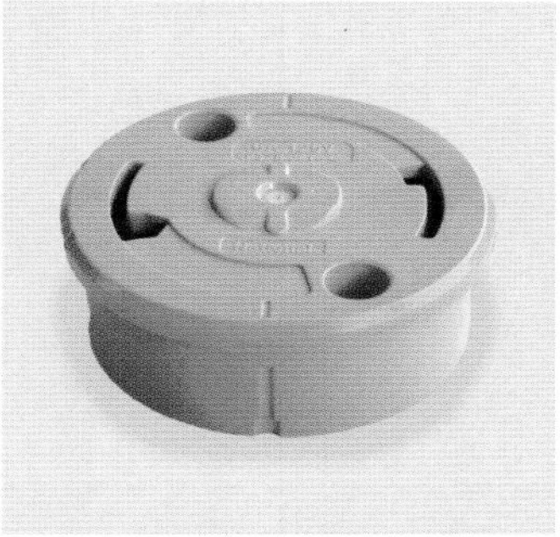	高荷重・耐熱形（写真）とハンガーを用いてチェーンでつり下げるものがある．	引掛シーリング（丸形） 図記号  ◯	引掛シーリングに直付形照明器具を直接取り付けることができる．
71 ◯ ✕	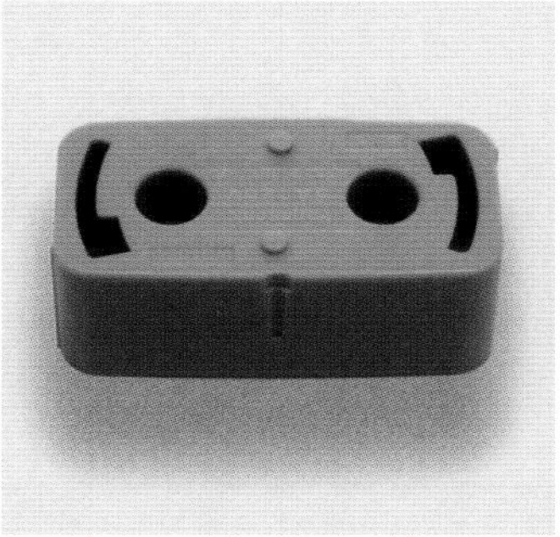	ボディとキャップがあり，写真はボディである．	引掛シーリング（角形） 図記号  ☐ ※ボディ部分を示す	キャップにコードを結線し，重量総和が3kg以下のコードペンダントとして和室などに用いる．和室の竿縁天井にLEDシーリングを取り付けるときは，アダプタが必要である．
72 ◯ ✕		透明なふたの中で，ねじり，とも巻き，差込形コネクタ，リングスリーブ，ワイヤコネクタなどで終端接続を行う．	VVF用ジョイントボックス 図記号 	VVFケーブル工事でケーブルの接続箇所に用いるボックスで，接続端子がないもの．
73 ◯ ✕	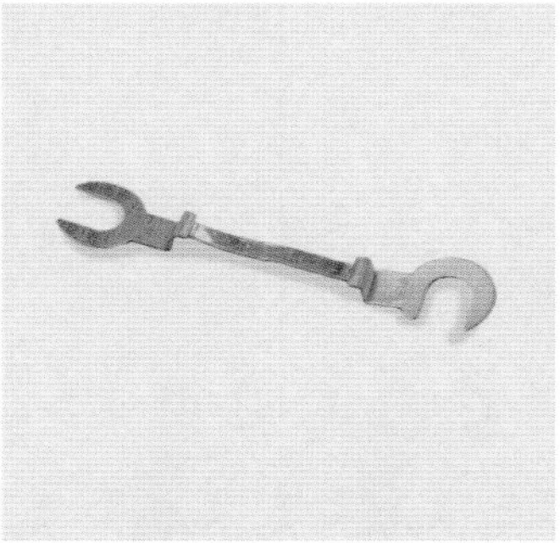	ヒューズの一種で，両端のつめの形状に着目する．	つめ付ヒューズ	過電流の保護に用いる．

74 ◯ ✕	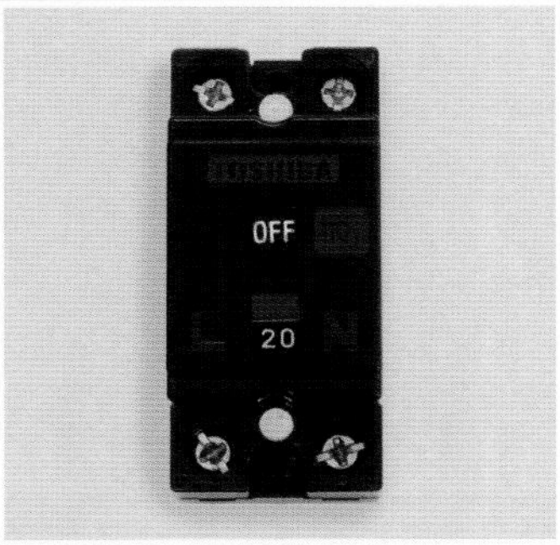	住宅用分電盤の分岐回路に使用する. 100V 用は2極1素子のため, L, N の表示がある. N：接地側の端子	配線用遮断器 ‥‥‥‥‥‥‥‥ 図記号 $\boxed{B}$	配線を過負荷電流や短絡電流から保護するのに用いる.
75 ◯ ✕	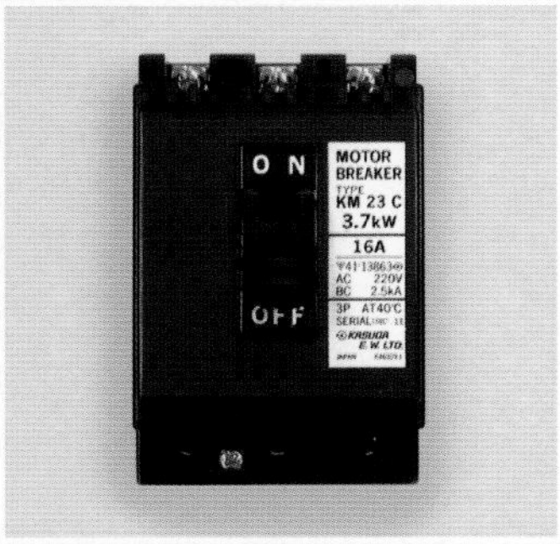	三相誘導電動機の過負荷保護を兼ねた配線用遮断器で, 容量表示3.7kW用である.	モータブレーカ ‥‥‥‥‥‥‥‥ 図記号 $\boxed{B}$ または $\boxed{B}_M$	電動機の過負荷保護に用いる.
76 ◯ ✕		配線用遮断器との違いは, 表面上にテストボタンと漏電表示（漏電時突出する）が見える.	漏電遮断器（過負荷保護付） ‥‥‥‥‥‥‥‥ 図記号 $\boxed{BE}$	零相変流器（ZCT）が内蔵され, 地絡によって電路の外部に流出する地絡電流を検出し, 回路を遮断する地絡遮断器として用いる.
77 ◯ ✕		左の緑ランプは消灯, 右の赤ランプは点灯を表示し, 中央は入切スイッチである.	リモコンスイッチ ‥‥‥‥‥‥‥‥ 図記号 ●R	リモコンリレーの操作に用いる.
78 ◯ ✕	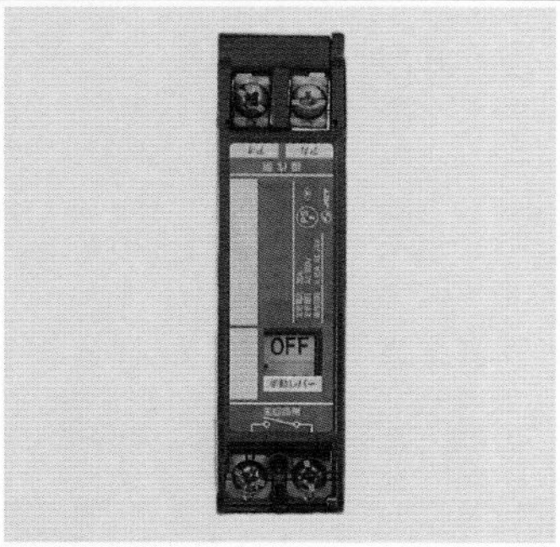	上部の「アオ」,「アカ」の表示がある2つの端子は, 操作電圧 AC24V の操作側端子である. 下部の2つの端子は, 片切の記号があるので, 主回路側の片切用端子である.	リモコンリレー ‥‥‥‥‥‥‥‥ 図記号 ▲ , ▲▲▲10 ※リレー数を併記する	主回路側が片切なので, 100V回路リモコン配線用のリレーとして用いる.

鑑別 16

79 ☐ ☒	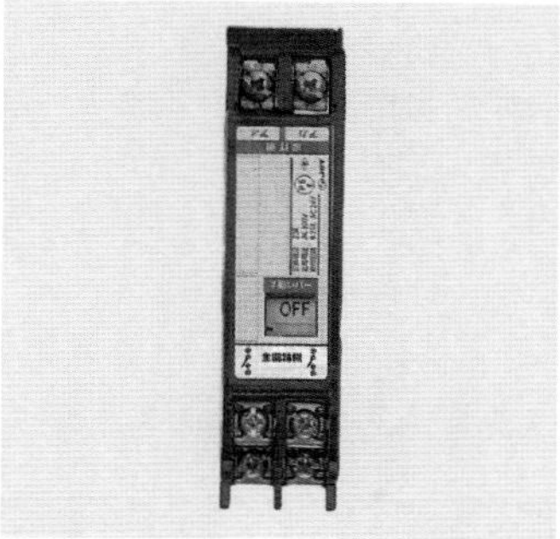	上部の「アオ」,「アカ」の表示がある2つの端子は,操作電圧 AC24V の操作側端子である. 下部の4端子は,片切の記号が左右にあるので,主回路側の両切用端子である.	リモコンリレー ········· 図記号 ▲ , ▲▲▲₁₀ ※リレー数を併記する	主回路側が両切なので,200 V 回路リモコン配線用のリレーとして用いる.
80 ☐ ☒	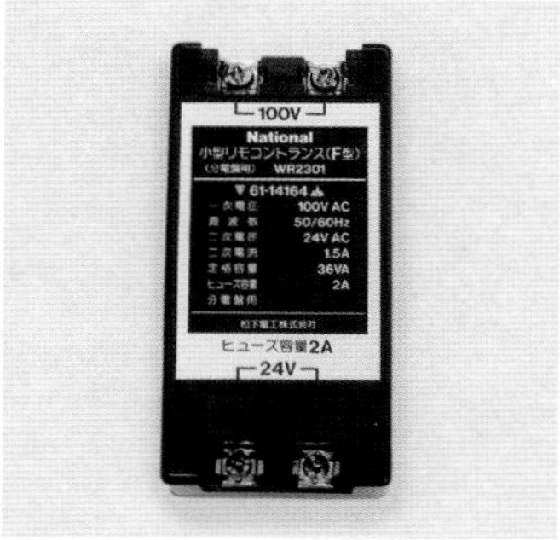	上に AC100V,下に AC24V の表示がある. 小勢力回路のリモコンスイッチ回路用電源として AC24V がある.	リモコン変圧器 ········· 図記号 (T)ᴿ	リモコンスイッチ回路の変圧器として用いる.
81 ☐ ☒		蛍光灯の中に組み込まれている.	蛍光灯用安定器 ········· 図記号 (T)ꜰ	蛍光灯の点灯と放電の安定に用いる.
82 ☐ ☒		管の中にバイメタルが組み込まれている.	グローランプ	スタータ形蛍光ランプのグロースタータ(点灯管)として用いる.
83 ☐ ☒		上部の電磁接触器と下部の熱動継電器が組み合わされている.	電磁開閉器	電磁開閉器用押しボタンで電動機の手元開閉器として操作し,下部の熱動継電器は,電動機の過負荷保護として用いる.

84 ⓞ ⓧ		ON, OFF ボタンは, 自動復帰接点になっている.	電磁開閉器用 押しボタン 図記号  ◉B	電磁開閉器を操作するスイッチとして用いる.
85 ⓞ ⓧ	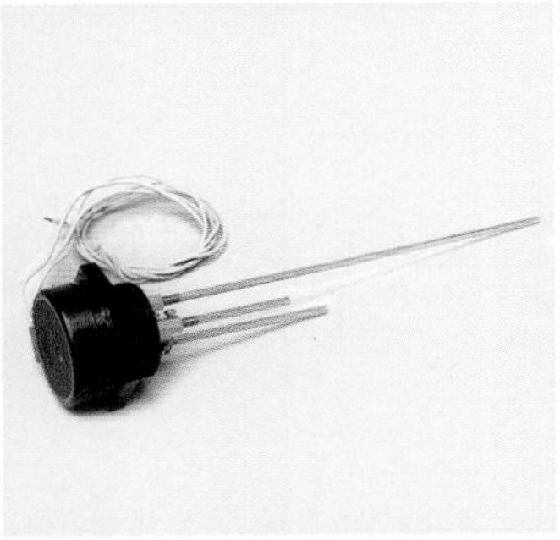	水槽に取り付けて用いる. 電極間の電圧は, AC8V, AC12V が使用される.	フロートレス スイッチ電極 図記号  ◉LF	水槽の水位の検出に用いる.
86 ⓞ ⓧ		白いレバーを上下させることで, 負荷を入, 切でき, 内部につめ付きヒューズが付けられる.	カバー付 ナイフスイッチ	感電を防ぐためにカバーを設けたナイフスイッチである.
87 ⓞ ⓧ		ON, OFF の表示があり, ON の上は電源表示灯である. 電動機用超過目盛電流計が付いている.	箱開閉器 図記号  Ⓢ	主として, 電動機の手元開閉器として用いる.
88 ⓞ ⓧ		電動機回路に用いる. 定格容量表示 30 μF に着目する. ケースは樹脂製と金属製がある.	低圧進相 コンデンサ 図記号 	力率の改善に用いる.

89 ☐ ☒		レバーを左右に操作することにより，停止－始動（スター結線）－運転（デルタ結線）の状態にする．	スターデルタ始動器 ⋯⋯⋯⋯⋯⋯⋯ 図記号  △	三相かご形誘導電動機を始動するのに用いる．
90 ☐ ☒		IV線をバインド線により固定するもの．	低圧ノッブがいし	がいし引き工事で電線の支持に用いる．
91 ☐ ☒	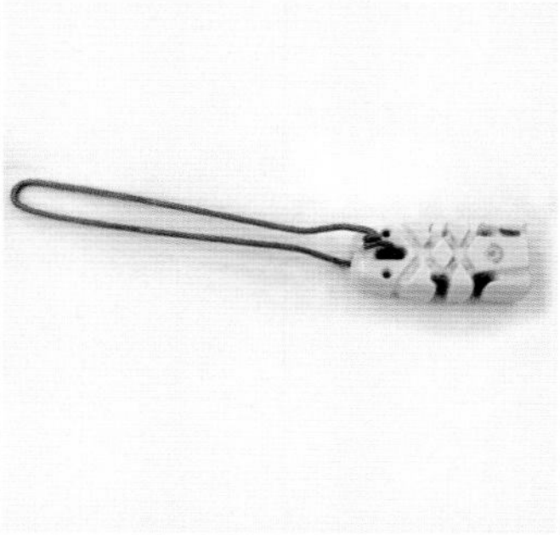	屋内配線工事ではなく，屋外で用いるがいしである．	平形がいし （引留めがいし）	引込用電線を引き留めるのに用いる．
92 ☐ ☒	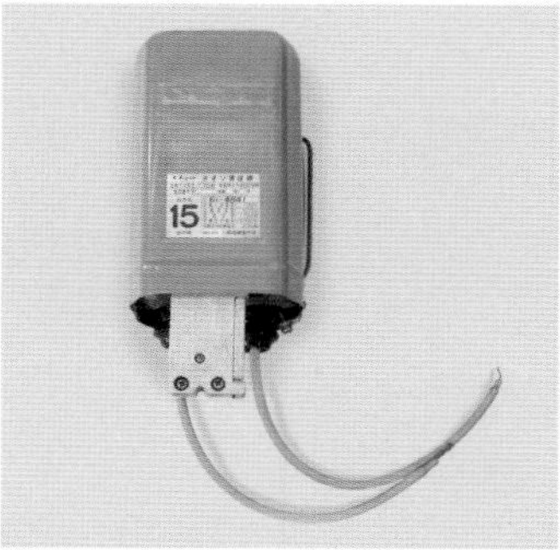	高電圧を発生させて点灯させる．高圧電線とブッシングが組み込まれている．	ネオン変圧器 ⋯⋯⋯⋯⋯⋯⋯ 図記号  T$_N$	ネオン放電灯を点灯させるために用いる．
93 ☐ ☒	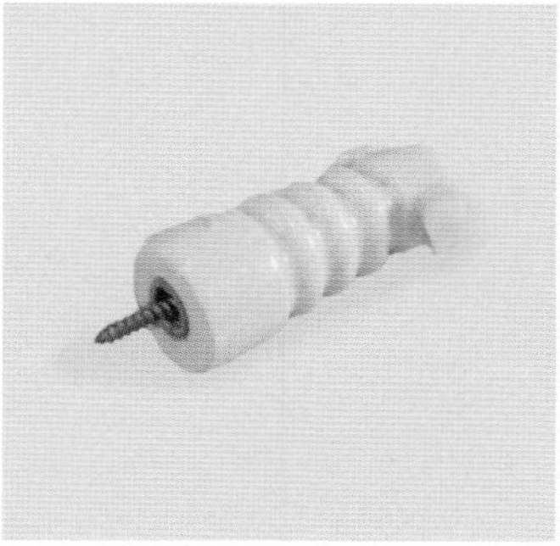	がいしの一種で，ネオン電線を支持するもの． 左側の木ねじで造営材に取り付ける．	コードサポート	ネオン電線を支持するのに用いる．

94 ○ ×	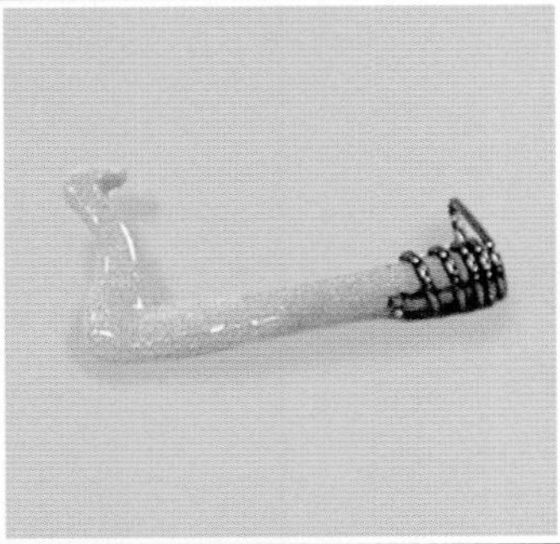	がいしの一種で, 管を支持するもの. 右側の金属（スプリング）を造営材に取り付ける.	チューブサポート	ネオン管を支持するのに用いる.
95 ○ ×		ダイヤルは時刻を設定するためのもの.	タイムスイッチ 図記号 $\boxed{\text{TS}}$	設定した時刻に電灯などを点滅させるために用いる.
96 ○ ×	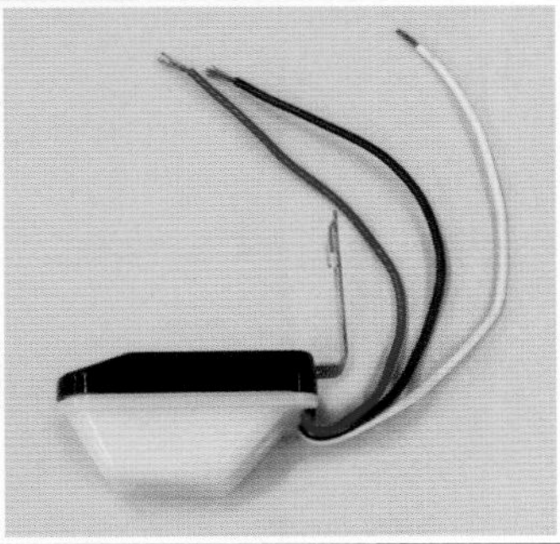	周囲の明るさに反応する. リード線は, 電源側は黒, 負荷側は赤, 共通は白である.	自動点滅器 図記号 ● A(3A)	外灯などを外の明るさに応じて点滅させるのに用いる.
97 ○ ×		非常時のために設置が義務づけられている照明器具.	誘導灯 図記号 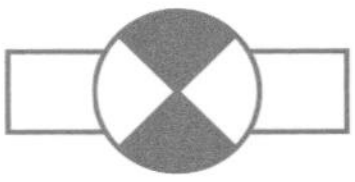	非常時の避難経路を表示するもの.
98 ○ ×	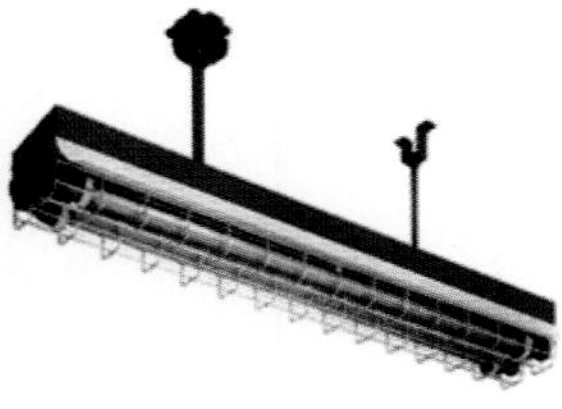	写真左上部の位置ボックスの構造に着目する. 特殊場所に施設する照明器具である.	防爆形照明器具	爆発性ガスが存在し, 火花などの危険がある場所に用いるもの.

99 ◯ ✕		CV, CVT ケーブルなどを多数配線する場合に用いる. 直線ラック, 分岐ラック, ベントラック, 附属品で構成される.	ケーブルラック 図記号 CR または  ▯▯▯▯▯	ケーブルを固定したり支持したりするのに用いる.
100 ◯ ✕	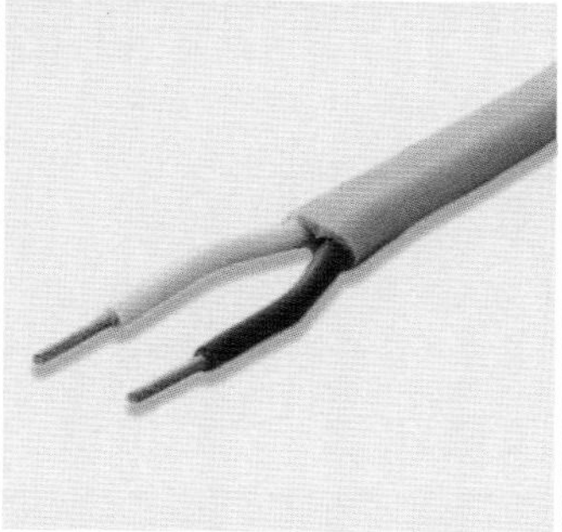	写真左下より, 単線の軟銅線が2本, 白, 黒の絶縁被覆, 灰色のシース（外装）に平行配置されていることに着目する.	600V ビニル絶縁ビニスシースケーブル平形（2心） 文字記号 VVF	単線は, 照明器具や埋込連用器具のねじなし端子（電線差し込み式）の結線など, 低圧配線に用いる. （架空, 屋側, 屋内, 地中配線）
101 ◯ ✕	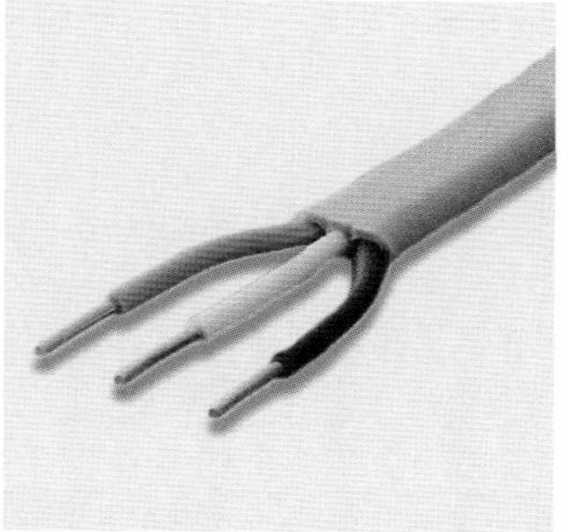	写真左下より, 単線の軟銅線が3本, 赤, 白, 黒の絶縁被覆, 灰色のシース（外装）に平行配置されていることに着目する.	600V ビニル絶縁ビニスシースケーブル平形（3心） 文字記号 VVF	単線は, 照明器具や埋込連用器具のねじなし端子（電線差し込み式）の結線など, 低圧配線に用いる. （架空, 屋側, 屋内, 地中配線）
102 ◯ ✕	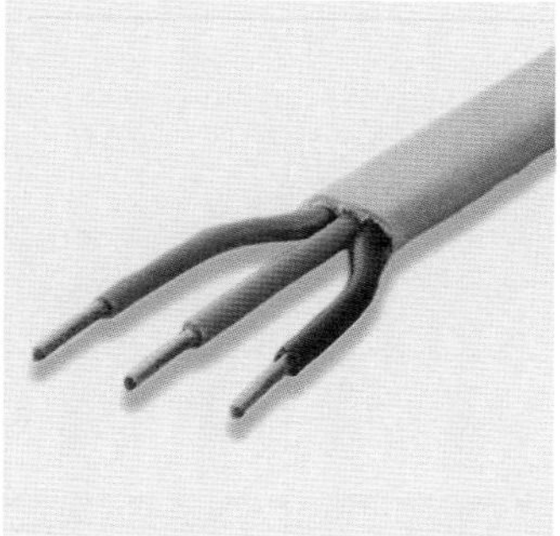	写真左下より, 単線の軟銅線が3本, 緑, 赤, 黒の絶縁被覆, 灰色のシース（外装）に平行配置されていることに着目する.	600V ビニル絶縁ビニスシースケーブル平形（3心） 文字記号 VVF	200Vルームエアコン用接地極付コンセントの結線など, 低圧配線に用いる. 絶縁被覆が赤と黒の電線は電圧側用, 緑は接地極用である. （架空, 屋側, 屋内, 地中配線）
103 ◯ ✕	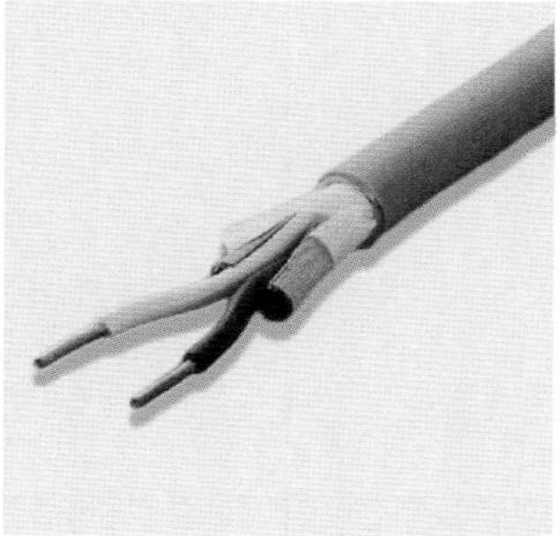	写真左下より, 単線の軟銅線が2本, 白, 黒の絶縁被覆, 介在物と押さえテープ, 灰色のシース（外装）内でより合わされていることに着目する.	600V ビニル絶縁ビニスシースケーブル丸形（2心） 文字記号 VVR	低圧配線に用いる. （架空, 屋側, 屋内, 地中配線）

104 ☐○ ☐×	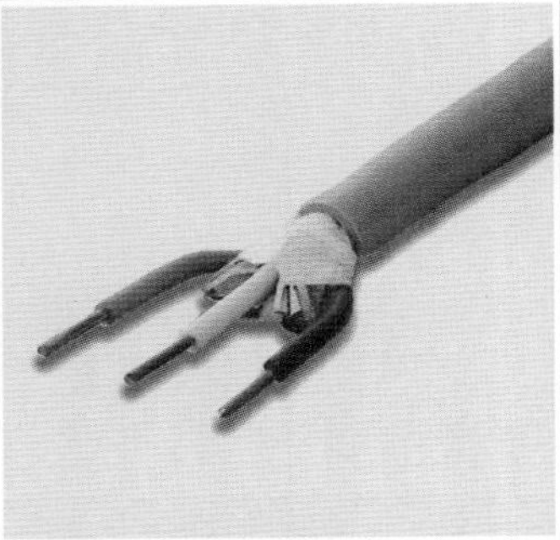	写真左下より，単線の軟銅線が3本，赤，白，黒の絶縁被覆，介在物と押さえテープ，灰色のシース（外装）内でより合わされていることに着目する．	600V ビニル絶縁ビニスシースケーブル 丸形（3心） 文字記号 VVR	低圧配線に用いる．（架空，屋側，屋内，地中配線）
105 ☐○ ☐×	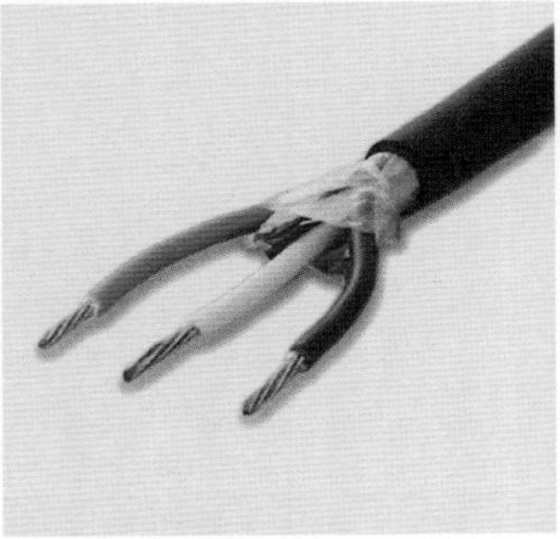	写真左下より，より線の軟銅線が3本，赤，白，黒のポリエチレンの絶縁被覆，介在物と押さえテープ，黒色のシース（外装）内でより合わされていることに着目する．	600V 架橋ポリエチレン絶縁ビニルシースケーブル（3心） 文字記号 CV	三相200Vルームエアコンなどの電気機器への配線など，低圧配線に用いる．（架空，屋側，屋内，地中配線）なお，絶縁被覆が白と黒の2心のものは，屋外灯などの地中配線に用いる．
106 ☐○ ☐×		銅導体を酸化マグネシウムで絶縁し，金属製外装で保護している．吸湿しやすいので，切断時はすみやかに端末処理をする必要がある．	MI ケーブル	熱に強いため，消防用の非常用電源などの配線に用いる．

【工具類】

107 ☐○ ☐×	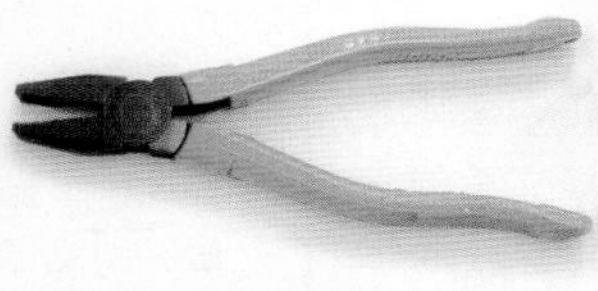	にぎり部分が絶縁カバーで覆われている．	絶縁ペンチ	電線などの切断や加工処理に用いる．
108 ☐○ ☐×		にぎり部分が球形で，力が入れやすい．	電工用ドライバ	器具のねじなどを締め付けるのに用いる．

【工具類】

109 ◯ ✕		「小」「中」「大」の刻印が刃の内側にある．下の写真のものは「圧着端子用」でにぎり部分が赤い． 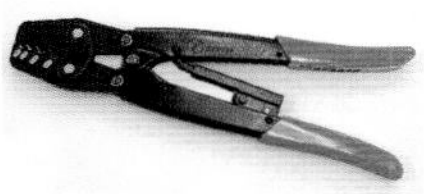	リングスリーブ用圧着ペンチ	リングスリーブの圧着に用いる．
110 ◯ ✕		シース（外装）と刃のセット位置に注意する．ビニル絶縁電線も処理できる	ケーブルストリッパ	VVFケーブルのシース（外装）や絶縁被覆のはぎ取りに用いる．
111 ◯ ✕		ビニル絶縁電線の太さと刃のサイズを合わせ，強く握りしめて使用する．	ワイヤストリッパ	電線の絶縁被覆のはぎ取りに用いる．
112 ◯ ✕	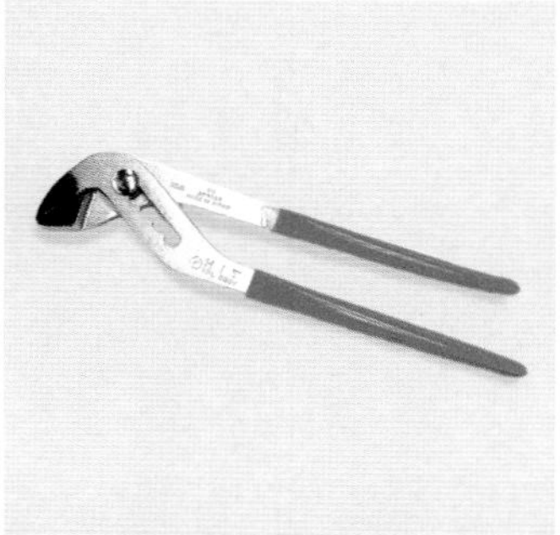	ペンチとは異なり，くわえる口の大きさを変えられる．	ウオータポンププライヤ	金属管をロックナットなどで締め付けるのに用いる．
113 ◯ ✕	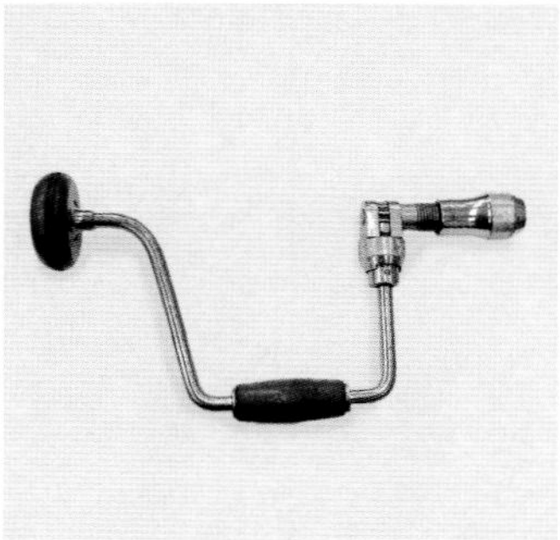	左の部分を腹にあて，下のハンドルを手で回して用いる．	クリックボール	先端にリーマや羽根ぎりを取り付け，管端処理や木材加工に用いる．

114 ○ ✕		左側を金属管に差し込んで用いる.	リーマ	クリックボールに取り付けて，金属管内の内面のバリ取りに用いる.
115 ○ ✕	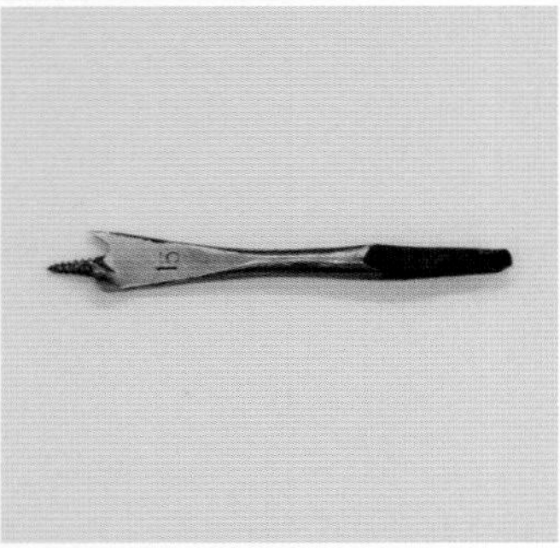	リーマ同様，クリックボールに取り付けて使用するもの.	羽根ぎり	クリックボールに取り付けて，木材の穴あけに用いる.
116 ○ ✕		電気ドリルなどに取り付けて用いる．木材用の羽根ぎりと同じ役割.	ホルソ	ボックス類や分電盤の各種金属板に穴をあけるのに用いる.
117 ○ ✕	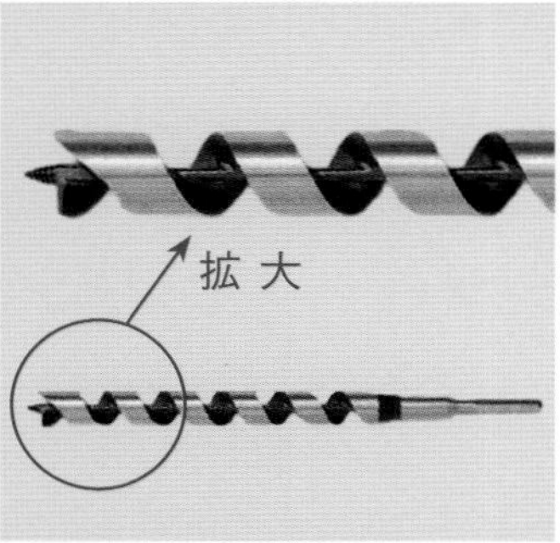 　拡 大	羽根ぎりと同じ役割をする.	木工用ドリルビット（木工用きり）	電気ドリルに取り付けて，木材に丸穴をあけるのに用いる.
118 ○ ✕	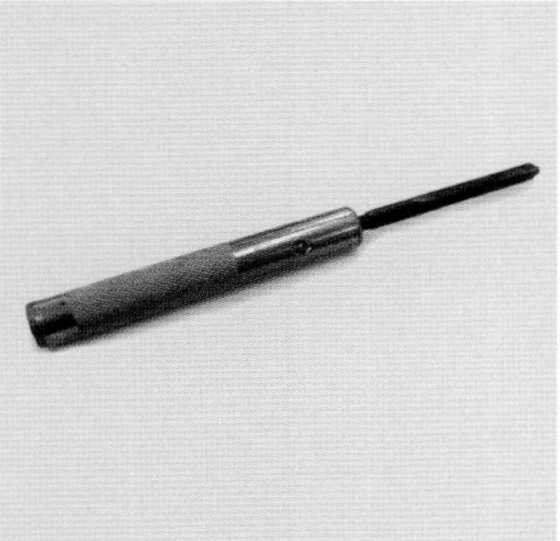	きりを木ねじ用とすると，これはコンクリート用.	ジャンピング	コンクリートにカールプラグ用の下穴をあけるのに用いる.

119 ⚪ ✕	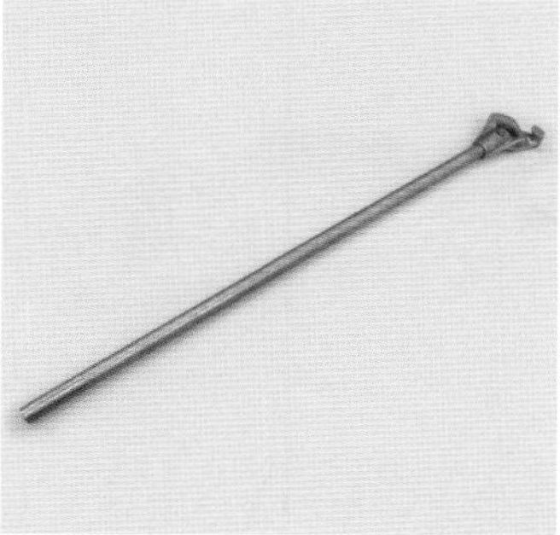	金属管工事で使用するもの.	パイプベンダ	金属管の曲げ加工に用いる.
120 ⚪ ✕		油圧を使用した，金属管工事で使用する工具.	油圧式パイプベンダ	太い金属管の曲げ加工に用いる.
121 ⚪ ✕		燃料にはガスを使用する．右上部から火炎が噴射される.	ガストーチランプ	硬質ポリ塩化ビニル電線管の曲げ加工やはんだを溶かすことなどに用いる.
122 ⚪ ✕		燃料にはガスを使用する．左上部から火炎が噴射される.	ガストーチランプ	硬質ポリ塩化ビニル電線管の曲げ加工やはんだを溶かすことなどに用いる.
123 ⚪ ✕		ガストーチランプなどで，あらかじめ熱しておいて使用する.	はんだごて	熱して電線の接続箇所のろう付けに用いる.

124 ☐○ ☐×		形状の似ているものにボルトクリッパがある. 右側の切断部の刃はわん曲している.	ケーブルカッタ	太い電線やケーブルの切断に用いる.
125 ☐○ ☐×	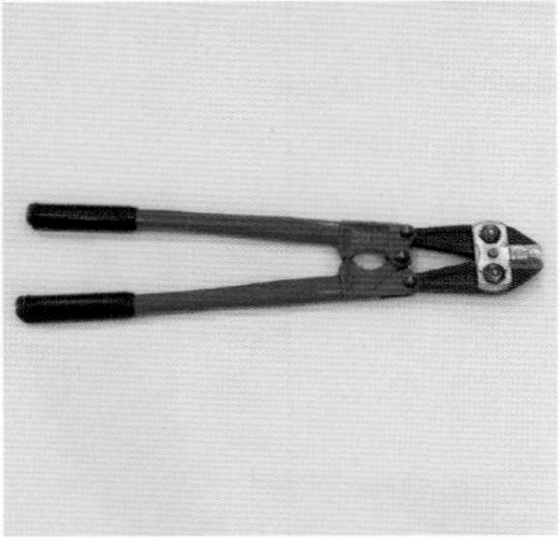	形状がケーブルカッタに似ているが用途は異なる. 右側の切断部の刃は直線になっている.	ボルトクリッパ	太い電線や鉄線の切断に用いる.
126 ☐○ ☐×	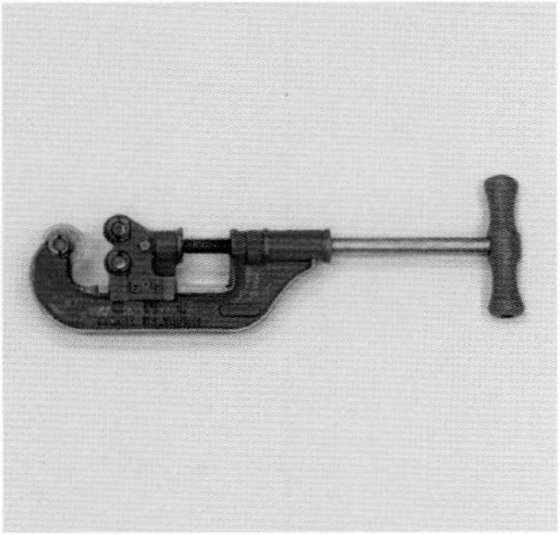	左端の円形の刃で,本体を回転させて締め付けながら切断する.	パイプカッタ	金属管を切断するのに用いる.
127 ☐○ ☐×	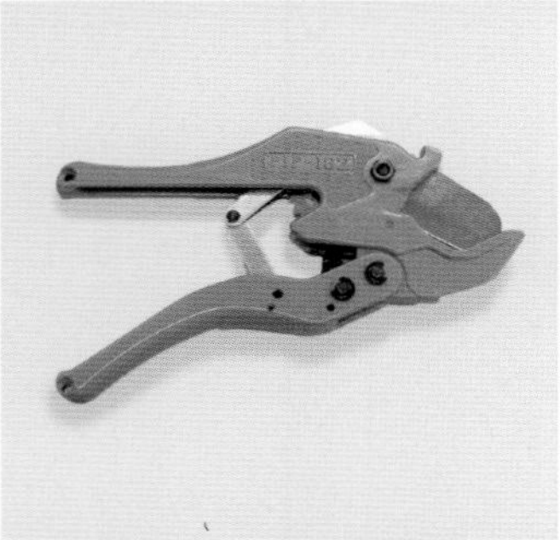	合成樹脂管に使用するもの.	合成樹脂管用カッタ	硬質ポリ塩化ビニル電線管の切断に用いる.
128 ☐○ ☐×		金属管工事でのリーマと同じ役割をするもの. 管端の内側を削るときは,凸部を入れて回す.外側は凹部に入れて回す	面取器	硬質ポリ塩化ビニル電線管の切断面のバリ取りに用いる.

129 ☐ ☒	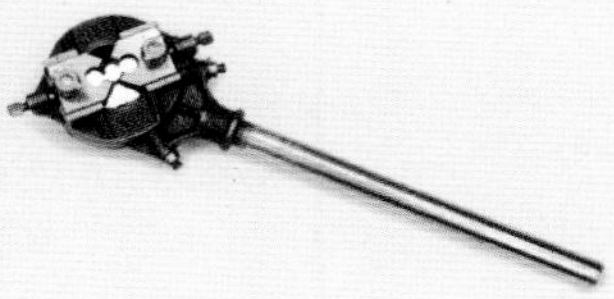	ダイスと組み合わせて，手動で扱う工具．	リード型ラチェット式ねじ切り器	金属管のねじ切りに使用する．
130 ☐ ☒		リード型ラチェット式ねじ切り器に取り付けて使用する．	ダイス	リード型ラチェット式ねじ切り器の刃として，ねじ切りに用いる．
131 ☐ ☒		金属管の太さに合わせてダイスを組み合わせて，電動で扱う工具．	電動ねじ切り器	金属管のねじ切りに使用する電動工具．
132 ☐ ☒		木工用の工具ではない．フレームに鋸刃を取り付ける場合は刃の向きを押す方向に取り付ける．	金切りのこ	電線管，太い電線，ケーブルの切断に用いる．
133 ☐ ☒	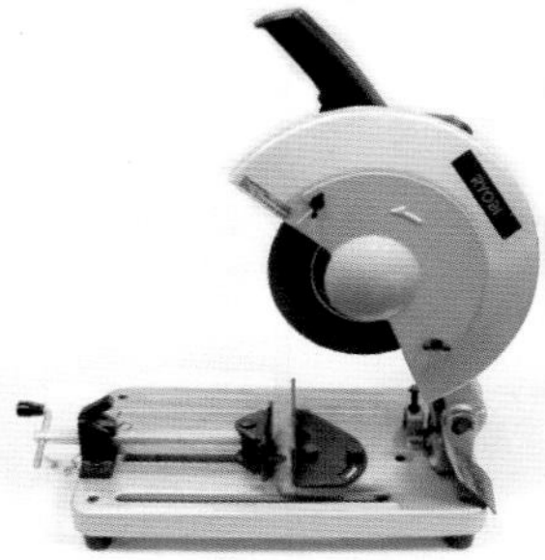	金切りのこやパイプカッタと同じ目的で使用される．	高速カッタ	金属管やアングルなどの切断に用いる．

134 ◯ ✕	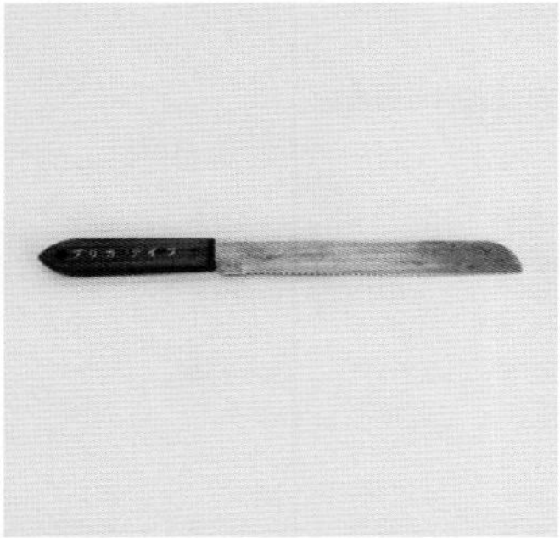	プリカカッタと同様の役割をする工具である.	プリカナイフ	2種金属製可とう電線管の切断に用いる.
135 ◯ ✕	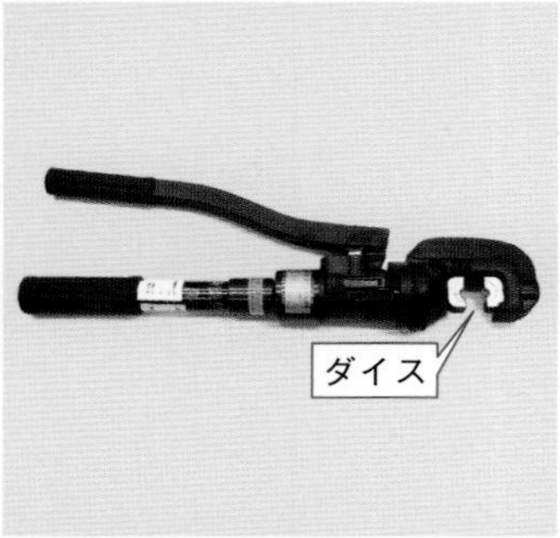 ダイス	ダイスは，左右とも凹形になっている.	手動油圧式圧縮器	油圧によって圧縮端子・コネクタを圧縮する工具.
136 ◯ ✕	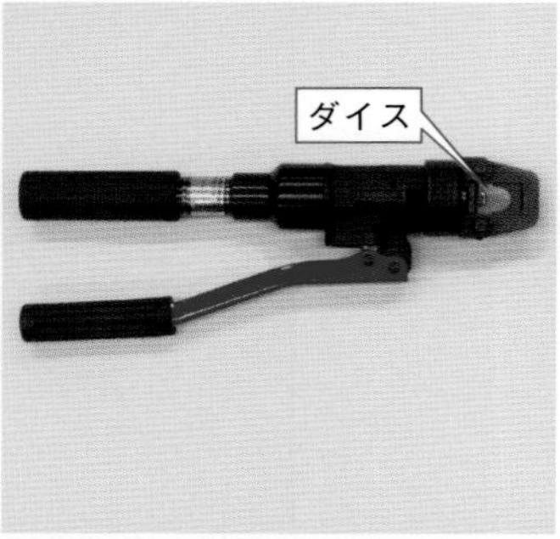 ダイス	ダイス部分の形状が凸形で，圧縮器と異なっていることに着目する.	手動油圧式圧着器	油圧により太い電線の接続や結線箇所の圧着をする工具.
137 ◯ ✕	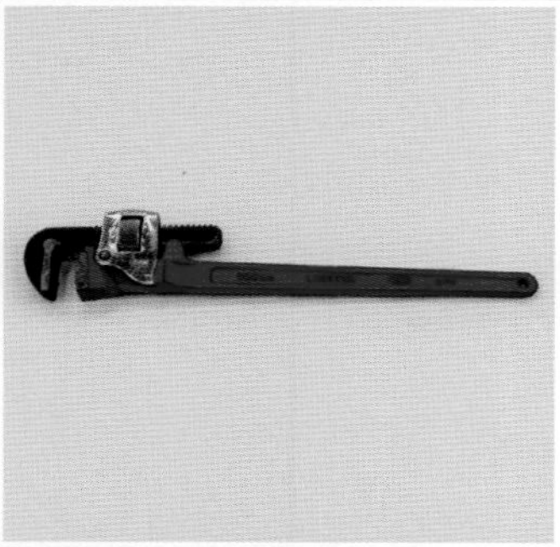	くわえる口の大きさをねじで調節し，太物電線管に使用する.	パイプレンチ	太物電線管をカップリングで接続する際に，締め付けるのに用いる.
138 ◯ ✕	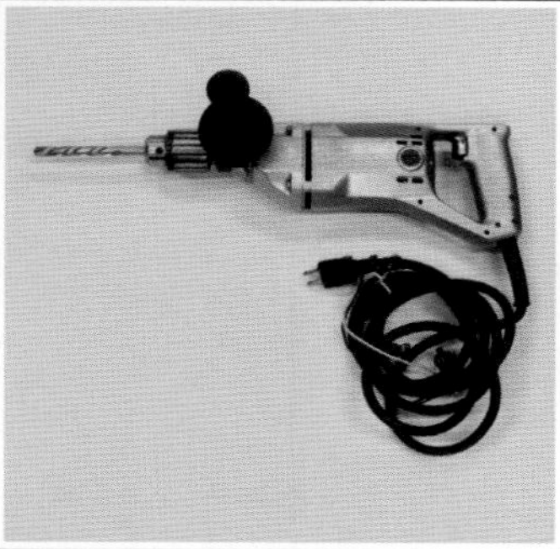	コンクリート用のドリルを用いて，切替レバーを回転と打撃（振動）にセットして使用する.	振動ドリル	回転・振動により，コンクリートなどに穴をあける工具.

139 ⭕❌	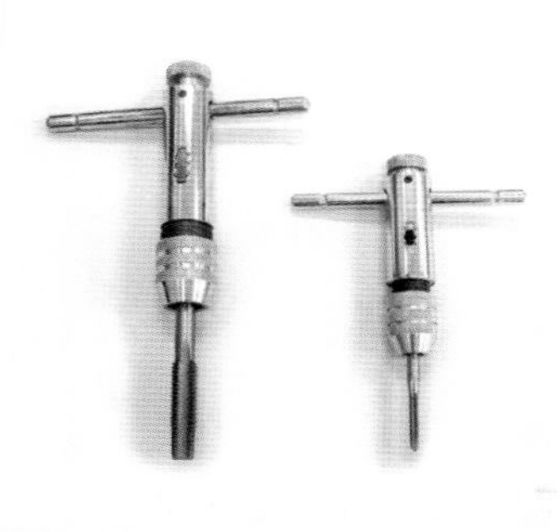	先端部をハンドルに取り付けて使用する.	タップセット	金属板にあけた穴にねじの溝を作るのに用いる.
140 ⭕❌	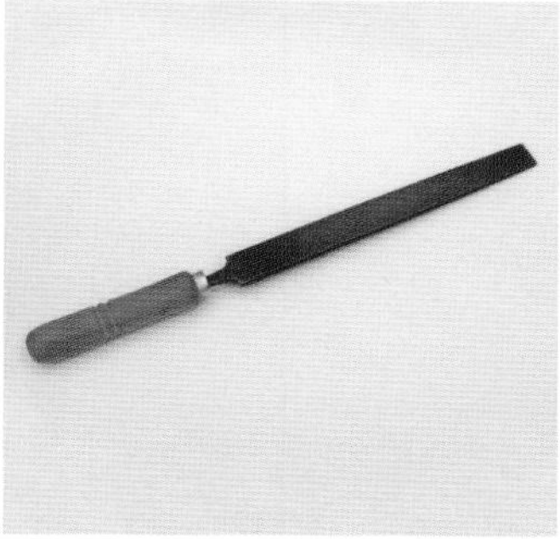	金属管工事で，金属管切断後に用いる工具.	平やすり	金属管の切断面のバリ取りや仕上げに用いる.
141 ⭕❌		左のといしが高速で回転し，ハウジングを持って作業する．本体にハンドルが付いているものもある.	ディスクグラインダ	鉄板や鋼板のバリなどを取ったり，仕上げなどに用いる.
142 ⭕❌	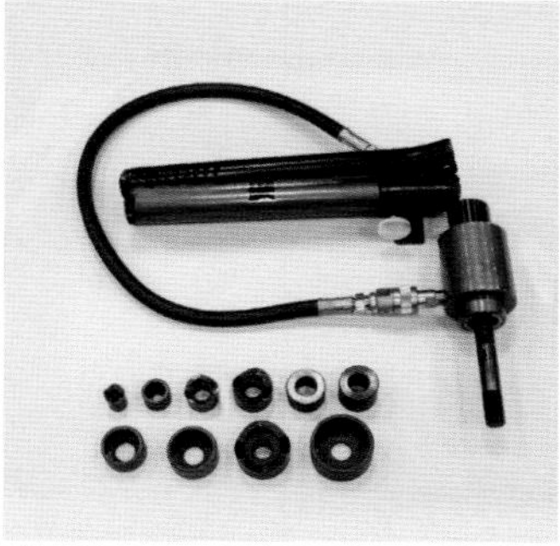	油圧を利用した工具．ホルソと同じ目的で使用される.	ノックアウトパンチャ	金属製のプルボックスなどの穴あけに用いる.
143 ⭕❌		金属管工事で，作業台や三脚に取り付けて使用する.	パイプバイス	金属管の切断，ねじ切りなどの時に，金属管を固定させるのに用いる.

144 ○ ×		下部には本体を水平に調整する脚ネジがあり，円形気泡管の泡が中心にくるように調整する．正面のほか各方向へ，レーザー光を出射する窓がある．	レーザー水準器	各方向のレーザー光ラインにより，配線器具や照明器具などの取り付け位置を決める墨出しに用いる．
145 ○ ×	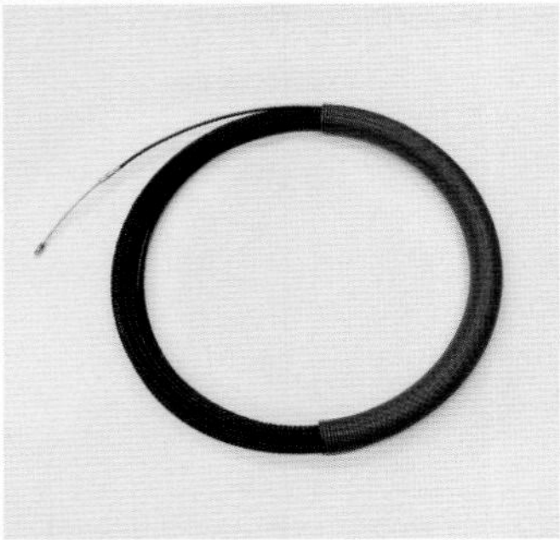	スチール線を引き出して使用する．配管終了後の管内の清掃（先端にウエス）にも用いる．	呼び線挿入器	電線管内に電線を挿入するのに用いる．
146 ○ ×	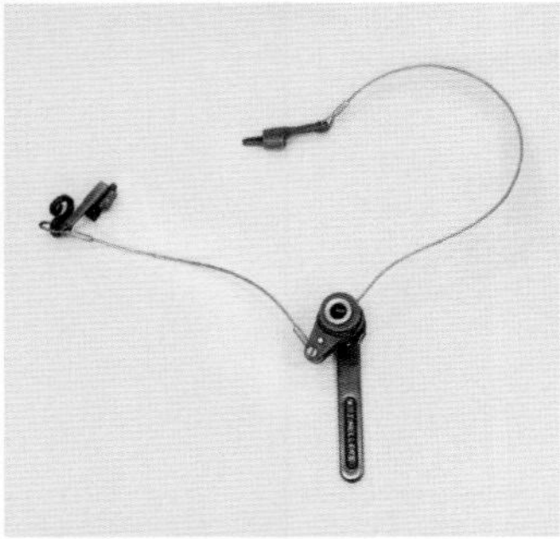	屋外で使用する配線工具である．ワイヤの代わりにロープになっている絶縁のものもある．	張線器（シメラー）	架空線工事で，電線のたるみを取るのに用いる．
147 ○ ×	 調整器　フック	腰に巻き付けて使用するもの．ベルト，ロープ，フック，ロープの長さ調節器に着目する．	柱上安全帯（ワークポジショニング用器具（作業用））	ロープを電柱等の構造物にU字状に回し掛けし，当該ロープに着用者の身体を預けて作業するために用いる．落下防止には，墜落制止用器具として，フルハーネス型を併用する．

【測定器類】

148 ○ ☓ *	 電圧計や電流計と異なり，中央に切換スイッチがついている．	回路計（テスタ）	交流電圧，直流電圧，回路抵抗（導通試験）の測定に用いる．
149 ○ ☓ *	 接地抵抗計，回路計とともに用いられる測定器である．形状，リード線，単位の「MΩ」などから判断する	絶縁抵抗計（メガー）	絶縁抵抗を測定するのに用いる．
150 ○ ☓ *	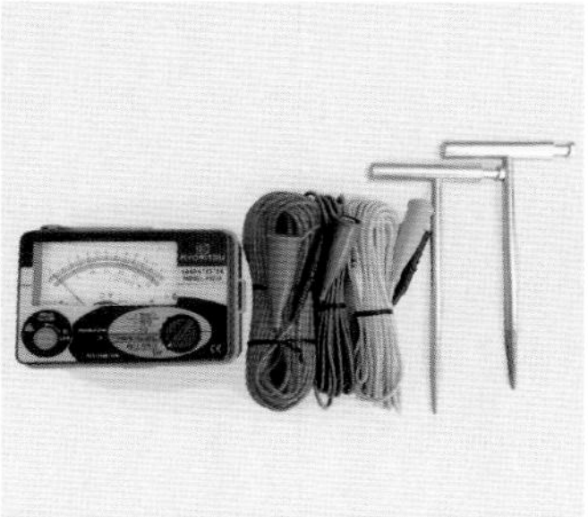 補助接地棒や三色のリード線とともに使用する．	接地抵抗計（アーステスタ）	接地抵抗を測定するのに用いる．
151 ○ ☓	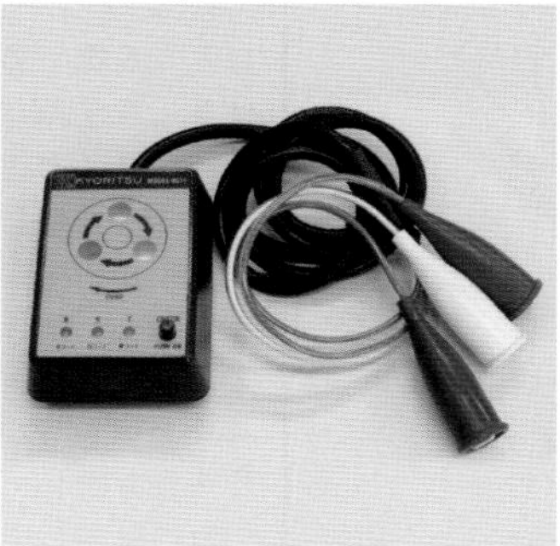 メータ面のR, S, Tは，三相交流の相を表す記号である．円板の回転が矢印と同じ場合は正相，矢印と逆転の場合は逆相になる．	検相器	三相回路の相順を調べるのに用いる．
152 ○ ☓ *	 写真右上の輪の中に電線を通して測定する．右上の先端部分が開閉して電線をCT内に入れることができる．	クランプ形電流計（クランプメータ）	通電状態で回路の負荷電流，漏れ電流を測定するのに用いる．

＊印の写真提供：共立電気計器株式会社

153	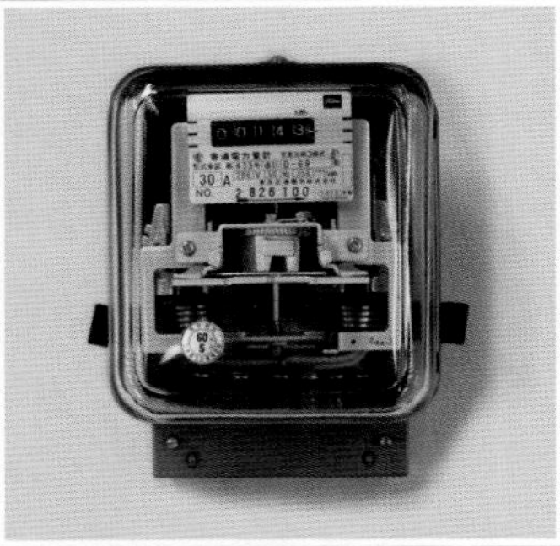	内部の円板が回転することで計量する. デジタル表示の電子式のものもある.	電力量計	電力量を測定するのに用いるもの. 電圧・電流により円板が回転して電力量を測定する. 電子式電力量計には, 通信部, 計量部, 端子部があり, スマートメーターと呼ばれている.
○ ✕			図記号 Wh	
154 ○ ✕	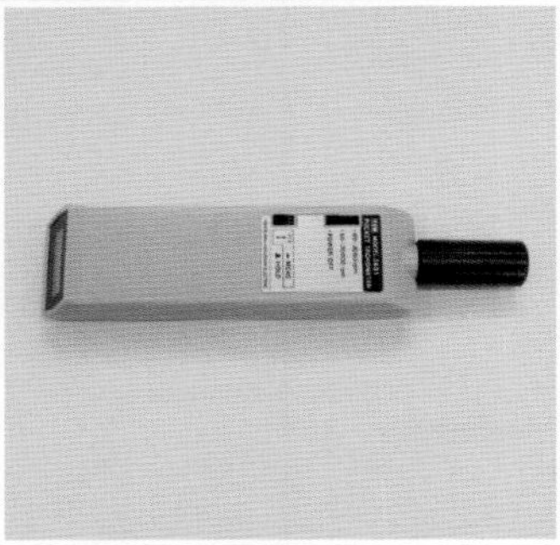	電動機の軸に非接触または接触して用いる計測器. 写真は非接触形.	回転計	電動機軸の回転数を測定するのに用いる.
155 ○ ✕	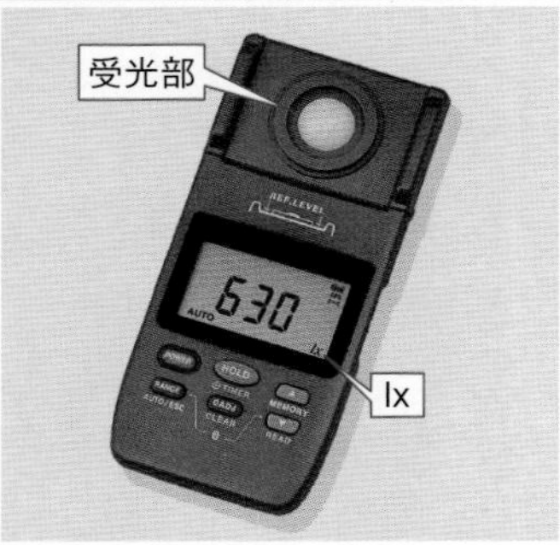 受光部 lx	写真の円形の部分が受光部で, メータの「lx」の単位で判断する.	照度計	照度の測定に用いる.
156 ○ ✕	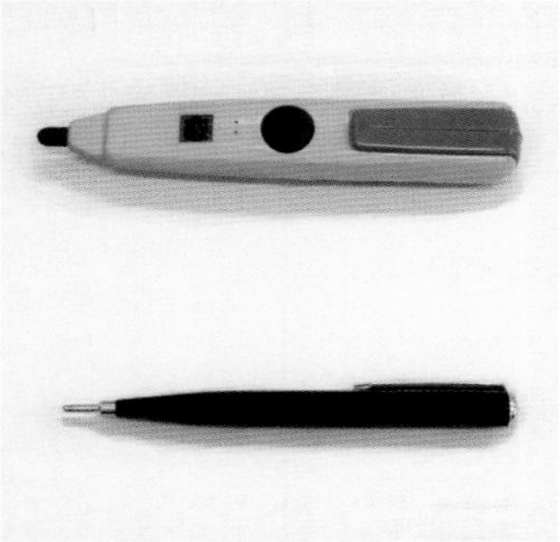	写真上部のものは音響発光式, 下部のものはネオン式である.	低圧用検電器	低圧の電気回路の充電の有無を調べるのに用いる. 測定時に検知部を電線の導体（金属部）に接触させて検電する接触型と絶縁被覆の上から検電できる非接触型のものがある.
157 ○ ✕	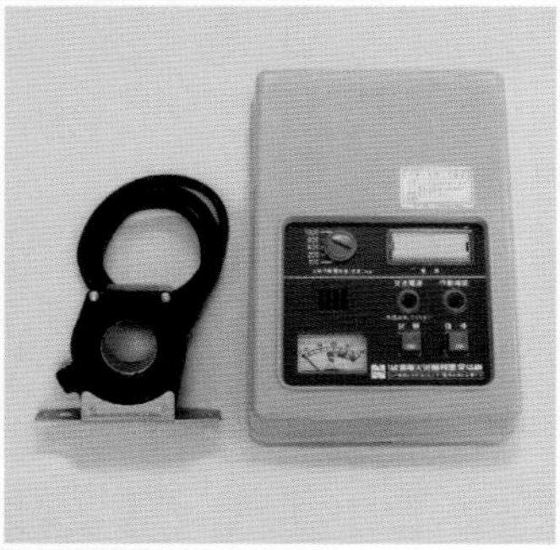	写真左の零相変流器と組み合わせ, 地絡電流を検出し, ランプとブザーで警報を出す.	漏電警報 図記号 	漏電時に警報を出して知らせるもの.

ポイントスタディ方式による

改訂18版

第二種電気工事士
学科試験受験テキスト

電気書院　編

電気書院

ポイントスタディ方式による
第二種電気工事士学科試験受験テキスト

目　次

巻頭カラー　フルカラー写真で覚える　鑑別問題対策　名称と用途

【スタディーガイダンス】

(1) 1日1テーマが学習目標です．テーマごとの練習問題が80％以上正解理解できたら第1回の○印を●のように塗りつぶします．できなかったテーマはそのまま残しておきます．

(2) 第2回目は○のまま残ったテーマを重点に学習し，●にします．

(3) 第3回目で全てのテーマが●になれば受験準備完了です．

第二種電気工事士 資格取得手続きの流れ

上期試験，下期試験の両方の受験が可能です．
「受験案内・申込書」は，各申込受付開始の約1週間前から配布されます．配布場所等の詳細は，一般財団法人電気技術者試験センターホームページ（https://www.shiken.or.jp）で案内されます．

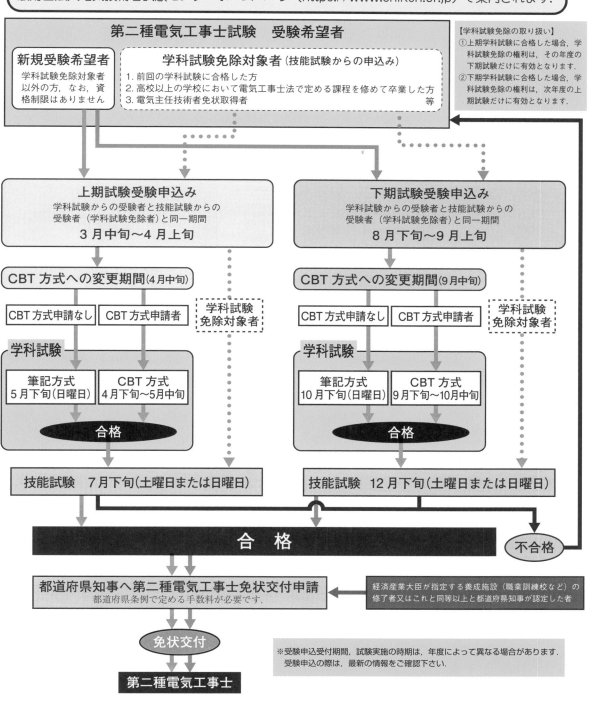

第二種電気工事士試験　受験希望者

新規受験希望者
学科試験免除対象者以外の方，なお，資格制限はありません

学科試験免除対象者（技能試験からの申込み）
1. 前回の学科試験に合格した方
2. 高校以上の学校において電気工事士法で定める課程を修めて卒業した方
3. 電気主任技術者免状取得者　　　　　　　　　　　　　　等

【学科試験免除の取り扱い】
①上期学科試験に合格した場合，学科試験免除の権利は，その年度の下期試験だけに有効となります．
②下期学科試験に合格した場合，学科試験免除の権利は，次年度の上期試験だけに有効となります．

上期試験受験申込み
学科試験からの受験者と技能試験からの受験者（学科試験免除者）と同一期間
3月中旬〜4月上旬

下期試験受験申込み
学科試験からの受験者と技能試験からの受験者（学科試験免除者）と同一期間
8月下旬〜9月上旬

CBT方式への変更期間(4月中旬)

CBT方式申請なし　｜　CBT方式申請者

学科試験免除対象者

CBT方式への変更期間(9月中旬)

CBT方式申請なし　｜　CBT方式申請者

学科試験免除対象者

学科試験
筆記方式 5月下旬(日曜日)　｜　CBT方式 4月下旬〜5月中旬

合格

学科試験
筆記方式 10月下旬(日曜日)　｜　CBT方式 9月下旬〜10月中旬

合格

技能試験　7月下旬(土曜日または日曜日)

技能試験　12月下旬(土曜日または日曜日)

合　格

不合格

都道府県知事へ第二種電気工事士免状交付申請
都道府県条例で定める手数料が必要です．

経済産業大臣が指定する養成施設（職業訓練校など）の修了者又はこれと同等以上と都道府県知事が認定した者

免状交付

※受験申込受付期間，試験実施の時期は，年度によって異なる場合があります．受験申込の際は，最新の情報をご確認下さい．

第二種電気工事士

● 第二種電気工事士学科試験の概要

　第二種電気工事士学科試験は，四肢択一方式です．学科試験には，「筆記方式」と「CBT方式」の2つの方式があり，どちらの方式で受験するかを選択します．「筆記方式」はマークシート方式で解答する方法で行われ，「CBT方式」は，事前に予約した会場にてコンピュータ上で解答する方法で行われます．試験内容は，一般問題，工事材料・配線器具の名称や用途を答える鑑別問題，配線図問題の3種で構成されていて，出題数は全50問，配点は1問当たり2点となっています．

　配線図問題は材料等の選別や図記号に関する問題，配線条数問題など，幅広い知識が必要になることから，本書では，これらに対応できるよう鑑別写真をカラーに，配線図問題対策も豊富に収録しました．

● 合格基準点について

　学科試験の合格基準点は，「筆記方式」，「CBT方式」ともに60点です．足切り点はありません．つまり，学科試験の配点は1問当たり2点なので，一般問題，配線図問題を問わず，全50問中30問以上正解できれば合格と考えてよいということになります．

　計算問題が苦手な方は，鑑別や配線図問題で得点を稼ぐといった方法もありますが，合格点は60点でも，受験学習においては80点を目標にした学習が大切です．

● 合格状況について

　近年の合格状況については，学科試験が60％前後，技能試験が70％前後の合格率となっています．過去の合格率を次ページにまとめました．合格状況の詳細については一般財団法人電気技術者試験センターのホームページでご確認ください．

● 過去の合格状況一覧

年度	学科試験 ※			技能試験		
	受験者数	合格者数	合格率〔%〕	受験者数	合格者数	合格率〔%〕
平成19年度	73,295	42,786	58.4	55,507	38,078	68.6
平成20年度	79,345	43,237	54.5	57,970	38,768	66.9
平成21年度	94,770	63,620	67.1	79,660	55,793	70.0
平成22年度	98,600	58,935	59.8	79,789	54,277	68.0
平成23年度上期	76,277	49,609	65.0	63,437	43,893	69.2
平成23年度下期	18,798	10,370	55.2	11,858	8,448	71.2
平成24年度上期	78,060	45,392	58.2	60,961	43,748	71.8
平成24年度下期	21,665	12,644	58.4	14,244	9,334	65.5
平成25年度上期	83,746	52,758	63.0	66,975	52,339	78.1
平成25年度下期	25,818	15,630	60.5	17,206	11,661	67.8
平成26年度上期	79,323	49,312	62.2	62,919	47,447	75.4
平成26年度下期	26,205	12,960	49.5	14,962	10,304	68.9
平成27年度上期	79,002	49,340	62.5	60,650	43,547	71.8
平成27年度下期	39,447	20,364	51.6	23,422	15,894	67.9
平成28年度上期	74,737	48,697	65.2	62,508	46,317	74.1
平成28年度下期	39,791	18,453	46.4	22,297	15,899	71.3
平成29年度上期	71,646	43,724	61.0	55,660	39,704	71.3
平成29年度下期	40,733	22,655	55.6	25,696	16,282	63.4
平成30年度上期	74,091	42,824	57.8	55,612	38,586	69.4
平成30年度下期	49,188	25,497	51.8	39,786	25,791	64.8
令和元年度上期	75,066	53,026	70.6	58,699	39,581	67.4
令和元年度下期	47,200	27,599	58.5	41,680	25,935	62.2
令和2年度上期	—*1	—*1	—*1	6,884*2	4,666*2	67.8*2
令和2年度下期	104,883	65,114	62.1	66,113	48,202	72.9
令和3年度上期	86,418	52,176	60.4	64,443	47,841	74.2
令和3年度下期	70,135	40,464	57.7	51,833	36,843	71.1
令和4年度上期	78,634	45,734	58.2	53,558	39,771	74.3
令和4年度下期	66,454	35,445	53.3	44,101	31,117	70.6
令和5年度上期	70,414	42,187	59.9	49,547	36,250	73.2

*1 令和2年度上期筆記試験は，新型コロナウイルス感染症拡大防止の観点から試験実施が中止された.

*2 令和2年度上期技能試験は，筆記試験免除者のみを対象に実施された.

第二種電気工事士学科試験受験テキスト
本書の学び方

　ポイントスタディ学習法とは，重点学習のことで，広い学習範囲の中で出題頻度の高いものにポイントを絞り，自然に合格できる実力がアップされるよう工夫した内容による学習法ということで名付けた名称です．

● 何のために学ぶのか，学べば合格できるという自信を持とう

　第二種電気工事士学科試験の問題は，決められた出題範囲の中から出題されます．したがって，その範囲にあることは一通り学習し，理解しなくては合格できません．いったん受験を決意したら，合格を目標に常に意欲を持ち，着実に実力を積み重ねていくことが重要です．

　そのためには，本書のスタディポイントを着実に進めていくことです．1日1テーマのペースで学習を進めれば，3ヶ月で無理なく合格力が付いてきます．

● 理解度を確かめながら学習を進めよう

　学科試験合格には総合で60点以上が必要です．これが一つの目標になります．本書に向かったら，各テーマに目を通し，次にその下にある質問（*Q*）と，そのスタディポイントがすぐ頭に浮かぶような学習をします．

　巻頭の鑑別問題対策ページでは，学んだことのチェックができるように○，×の記号があります．これを塗りつぶす等をして，理解度の確認に活用してください．

● 「赤色シート」で暗記学習を効率化

　本書には，暗記学習の一助になるように，「赤色シート」が添付されています．公式や鑑別写真の名称や用途，配線図記号はシートを活用することで暗記のチェックが容易になります．

　ミシン目から切り離してご活用ください．

● 各ページの構成

ページのテーマ

ページで学ぶ内容

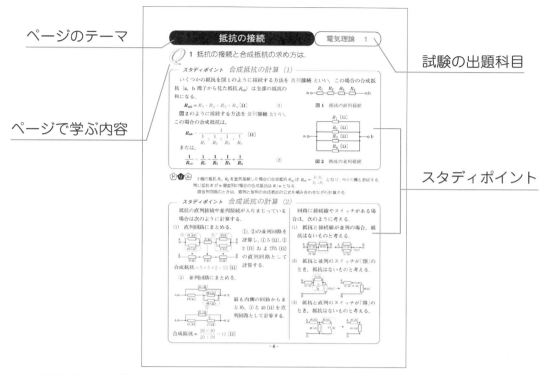

試験の出題科目

スタディポイント

各練習問題の解答・
解説掲載ページ

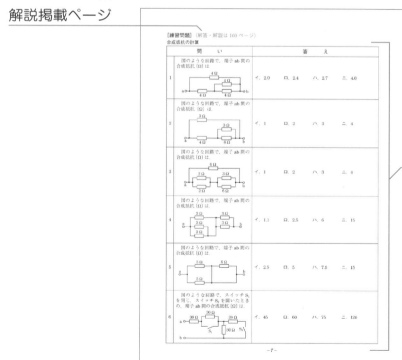

スタディポイントで
学んだ内容に関する
練習問題

1 抵抗の接続と合成抵抗の求め方は.

— スタディポイント　合成抵抗の計算 (1) —

　いくつかの抵抗を図1のように接続する方法を 直列接続 といい，この場合の合成抵抗 (a，b 端子から見た抵抗 R_{ab}) は全部の抵抗の和になる.

$$R_{ab} = R_1 + R_2 + R_3 + R_4 \text{〔Ω〕} \tag{1}$$

　図2のように接続する方法を 並列接続 といい，この場合の合成抵抗は，

$$R_{ab} = \cfrac{1}{\cfrac{1}{R_1}+\cfrac{1}{R_2}+\cfrac{1}{R_3}+\cfrac{1}{R_4}} \text{〔Ω〕}$$

または，

$$\frac{1}{R_{ab}} = \frac{1}{R_1}+\frac{1}{R_2}+\frac{1}{R_3}+\frac{1}{R_4} \tag{2}$$

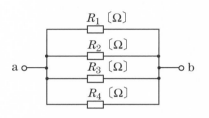

図1 抵抗の直列接続

図2 抵抗の並列接続

ドリル　2個の抵抗 R_1，R_2 を並列接続した場合の合成抵抗 R_{ab} は $R_{ab} = \dfrac{R_1 R_2}{R_1 + R_2}$ となり，和分の積とおぼえる.
同じ抵抗 R が n 個並列の場合の合成抵抗は R/n となる.
直並列回路のときは，直列と並列の合成抵抗の公式を組み合わせながら計算する.

— スタディポイント　合成抵抗の計算 (2) —

　抵抗の直列接続や並列接続が入りまじっている場合は次のように計算する.

(1)　直列回路にまとめる.

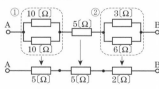

①，②の並列回路を計算し，① 5〔Ω〕，② 2〔Ω〕および5〔Ω〕の直列回路として計算する.

合成抵抗 = 5 + 5 + 2 = 12〔Ω〕

(2)　並列回路にまとめる.

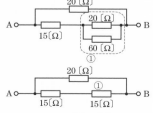

最も内側の回路からまとめ，①と15〔Ω〕を直列回路として計算する.

合成抵抗 = $\dfrac{20 \times 30}{20 + 30}$ = 12〔Ω〕

　回路に接続線やスイッチがある場合は，次のように考える.

(1)　抵抗と接続線が並列の場合，抵抗はないものと考える.

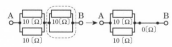

(2)　抵抗と並列のスイッチが「閉」のとき，抵抗はないものと考える.

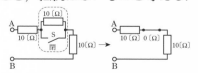

(3)　抵抗と直列のスイッチが「開」のとき，抵抗はないものと考える.

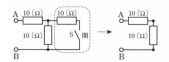

[練習問題]（解答・解説は 160 ページ）
合成抵抗の計算

問　　い	答　　え
1 　　図のような回路で，端子 ab 間の合成抵抗〔Ω〕は． 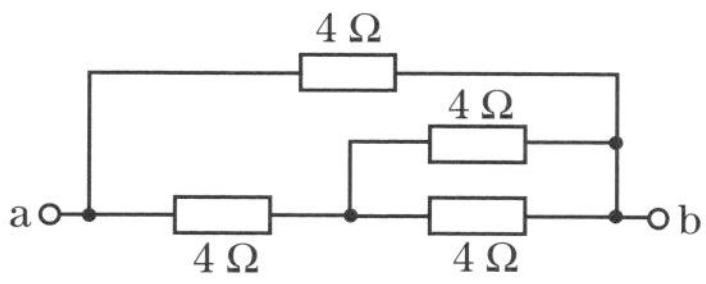 	イ．2.0　　　ロ．2.4　　　ハ．2.7　　　ニ．4.0
2 　　図のような回路で，端子 ab 間の合成抵抗〔Ω〕は． 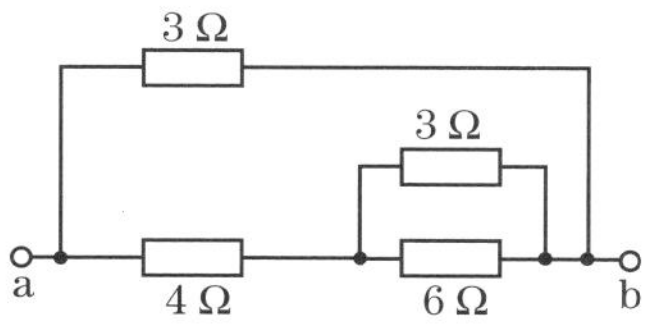 	イ．1　　　　ロ．2　　　　ハ．3　　　　ニ．4
3 　　図のような回路で，端子 ab 間の合成抵抗〔Ω〕は． 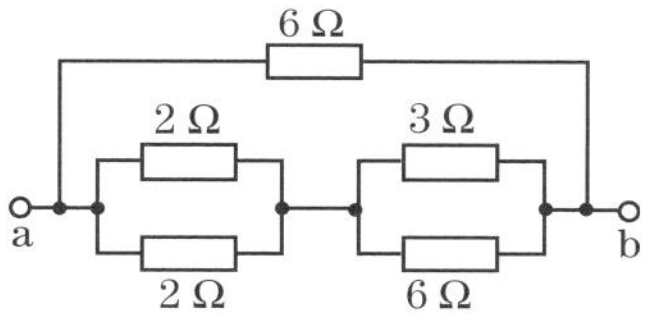 	イ．1　　　　ロ．2　　　　ハ．3　　　　ニ．4
4 　　図のような回路で，端子 ab 間の合成抵抗〔Ω〕は． 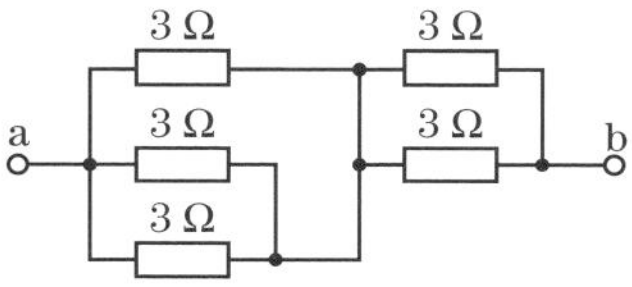 	イ．1.1　　　ロ．2.5　　　ハ．6　　　　ニ．15
5 　　図のような回路で，端子 ab 間の合成抵抗〔Ω〕は． 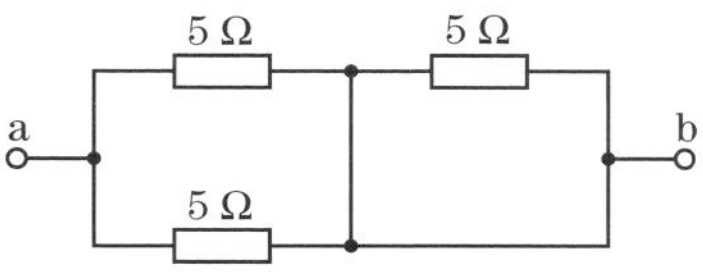 	イ．2.5　　　ロ．5　　　　ハ．7.5　　　ニ．15
6 　　図のような回路で，スイッチ S_1 を閉じ，スイッチ S_2 を開いたときの，端子 ab 間の合成抵抗〔Ω〕は． 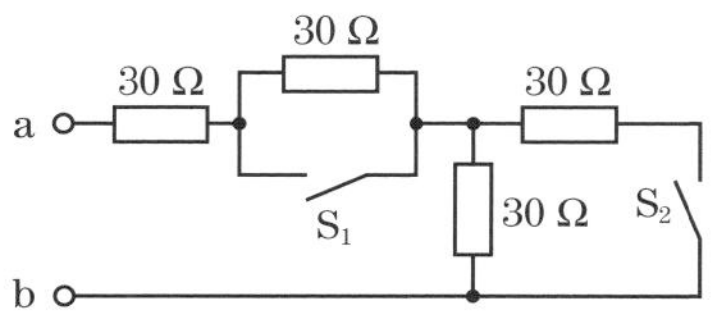 	イ．45　　　ロ．60　　　ハ．75　　　ニ．120

－7－

1 電圧，電流，抵抗の関係はどうなっているか.
2 回路のなかの電圧はどう計算するか.
3 電池の直列と並列の接続で，電流はどう変わるか.

スタディポイント　オームの法則

図のように抵抗 R 〔Ω〕の両端に電圧 V 〔V〕を加えたとき，流れる電流 I 〔A〕は，

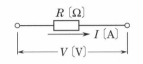

$I = \dfrac{V}{R}$ 〔A〕となる．これを **オーム**の**法則** という.

ドリル オームの法則を変形して $V = IR$（僕（V）は I（私）である（R））と覚えておくとよい.
この式は，電流が流れている抵抗の両端の電圧を計算するのによく利用する.

スタディポイント　電圧の計算

抵抗が直列に接続された回路に電圧を加えたとき，各々の抵抗に加わる電圧を求める問題である.

図3のような回路で，流れる電流を I 〔A〕とすると，

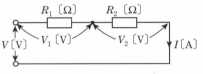

図3　R_1 〔Ω〕と R_2 〔Ω〕の直列回路

$$I = \frac{V}{R_1 + R_2} \ \text{〔A〕}$$

R_1 〔Ω〕にかかる電圧 V_1 〔V〕は，　　$V_1 = R_1 I = \dfrac{R_1}{R_1 + R_2} V$ 〔V〕　　　　(1)

R_2 〔Ω〕にかかる電圧 V_2 〔V〕は，　　$V_2 = R_2 I = \dfrac{R_2}{R_1 + R_2} V$ 〔V〕　　　　(2)

$$V_1 : V_2 = R_1 : R_2 \qquad \frac{V_1}{V_2} = \frac{R_1}{R_2} \tag{3}$$

で，「それぞれの抵抗に加わる電圧はそれぞれの抵抗値に比例し，抵抗値の大きい抵抗により大きな電圧が加わる.」

スタディポイント　電池の直列・並列接続

内部抵抗 r 〔Ω〕，起電力 E 〔V〕の電池2個を，図のように直列と並列に接続する.

直列接続の電流：$I = \dfrac{2E}{2r + R}$ 〔A〕　　　並列接続の電流：$I = \dfrac{E}{\dfrac{r}{2} + R}$ 〔A〕

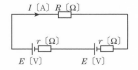
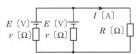

[練習問題]（解答・解説は 160 ～ 161 ページ）

電圧の計算

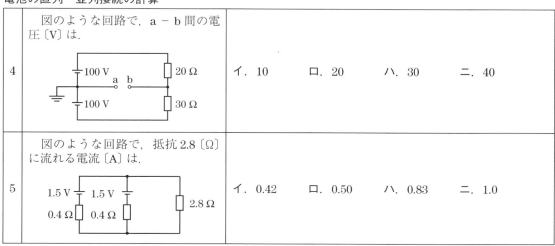

問　　い	答　　え
1　図のような回路で，ab 間の電圧〔V〕は． 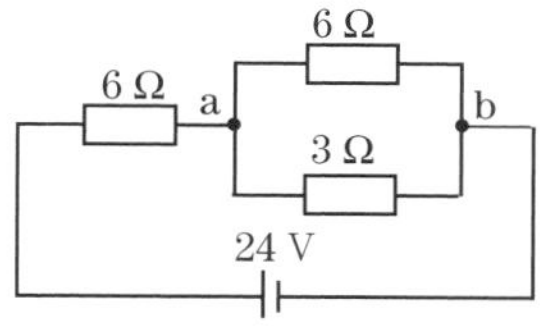 （6Ω，6Ω，3Ω，24V の回路）	イ．2　　ロ．3　　ハ．6　　ニ．8
2　図のような回路で，電流計Ⓐの値が 2〔A〕を示した．このときの電圧計Ⓥの指示値〔V〕は． 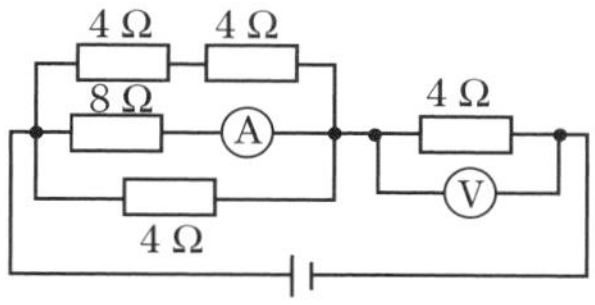 （4Ω，4Ω，8Ω，Ⓐ，4Ω，Ⓥ，4Ω の回路）	イ．16　　ロ．32　　ハ．40　　ニ．48
3　図のような回路で，スイッチ S を閉じたとき，ab 間の電圧〔V〕は． 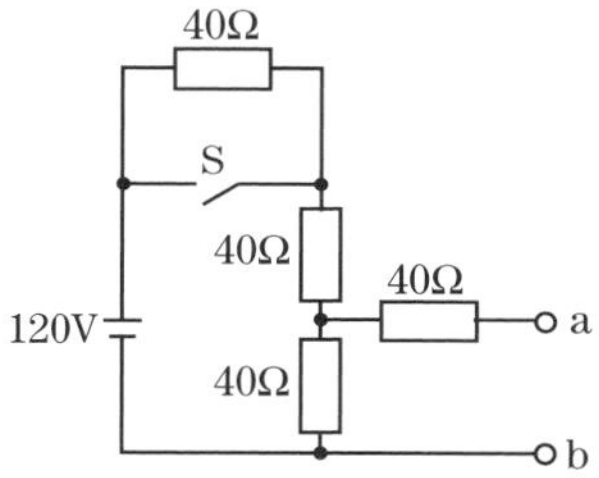 （40Ω，S，40Ω，40Ω，40Ω，120V の回路）	イ．30　　ロ．40　　ハ．50　　ニ．60

電池の直列・並列接続の計算

問　　い	答　　え
4　図のような回路で，a － b 間の電圧〔V〕は． （100V，100V，20Ω，30Ω の回路）	イ．10　　ロ．20　　ハ．30　　ニ．40
5　図のような回路で，抵抗 2.8〔Ω〕に流れる電流〔A〕は． （1.5V，1.5V，0.4Ω，0.4Ω，2.8Ω の回路）	イ．0.42　　ロ．0.50　　ハ．0.83　　ニ．1.0

電気抵抗の性質の理解

1 導体の抵抗率とはどんなものか.
2 抵抗を求めるときの導体の長さと断面積の関係は.

── スタディポイント　抵抗率 ──

同じ温度における単位長さ（1 m），単位断面積（1 m²）の素材の抵抗を，その導体の**抵抗率**といい，単位は〔Ω·m〕（オームメータ）で，記号は ρ（ロー）で表す.

ドリル　この抵抗率の値は非常に小さく，銅で 1.72×10^{-8}〔Ω·m〕という値である. また，電線のように断面が円で，しかも，断面積が〔mm²〕で表されるものは，実用的にその単位をとり入れた方がよいとして，断面積 1 mm²，長さ 1 m の抵抗値〔Ω·mm²/m〕という単位を用いる. 銅の場合 $\rho = \dfrac{1}{58}$〔Ω·mm²/m〕である.

── スタディポイント　電気抵抗を計算する ──

同じ材質の導体で，その長さおよび断面積と電気抵抗との関係は「**電気抵抗 R は，導体の長さ L に比例し，断面積 A に反比例する**」. このときの比例定数が抵抗率 ρ で次のような式になる.

$$R = \rho \frac{L}{A} \ \text{〔Ω〕} \qquad (1)$$

断面積 A〔m²〕は，導体の長さ L〔m〕，導体の直径 D〔mm²〕，抵抗率 ρ〔Ω·m〕とすると，$A = \pi \left(\dfrac{D}{2} \times 10^{-3}\right)^2 = \pi \dfrac{D^2}{4} \times 10^{-6}$〔m²〕となる.

導体の直径：D〔mm〕$= D \times 10^{-3}$〔m〕
導体の半径：$r = \dfrac{D}{2}$〔mm〕$= \dfrac{D}{2} \times 10^{-3}$〔m〕
※1 mm $= 0.001$ m $= 1 \times 10^{-3}$ m

電気抵抗 R〔Ω〕は，$R = \rho$〔Ω·m〕$\times \dfrac{L\text{〔m〕}}{A\text{〔m²〕}} = \rho \dfrac{L}{\pi \dfrac{D^2}{4} \times 10^{-6}} = \dfrac{4\rho L}{\pi D^2} \times 10^6$〔Ω〕 $\qquad (2)$

（単位に着目する）

温度による抵抗値の変化

金属は一般的に，温度が上昇すると抵抗値が大きくなる. 導体の抵抗は，温度上昇により増加し，発熱量が大きくなる. また，放熱が悪くなって，許容電流が小さくなる.

ドリル
・長さ L が 2 倍，3 倍，または 1/2 倍，1/3 倍になると，抵抗 R は 2 倍，3 倍，または 1/2 倍，1/3 倍になる.
・断面積 A が 2 倍，3 倍，または 1/2 倍，1/3 倍になると，抵抗 R は 1/2 倍，1/3 倍，または 2 倍，3 倍になる.
・直径が 2 倍になったり，1/2 倍になったときは，断面積 A は 4 倍，または 1/4 倍になるので，直径（半径）が 2 倍になると，抵抗は 1/4 倍になる.
・〔Ω〕，〔V〕，〔A〕の単位では数値が大きすぎたり小さすぎる場合には，p，μ，m，k，M，G の記号を単位に添えた補助単位を用いる. マイクロアンペア〔μA〕，キロボルト〔kV〕，メグオーム〔MΩ〕など.

呼び方	ピコ	マイクロ	ミリ	キロ	メガ（メグ）	ギガ
記　号	p	μ	m	k	M	G
大きさ	10^{-12}	10^{-6}	10^{-3}	10^3	10^6	10^9

・抵抗率 ρ の逆数をその物質の導電率といい，一般に σ（シグマ）で表す. 　$\sigma = 1/\rho$〔1/Ω·m〕
電線などでは標準軟銅の導電率を 100％として，パーセント導電率を用いる.（アルミニウム 60％）

$$\text{パーセント導電率} = \frac{\text{その物質の導電率}}{\text{標準軟銅の導電率}} \times 100 \ \text{〔％〕}$$

[練習問題]（解答・解説は 161 〜 162 ページ）

導体の抵抗値の計算

	問　い	答　え
1	直径 1.6〔mm〕（断面積 2.0〔mm²〕），長さ 120〔m〕の軟銅線の抵抗値〔Ω〕は． ただし，軟銅線の抵抗率は，0.017〔Ω·mm²/m〕とする．	イ．0.1　　　　ロ．1.0　　　　ハ．10　　　　ニ．100
2	直径 2.6〔mm〕，長さ 20〔m〕の銅電線と抵抗値がほぼ等しい銅電線は． ただし，a：導体の太さ　b：導体の長さを示す．	イ．a：直径 1.6〔mm〕（約 2〔mm²〕）　　b：40〔m〕 ロ．a：断面積 5.5〔mm²〕　　　　　　　b：20〔m〕 ハ．a：直径 3.2〔mm〕（約 8〔mm²〕）　　b：10〔m〕 ニ．a：断面積 8〔mm²〕　　　　　　　　b：20〔m〕
3	直径 D〔mm〕，長さ L〔m〕の電線の抵抗と許容電流に関する記述として誤っているものは．	イ．抵抗は L に比例する． ロ．抵抗は D^2 に反比例する． ハ．周囲温度が上昇すると，許容電流は大きくなる． ニ．D が大きくなると，許容電流も大きくなる．
4	抵抗率 ρ〔Ω·m〕，直径 D〔mm〕，長さ L〔m〕の導線の電気抵抗〔Ω〕を表す式は．	イ．$\dfrac{4\rho L}{\pi D}\times 10^3$　　　　　　ロ．$\dfrac{4\rho L^2}{\pi D}\times 10^3$ ハ．$\dfrac{4\rho L}{\pi D^2}\times 10^6$　　　　　　ニ．$\dfrac{\rho L^2}{\pi D^2}\times 10^6$

抵抗値の倍数の計算

	問　い	答　え
5	銅線の長さをそのままにして，断面積を 3 倍にしたときの電気抵抗は何倍か．	イ．9　　　　ロ．3　　　　ハ．$\dfrac{1}{3}$　　　　ニ．変わらない
6	銅線の断面積を 2 倍にして，長さを 1/2 倍にしたとき，この電気抵抗は何倍か．	イ．$\dfrac{1}{4}$　　　　ロ．$\dfrac{1}{2}$　　　　ハ．変わらない　　　　ニ．2
7	電線の長さを α 倍，直径を β 倍にすると，電線の抵抗はもとの何倍になるか．	イ．$\dfrac{\alpha^2}{\beta}$　　　　ロ．$\dfrac{\beta^2}{\alpha^2}$　　　　ハ．$\dfrac{\alpha}{\beta}$　　　　ニ．$\dfrac{\alpha}{\beta^2}$
8	A，B 2 本の同材質の銅線がある．A は直径 1.6〔mm〕，長さ 20〔m〕，B は直径 3.2〔mm〕，長さ 40〔m〕である．A の抵抗は B の抵抗の何倍か．	イ．1　　　　ロ．2　　　　ハ．3　　　　ニ．4
9	直径 1.6〔mm〕，長さ 8〔m〕の軟銅線と電気抵抗が等しくなる直径 3.2〔mm〕の軟銅線の長さ〔m〕は． ただし，軟銅線の抵抗率は同一とする．	イ．4　　　　ロ．8　　　　ハ．16　　　　ニ．32

電流の分流とブリッジ回路

1 並列回路では電流がどのように分流するのか.
2 ブリッジ回路の特徴と計算は.
3 電位と電位差の計算は.

スタディポイント　電流の分流比は

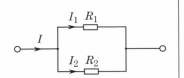

　図のように，抵抗 R_1, R_2 が並列に接続されている場合，
全電流を I とすれば，R_1 に流れる電流 I_1, R_2 に流れる電流
I_2 は，

$$I_1 = I \times \frac{R_2}{R_1 + R_2} \text{〔A〕} \qquad I_2 = I \times \frac{R_1}{R_1 + R_2} \text{〔A〕}$$

ドリル 分流の式で分子にくる抵抗は，反対側の抵抗であることに注意する.

スタディポイント　ブリッジの平衡とは

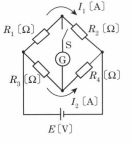

　図においてスイッチ S を閉じても検流計 Ⓖ（非常に小さな電
流を検出することができる計器）に電流が流れない状態をブリッ
ジが平衡（バランス）したといい，ブリッジが平衡した状態では，
ブリッジの相対する辺の抵抗の積が等しい.

$$R_1 \times R_4 = R_2 \times R_3$$

　したがって，たとえば R_1 を未知抵抗とし，R_2, R_3, R_4 に可
変抵抗器を用いてブリッジを平衡させれば　$R_1 = R_2 R_3 / R_4$ とな
り，抵抗が測定できる. ブリッジが平衡した状態では電流 I_1, I_2〔A〕は次式で表される.

$$I_1 = \frac{E}{R_1 + R_2} \text{〔A〕}, \qquad I_2 = \frac{E}{R_3 + R_4} \text{〔A〕}$$

スタディポイント　ブリッジの電位差とは

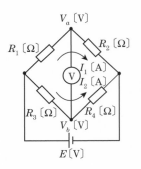

　図のように電圧計 Ⓥ（内部抵抗は無限大）を接続したとき，
電圧計 Ⓥ の指示値が零の状態では，電位 ($V_a = V_b$) が等しくなる.
また，電圧計の指示値が V_{ab}〔V〕のときは，電位 V_a, V_b〔V〕，電
流 I_1, I_2〔A〕は次式で表される.

　電位差：$V_{ab} = V_a - V_b = \underbrace{R_2 I_1}_{a電位} - \underbrace{R_4 I_2}_{b電位}$〔V〕

　電　流：$I_1 = \frac{E}{R_1 + R_2}$〔A〕, $\qquad I_2 = \frac{E}{R_3 + R_4}$〔A〕

分流する電流の計算

問　　　い	答　　　え
1　図のような回路で，電流計Ⓐの指示値〔A〕は． 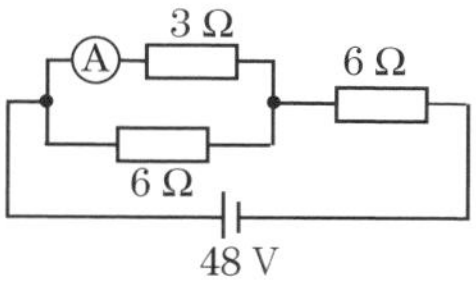 （3 Ω，6 Ω，6 Ω，48 V の回路図）	イ．2　　　ロ．4　　　ハ．6　　　ニ．8
2　図のような直流回路に流れる電流 I〔A〕は． 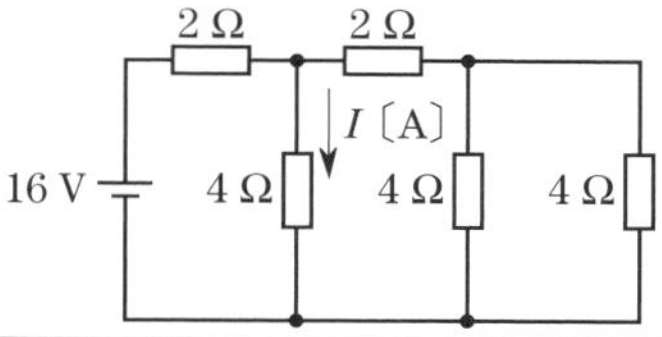 （2 Ω，2 Ω，16 V，4 Ω，I〔A〕，4 Ω，4 Ω の回路図）	イ．2　　　ロ．4　　　ハ．6　　　ニ．8
3　図のような回路において，スイッチ S を閉じたとき，電流計Ⓐに流れる電流〔A〕は． 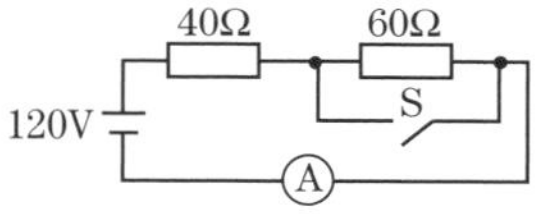 （40Ω，60Ω，120V，S，Ⓐ の回路図）	イ．0　　　ロ．1.2　　　ハ．2.0　　　ニ．3.0

電位・電位差の計算

問　　　い	答　　　え
4　図のような回路において，電圧計Ⓥの指示値〔V〕は． 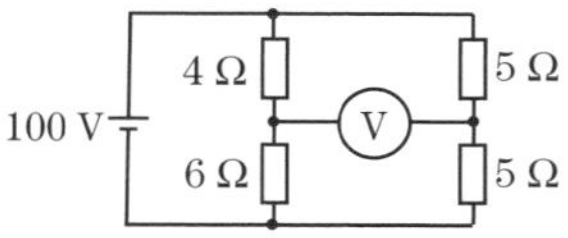 （4 Ω，5 Ω，100 V，Ⓥ，6 Ω，5 Ω の回路図）	イ．5　　　ロ．10　　　ハ．20　　　ニ．40
5　図のような回路に，電圧 100V を加えた場合，電圧計Ⓥの指示値〔V〕は． 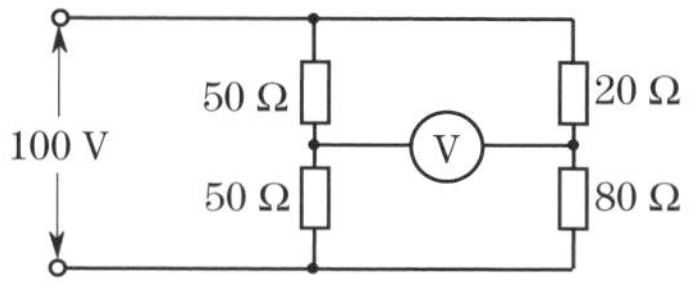 （50 Ω，20 Ω，100 V，Ⓥ，50 Ω，80 Ω の回路図）	イ．20　　　ロ．30　　　ハ．50　　　ニ．80
6　図のような回路において，電圧計Ⓥの指示値が 0V であった．抵抗 R〔Ω〕の値は． 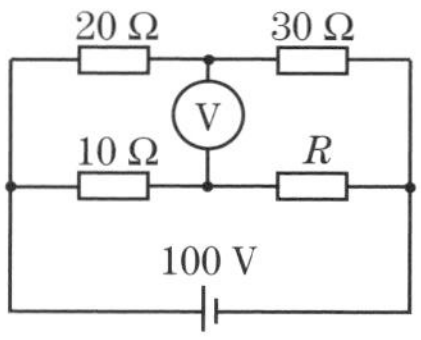 （20 Ω，30 Ω，Ⓥ，10 Ω，R，100 V の回路図）	イ．5　　　ロ．10　　　ハ．15　　　ニ．20

1 最大値，実効値，平均値の関係は．
2 交流回路の電圧や電流の計算はどうするか．

スタディポイント　*最大値・実効値・平均値*

　図のように最大振幅 I_m の正弦波交流の電流の大きさを表すのに次の三つがある．

① **最大値 I_m〔A〕**：最大振幅の大きさ

② **実効値 $I = \dfrac{I_m}{\sqrt{2}}$〔A〕**：直流回路で抵抗に発生する電力と
　　　　　　　　　　　　　　等しい電力の交流回路の電流値

③ **平均値 $I_a = \dfrac{2I_m}{\pi}$〔A〕**：電流の正の半サイクルの平均値

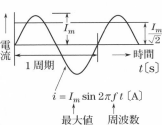

$i = I_m \sin 2\pi f t$〔A〕

最大値　　周波数

ドリル　特にことわりのない場合には，交流の大きさは実効値で表す．したがって，一般家庭の電源電圧の
実効値は 100V，最大値は $E_m = 100\sqrt{2} \fallingdotseq 141V$，平均値 $E_a = 2 \times 100\sqrt{2}\,/\,\pi \fallingdotseq 90.1V$ である．
また，交流回路の計算は実効値により行う．

スタディポイント　インピーダンスと電圧，電流

・電圧（実効値）が V〔V〕，電源周波数が f〔Hz〕のとき，
RL 直列回路のインピーダンス Z〔Ω〕と電圧 V〔V〕，電流
I〔A〕の関係は次のようになる．

　　〔インピーダンス〕　$Z = \sqrt{R^2 + X^2}$〔Ω〕　　　　(1)

　ただし，誘導リアクタンス $X = \omega L = 2\pi f L$〔Ω〕，L の
単位はヘンリー〔H〕．（ω は角周波数）

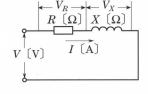

　　〔電　流〕　$I = \dfrac{V}{Z} = \dfrac{V}{\sqrt{R^2 + X^2}}$〔A〕　　　　(2)

・図の L の代わりにキャパシタンス C が接続される場合

　　容量リアクタンス $X = \dfrac{1}{\omega C} = \dfrac{1}{2\pi f C}$〔Ω〕，$C$ の単位はファラド〔F〕

　R，X にかかる電圧 V_R，V_X は，

　$V_R = IR = \dfrac{V}{Z} \times R = \dfrac{V}{\sqrt{R^2 + X^2}} \times R = \dfrac{VR}{\sqrt{R^2 + X^2}}$　　　　(3)

　$V_X = IX = \dfrac{V}{Z} \times X = \dfrac{V}{\sqrt{R^2 + X^2}} \times X = \dfrac{VX}{\sqrt{R^2 + X^2}}$　　　　(4)

[練習問題]（解答・解説は 163 ページ）

交流波形の問題

問　　　い	答　　　え
1　実効値 200V の正弦波交流電圧の最大値〔V〕は.	イ．200　　　ロ．282　　　ハ．346　　　ニ．400
2　交流電流の実効値は.	イ．時間とともに変化する電流の最大値 ロ．最大値の $1/\sqrt{3}$ の値 ハ．同じ発熱効果を生じる直流の電流値 ニ．電流の正の半サイクルの平均値
3　正弦波交流電圧の実効値は.	イ．$\dfrac{最大値}{\sqrt{2}}$　　　　　　ロ．$\sqrt{2}\times$最大値 ハ．$\sqrt{3}\times$最大値　　　　ニ．$\dfrac{最大値}{\sqrt{3}}$

インピーダンスと電圧，電流の計算

	問　　　い	答　　　え
4	図のような交流回路で，ab 間のインピーダンス〔Ω〕は. 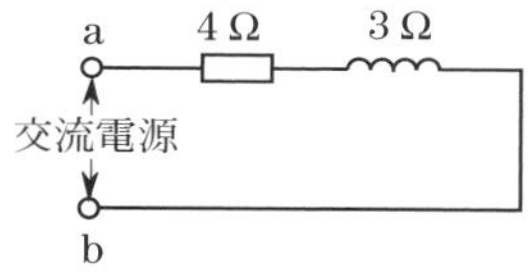 a　4 Ω　　3 Ω 交流電源 b	イ．3　　　ロ．4　　　ハ．5　　　ニ．6
5	図のような交流回路において，抵抗 12〔Ω〕の両端の電圧〔V〕は. 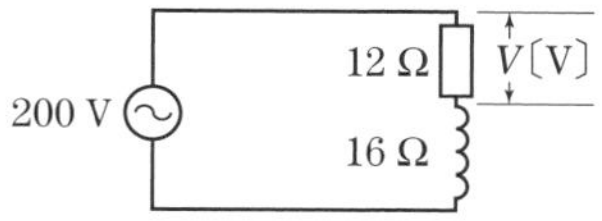 200 V　12 Ω V〔V〕 16 Ω	イ．86　　　ロ．114　　　ハ．120　　　ニ．160
6	図のような交流回路にで，リアクタンス 8〔Ω〕の両端の電圧〔V〕は. 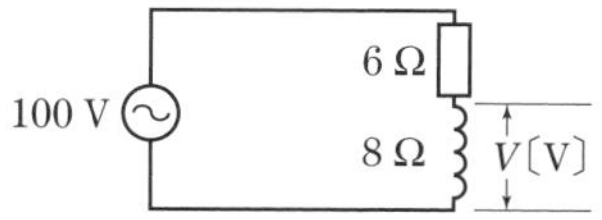 100 V　6 Ω 8 Ω V〔V〕	イ．43　　　ロ．57　　　ハ．60　　　ニ．80
7	図のような回路に，交流電圧 E〔V〕を加えたとき，リアクタンス X〔Ω〕に加わる電圧〔V〕を示す式は. 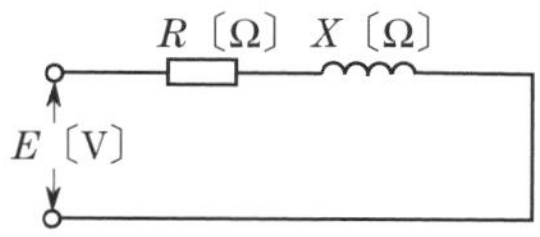 R〔Ω〕 X〔Ω〕 E〔V〕	イ．$\dfrac{XE}{R+X}$　　　　　　ロ．$\dfrac{XE}{R-X}$ ハ．$\dfrac{XE}{\sqrt{R^2+X^2}}$　　　ニ．$\dfrac{XE}{\sqrt{R^2-X^2}}$

1 抵抗，インダクタンス，キャパシタンスの働きは.

--- **スタディポイント** *抵抗，インダクタンス，キャパシタンス* ---

　直流回路では，電流を制限するものは抵抗 R のみであったが，交流回路では，抵抗 R，インダクタンス L（単位ヘンリー〔H〕，コイル），キャパシタンス C（単位ファラド〔F〕，コンデンサ）の３種がある.

［抵抗のみの回路］

　　電流：$I = \dfrac{V}{R}$〔A〕

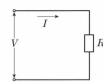

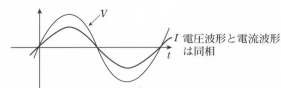

I 電圧波形と電流波形は同相

　抵抗のみの場合は，直流回路と全く同じ計算方法である.

［インダクタンス（コイル）のみの回路］

　　電流：$I_L = \dfrac{E}{X_L}$〔A〕

　リアクタンス：
　交流抵抗

　周波数→
　　$X_L = 2\pi f L$
　　↑インダクタンス

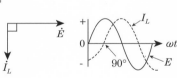

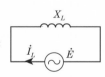

　計算の単位は，

　　f；周波数〔Hz〕
　　L；インダクタンス〔H〕 $\Big\}$→X_L；リアクタンス〔Ω〕

［キャパシタンス（コンデンサ）のみの回路］

　　電流：$I_C = \dfrac{E}{X_C}$〔A〕

　　　↑
　　リアクタンス：交流抵抗

　　$X_C = \dfrac{1}{2\pi f C}$
　　　　　└キャパシタンス

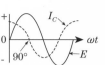

　計算の単位は，

　　f；周波数〔Hz〕
　　C；キャパシタンス〔F〕 $\Big\}$→X_C；リアクタンス〔Ω〕

　誘導リアクタンス X_L は周波数 f に比例する．ということは f が２倍になれば X_L も２倍になる.
　容量リアクタンス X_C は周波数 f に反比例する．f が２倍になると X_C は 1/2 倍になる.
　計算にあたって，インピーダンスは直流回路の抵抗と同じように扱ってよい.

[練習問題]（解答・解説は 163 〜 164 ページ）
インダクタンス，キャパシタンスについての計算

問　　　い	答　　　え
1	コイルに 100〔V〕，50〔Hz〕の交流電圧を加えると，3〔A〕の電流が流れた．このコイルに 100〔V〕，60〔Hz〕の交流電圧を加えたときに流れる電流〔A〕は． ただし，コイルの抵抗は無視する．	イ．0　　　　ロ．2.5　　　　ハ．3.0　　　　ニ．3.6
2	コンデンサに 100〔V〕，50〔Hz〕の交流電圧を加えると，3〔A〕の電流が流れた．このコンデンサに 100〔V〕，60〔Hz〕の交流電圧を加えたときに流れる電流〔A〕は．	イ．0　　　　ロ．2.5　　　　ハ．3.0　　　　ニ．3.6
3	図のような交流回路の電圧 v に対する電流 i の波形として，正しいものは． 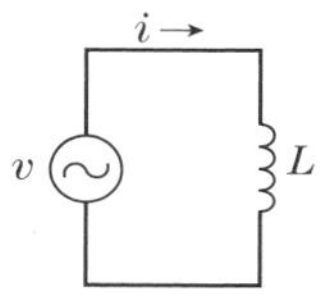	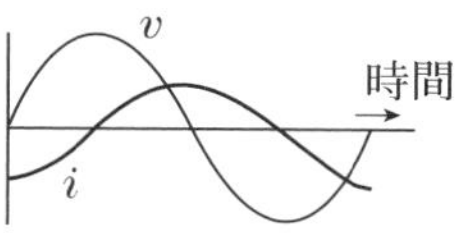 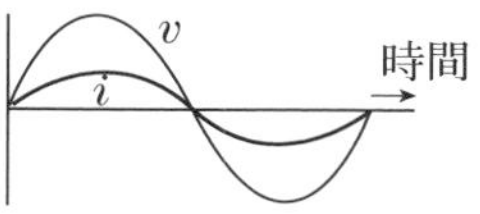 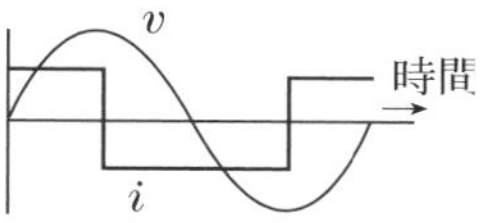 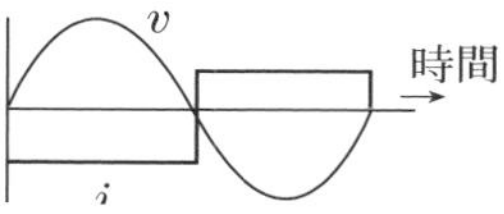
4	図のような交流回路の電圧 v に対する電流 i の波形として，正しいものは． 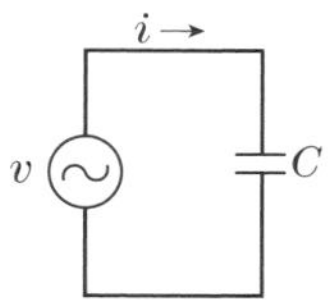	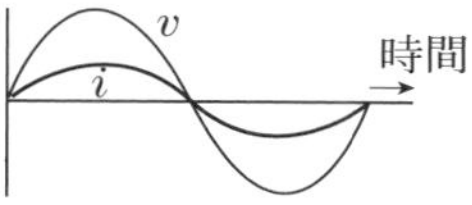 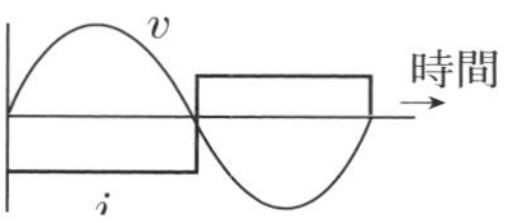 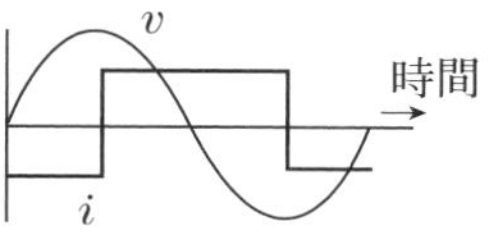 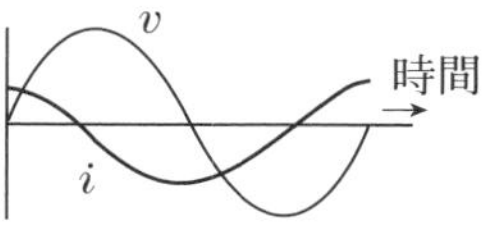

－17－

1 *RL* 回路に流れる電流と電圧の関係は.
2 直列回路と並列回路の力率はこう計算する.

スタディポイント　電圧と電流の位相差

図1に示す *RL* 直列回路に v〔V〕の交流電圧を加えると, i〔A〕の電流が流れる.

図2に示す波形は, 時間とともに変化する. 波形の1周期のうちの位置を示すものを位相といい,

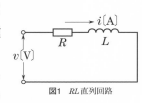

図1 *RL* 直列回路

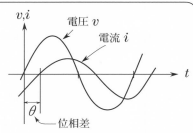

図2 電圧と電流の波形

電圧と電流の波形の時間的なずれを位相差という(位相差は角度 θ で表される.). 電流 i の位相は, 電圧 v よりも θ だけ右にずれており, 電圧 v に対し遅れて電流 i が流れることを表す. この時間的な遅れが位相差で, 位相差の cos すなわち cos θ が力率である. 力率は供給された電力 (皮相電力) のうち, 負荷で実際に消費された電力 (有効電力) の割合を%で表したもので, 計算上では100で割って使用する (例：力率80%→ 0.8). 回路にリアクタンスが含まれると cos θ は1より小さくなり, 有効電力は電源から供給される電力よりも小さくなる. 抵抗のみの回路では電圧と電流が同相で, 角度 θ は0°で cos θ = 1 となる. 冷蔵庫や洗濯機には誘導電動機が使用されており, 力率は60〜80%程度, 電球形 LED ランプ (制御装置内蔵形) は60%程度, トースターは抵抗加熱でコイルを使用しておらず力率は100%である. 力率の値が小さいと, 電圧が一定のとき, 同じ使用電力でも大きな電流が流れることになる. そのため, コイルと抵抗負荷と並列に低圧進相コンデンサを設置して力率を改善する. 力率が改善されると負荷電流は設置前と比べて減少する.

ドリル
(1) 交流の1周期は360°（= 2π ラジアン）である. 周波数が f 〔Hz〕であれば, 1周期は 1/f 〔秒〕, 50Hz であれば0.02秒が1周期で, これが360°（= 2π ラジアン）となる.
(2) L の単位は〔H〕（ヘンリー）, ωL = 2πfL = X がリアクタンスで, 単位はオーム〔Ω〕となる.

スタディポイント　直列と並列の力率の計算

RX 直列回路

$V_R = IR$〔V〕 $V_L = IX$〔V〕

$P = VI\cos\theta = I_R{}^2 R$〔W〕より

力率 $\cos\theta = \dfrac{P}{VI} = \dfrac{I^2 R}{VI} = \dfrac{V_R I}{VI} = \dfrac{V_R}{V}$

$\cos\theta = \dfrac{P}{VI} = \dfrac{I^2 R}{I^2 Z} = \dfrac{R}{Z} = \dfrac{R}{\sqrt{R^2 + X^2}}$

RX 並列回路

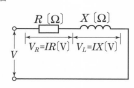

力率 $\cos\theta = \dfrac{P}{VI} = \dfrac{I_R{}^2 R}{VI} = \dfrac{I_R}{I} = \dfrac{I_R}{\sqrt{I_R{}^2 + I_L{}^2}}$

（全電流 $I = \sqrt{I_R{}^2 + I_L{}^2}$ ）

[練習問題] （解答・解説は 164 ～ 165 ページ）

電圧・電流の位相差と力率

問　　　　い	答　　　え
1　図のような交流回路で，電流計Ⓐに流れる電流〔A〕は. 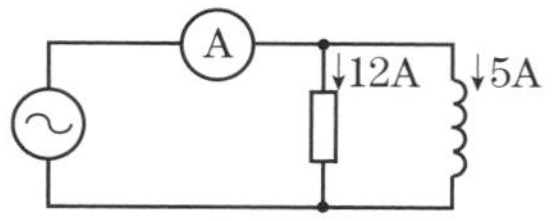 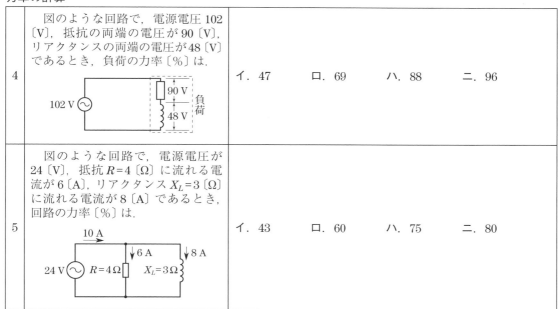	イ．3　　　ロ．4　　　ハ．13　　　ニ．20
2　図のような交流回路で負荷に対してコンデンサCを設置して力率を100〔％〕に改善した．このときの電流計の指示値〔A〕は. 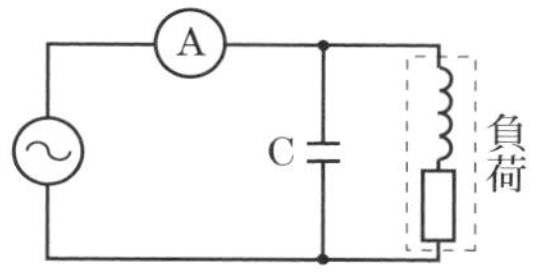	イ．零になる. ロ．コンデンサ設置前と比べて変化しない. ハ．コンデンサ設置前と比べて増加する. ニ．コンデンサ設置前と比べて減少する.
3　力率の最も良い電気機械器具は.	イ．電気トースター. ロ．電気洗濯機. ハ．電気冷蔵庫. ニ．電球形 LED ランプ（制御装置内蔵形）.

力率の計算

問　　　　い	答　　　え
4　図のような回路で，電源電圧102〔V〕，抵抗の両端の電圧が90〔V〕，リアクタンスの両端の電圧が48〔V〕であるとき，負荷の力率〔％〕は.	イ．47　　　ロ．69　　　ハ．88　　　ニ．96
5　図のような回路で，電源電圧が24〔V〕，抵抗 $R=4$〔Ω〕に流れる電流が6〔A〕，リアクタンス $X_L=3$〔Ω〕に流れる電流が8〔A〕であるとき，回路の力率〔％〕は.	イ．43　　　ロ．60　　　ハ．75　　　ニ．80

1 直流, 交流の電力はどう表されるか.
2 電力, 電力量, 発熱量の関係と求め方は.

—— スタディポイント　*電力の計算* ——

直流の電力 P は, 電圧 V と電流 I の積で表される.

$$P = IV \ \text{(W)} \tag{1}$$

V と I をオームの法則で変形して, 次のようにも表される.

$$P = IV = I \times IR = I^2R = \left(\frac{V}{R}\right)^2 \times R = \frac{V^2}{R} \ \text{(W)} \tag{2}$$

交流の電力 P は

$$P = IV \cos\theta \ \text{(W)} \tag{3}$$

で表される. ここで θ は, 電圧 V と電流 I の位相差であり, $\cos\theta$ を**力率**という.

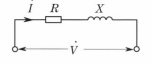

図のように, R と X が並列に接続されている場合,

$$P = I_R V \ \text{(W)} = I_R^2 R \ \text{(W)} \tag{4}$$

で表される. また, X に流れる電流 $\dot{I}_X$ は, 電力を消費しない.
これは, コイルには電圧と電流に位相差があることによる.
コイルでは, 1周期の波形が次の①〜④のパターンになる.

① → 電圧は (+), 電流は (−) で, 電力は (−) になる.

② → 電圧は (+), 電流は (+) で, 電力は (+) になる.

③ → 電圧は (−), 電流は (+) で, 電力は (−) になる.

④ → 電圧は (−), 電流は (−) で, 電力は (+) になる.

したがって, +側と−側が同じになり, 電力を平均化すると電力を消費しない.

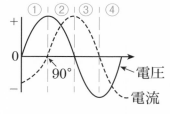

(1) 力率 100％ の電気器具は電熱器, 白熱電球など電気を熱に変換して利用するものである.

(2) 上の(2)式は I, V を実効値で表せば, 交流にも適用できる.

(3) 力率の異なる負荷が並列に接続されている場合, それぞれの電力を計算し合計する.

—— スタディポイント　*電力と電力量* ——

電力量は一定の電力のもとに, ある時間内になされた仕事の総和のことで, 電力 P (W) を t 秒間または T 時間使用したときの**電力量** W は,

$$W = Pt \ \text{(J)} \qquad \text{あるいは} \qquad W = PT \ \text{(W·h)} \tag{5}$$

(1) 国際単位である SI 単位系では, 発熱量は (J) (ジュール) が用いられ, 1 (J) は 1 (W·s) である. 普通, 電力量の単位としては W·h (ワットアワー) が用いられる. 1時間は $60 \times 60 = 3\,600$ 秒 であるから, $3\,600$ (J) = 1 (W·h)

(2) 抵抗 R (Ω) に電流 I (A) を t 秒間流した場合の発熱量 H は, $H = I^2Rt$ (J) となる. これをジュールの法則という. 1 (kW·h) = $3\,600$ (kJ)

(3) 国際単位である SI 単位系では, 発熱量は (J) (ジュール) が用いられている.

電力の計算

	問　　　　い	答　　　え
1	図のような交流回路で，リアクタンス X の両端の電圧が 60〔V〕，抵抗 R の両端の電圧が 80〔V〕であるとき，この抵抗 R の消費電力〔W〕は． 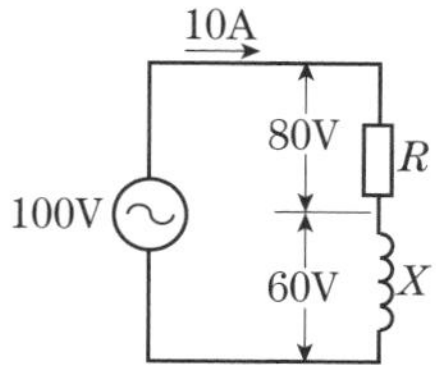	イ．600　　ロ．800　　ハ．1 000　　ニ．1 200
2	図のような回路で抵抗 R に流れる電流が 4〔A〕，リアクタンス X に流れる電流が 3〔A〕であるとき，抵抗 R の消費電力〔W〕は． 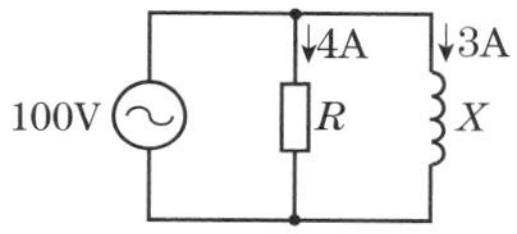	イ．100　　ロ．300　　ハ．400　　ニ．700
3	定格電圧 100〔V〕，定格消費電力 1〔kW〕の電熱器に 110〔V〕の電圧を加えた場合の消費電力〔kW〕は．　ただし，電熱器の抵抗値は一定とする．	イ．1.0　　ロ．1.1　　ハ．1.2　　ニ．1.3

電力量の計算

	問　　　　い	答　　　え
4	消費電力 2〔kW〕の電熱器を 1 時間使用した場合に発生する熱量〔kJ〕は．	イ．1 800　　ロ．3 600　　ハ．7 200　　ニ．8 600
5	電線の接続不良により，接続点の接触抵抗が 0.5〔Ω〕となった．この電線に 10〔A〕の電流が流れると，接続点から 1 時間に発生する熱量〔kJ〕は．　ただし，1〔kW·h〕＝3 600〔kJ〕とする．	イ．180　　ロ．360　　ハ．720　　ニ．1 440
6	単相 100〔V〕の屋内配線回路で，消費電力 100〔W〕の白熱電球 4 個と負荷電流 5〔A〕，力率 80〔%〕の単相電動機 1 台を 10 日間連続して使用したときの消費電力量〔kW·h〕の合計は．	イ．8　　ロ．192　　ハ．216　　ニ．246

1 Y・△結線の電圧，電流の関係は．

2 1線断線時の電圧，電流は．

スタディポイント　Y（スター）結線

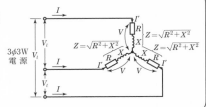

　図のような結線を **Y**（スター）結線あるいは星形結線といい，電圧，電流の関係は，

　　線間電圧（V_l） $= \sqrt{3} \times$ **相電圧（V）〔V〕**

　　線電流（I） $=$ **相電流（I'）** $= \dfrac{V_l}{\sqrt{3}Z}$ 〔A〕　　　　(1)

ドリル　三相交流の電圧は一般に線間電圧で表す．したがって，200Vの三相電源に負荷をY接続した場合の1相の負荷に加わる電圧（相電圧）は $200/\sqrt{3} \fallingdotseq 115.5$V である．

スタディポイント　△（デルタ）結線

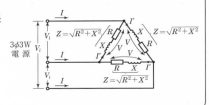

　図のような結線を△（デルタ）結線あるいは三角結線といい，この場合の電圧，電流の関係は，

　　線間電圧（V_l） $=$ **相電圧（V）〔V〕**

　　線電流（I） $= \sqrt{3} \times$ **相電流（I'）** $= \dfrac{\sqrt{3}V_l}{Z}$ 〔A〕　　(2)

ドリル　同じ負荷をY結線したときの線電流を I_Y，△結線したときの線電流を $I_\triangle$ とすると，

$$I_Y / I_\triangle = \frac{V_l}{\sqrt{3}Z} \Big/ \frac{\sqrt{3}V_l}{Z} = \frac{1}{3}$$

　となり，I_Y が $I_\triangle$ の1/3になる．これが誘導電動機のY−△始動の原理である．

スタディポイント　1線断線時は

断線時の線電流　$I_2 = \dfrac{V_l}{\dfrac{2R}{3}} = \dfrac{3V_l}{2R}$ 〔A〕

（線間電圧／断線時の合成抵抗）

断線時の消費電力　$P = \dfrac{3V_l^2}{2R}$ 〔W〕

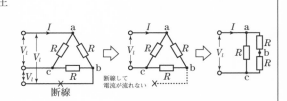

断線時の線電流　$I = \dfrac{V_l}{R+R} = \dfrac{V_l}{2R}$ 〔A〕

（線間電圧）

断線時の消費電力　$P = I^2(2R) = \dfrac{V_l^2}{2R}$ 〔W〕

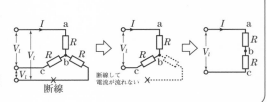

[練習問題]（解答・解説は 165 〜 166 ページ）

三相電圧，電流の計算

	問　　い	答　　え
1	図のような回路の電流 I を示す式は． 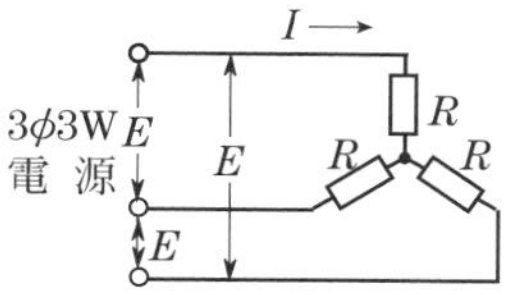 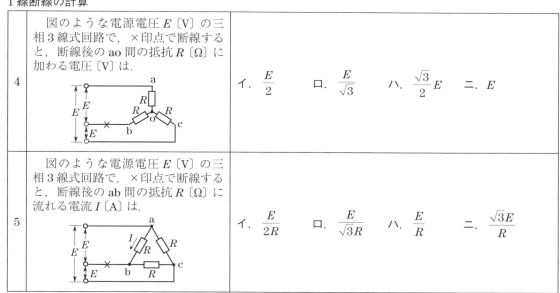	イ．$\dfrac{E}{2R}$　　ロ．$\dfrac{\sqrt{3}E}{R}$　　ハ．$\dfrac{E}{R}$　　ニ．$\dfrac{E}{\sqrt{3}R}$
2	図のような三相負荷に三相交流電圧を加えたとき，各線に 10〔A〕の電流が流れた．線間電圧〔V〕は． 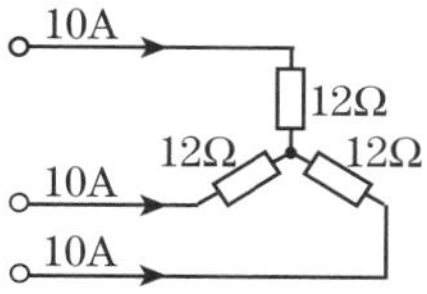	イ．120　　ロ．173　　ハ．208　　ニ．240
3	図のような回路の電流 I を示す式は． 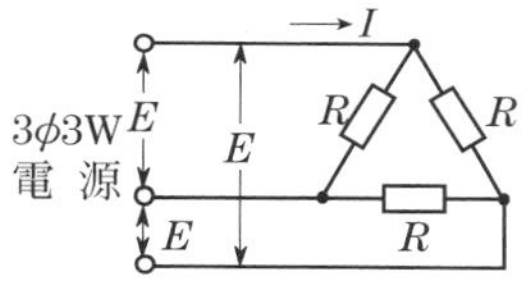	イ．$\dfrac{E}{\sqrt{3}R}$　　ロ．$\dfrac{E}{R}$　　ハ．$\dfrac{\sqrt{3}E}{R}$　　ニ．$\dfrac{2E}{R}$

1 線断線の計算

	問　　い	答　　え
4	図のような電源電圧 E〔V〕の三相3線式回路で，×印点で断線すると，断線後の ao 間の抵抗 R〔Ω〕に加わる電圧〔V〕は．	イ．$\dfrac{E}{2}$　　ロ．$\dfrac{E}{\sqrt{3}}$　　ハ．$\dfrac{\sqrt{3}}{2}E$　　ニ．E
5	図のような電源電圧 E〔V〕の三相3線式回路で，×印点で断線すると，断線後の ab 間の抵抗 R〔Ω〕に流れる電流 I〔A〕は．	イ．$\dfrac{E}{2R}$　　ロ．$\dfrac{E}{\sqrt{3}R}$　　ハ．$\dfrac{E}{R}$　　ニ．$\dfrac{\sqrt{3}E}{R}$

Q 1 三相電力の求め方は.
2 三相電線路の電圧降下と電力損失.

--- スタディポイント 三相電力の計算 ---

・負荷がY結線の場合

線間電圧を V_l〔V〕，線電流を I〔A〕，力率を $\cos\theta$ とすれば，三相電力 P は，

$$P = \sqrt{3}\, V_l I \cos\theta \ \text{〔W〕} \tag{1}$$

この式は，負荷の結線がYでも△でも成り立つ.

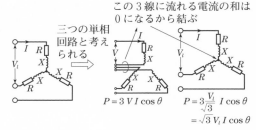

この3線に流れる電流の和は0になるから結ぶ

三つの単相回路と考えられる

$P = 3VI\cos\theta$

$P = 3\dfrac{V_l}{\sqrt{3}} I\cos\theta = \sqrt{3}V_l I\cos\theta$

・負荷が△結線の場合

線間電圧を V_l〔V〕，線電流を I〔A〕とすると，相電流は $I/\sqrt{3}$〔A〕.

右図のように →，┈▶，╌▶ の三つの単相回路が組み合わされたものと考えられるので，三相電力 P は，

$$P = 3 \times \frac{I}{\sqrt{3}} \times V_l \times \cos\theta = \sqrt{3}V_l I\cos\theta \ \text{〔W〕} \tag{2}$$

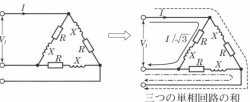

三つの単相回路の和

となり，(1)式と同じになる.

・力率 $\cos\theta$

抵抗とリアクタンスを含む回路では1より小さくなり，抵抗のみの回路では $\cos\theta = 1$ になる.

・コイルの消費電力

コイル X に流れる相電流は電力を消費しない．詳細は「**電気理論8 電力と電力量**」を参照のこと.

--- スタディポイント 電圧降下と電力損失 ---

図のような三相抵抗負荷に電力を供給している電線路の抵抗を1線当たり r〔Ω〕，線電流を I〔A〕とすると，負荷点の電圧 V_r〔V〕は，

$$V_r = V_s - \sqrt{3}\, Ir \ \text{〔V〕} \tag{3}$$

三相抵抗負荷の接続は△接続でもY接続でもよい.

電線路の損失 P_l〔W〕は，線が3本あるから，

$$P_l = 3I^2 r \ \text{〔W〕} \tag{4}$$

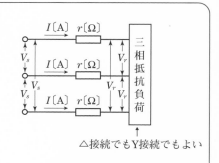

△接続でもY接続でもよい

［練習問題］（解答・解説は 166 ～ 167 ページ）

三相電力の計算

	問　　い	答　　え
1	図のように，線間電圧 E〔V〕の三相交流電源に，R〔Ω〕の三つの抵抗負荷が接続されている．この回路の消費電力〔W〕を示す式は． 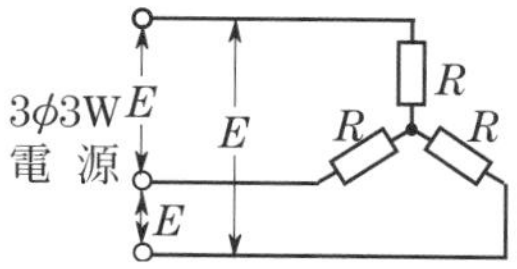 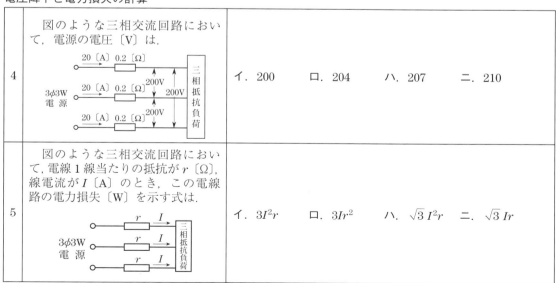	イ．$\dfrac{E^2}{3R}$　　ロ．$\dfrac{E^2}{2R}$　　ハ．$\dfrac{3E^2}{R}$　　ニ．$\dfrac{E^2}{R}$
2	図のように，線間電圧 E〔V〕の三相交流電源に，R〔Ω〕の三つの抵抗負荷が接続されている．この回路の消費電力〔W〕を示す式は． 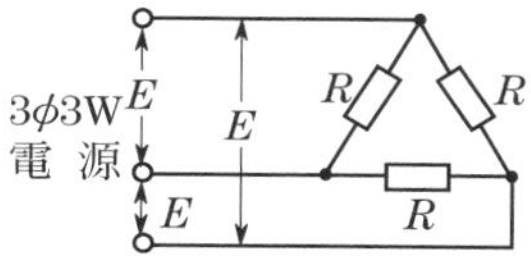	イ．$\dfrac{E^2}{3R}$　　ロ．$\dfrac{E^2}{2R}$　　ハ．$\dfrac{E^2}{R}$　　ニ．$\dfrac{3E^2}{R}$
3	図のような三相3線式回路の全消費電力〔kW〕は． 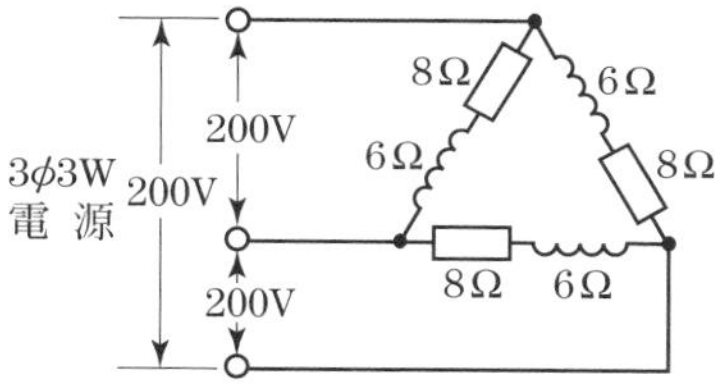	イ．3.2　　ロ．5.5　　ハ．7.2　　ニ．9.6

電圧降下と電力損失の計算

	問　　い	答　　え
4	図のような三相交流回路において，電源の電圧〔V〕は．	イ．200　　ロ．204　　ハ．207　　ニ．210
5	図のような三相交流回路において，電線1線当たりの抵抗が r〔Ω〕，線電流が I〔A〕のとき，この電線路の電力損失〔W〕を示す式は．	イ．$3I^2r$　　ロ．$3Ir^2$　　ハ．$\sqrt{3}\,I^2r$　　ニ．$\sqrt{3}\,Ir$

配電方式（1）

1 単相3線式では電流はどう流れるか.
2 単相3線式は単相2線式に比べて電力損失は小さいか.

スタディポイント　単相3線式電路の電流

単相配線では**図1**，**図2**のように電力が供給されている.

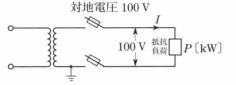

図1　単相2線式

$$I = \frac{P \times 10^3}{100} = 10P \ \text{[A]}$$

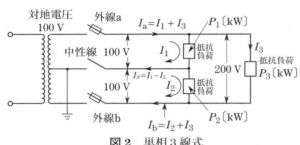

図2　単相3線式

中性線に流れる電流 I_N は，$I_N = I_1 - I_2$
$I_1 > I_2$ のときは負荷側より電源側へ流れ，
$I_1 < I_2$ のときは電源側より負荷側へ流れる.
抵抗負荷が等しい場合 ($P_1 = P_2$)，中性線
には電流は流れない.

外線 a に流れる電流 I_a は，$I_a = I_1 + I_3$
外線 b に流れる電流 I_b は，$I_b = I_2 + I_3$

$$I_1 = \frac{P_1 \times 10^3}{100} = 10P_1 \ \text{[A]}, \quad I_2 = \frac{P_2 \times 10^3}{100} = 10P_2 \ \text{[A]}, \quad I_3 = \frac{P_3 \times 10^3}{200} = 5P_3 \ \text{[A]}$$

スタディポイント　電圧降下と電力損失の計算

単相2線式および単相3線式の電圧降下 e

(a) 単相2線式

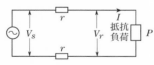

$$e = V_s - V_r = 2Ir \ \text{[V]}$$
・往復2線に電圧降下が生じる.
・線路の電力損失
$$P_l = 2rI^2 \ \text{[W]}$$

(b) 単相3線式

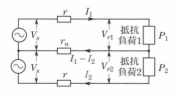

・抵抗負荷1の電圧降下 e_1，線路の電力損失 P_{l1} は，
$$e_1 = V_s - V_{r1} = I_1 r + (I_1 - I_2)r_n \ \text{[V]}$$
$$P_{l1} = rI_1^2 + r_n(I_1 - I_2)^2 \ \text{[W]}$$
・抵抗負荷2の電圧降下 e_2，線路の電力損失 P_{l2} は，
$$e_2 = V_s - V_{r2} = -(I_1 - I_2)r_n + I_2 r \ \text{[V]}$$
$$P_{l2} = rI_2^2 + r_n(I_1 - I_2)^2 \ \text{[W]}$$
・平衡負荷の場合は，$e_1 = e_2$ で $V_{r1} = V_{r2}$ となる.

$P_1 = P_2$ のとき「**負荷が平衡している**」といい，$I_1 = I_2$ で中性線には電流は流れない.
全電力損失 P_l [W] は，
$$P_l = P_{l1} + P_{l2} = rI_1^2 + rI_2^2 = 2rI_1^2 \ \text{[W]}$$
で単相2線式と同じになり，同じ電力を供給する場合,同じ電線ならば電力損失が0.25倍になる.

[練習問題]（解答・解説は 167 ～ 168 ページ）

単相3線式回路の電流

問　　　い	答　　　え
1　図のような単相3線式回路において，a，b，c 各線に流れる電流〔A〕の組み合わせで，正しいものはどれか．ただし，⑪は抵抗負荷とする． 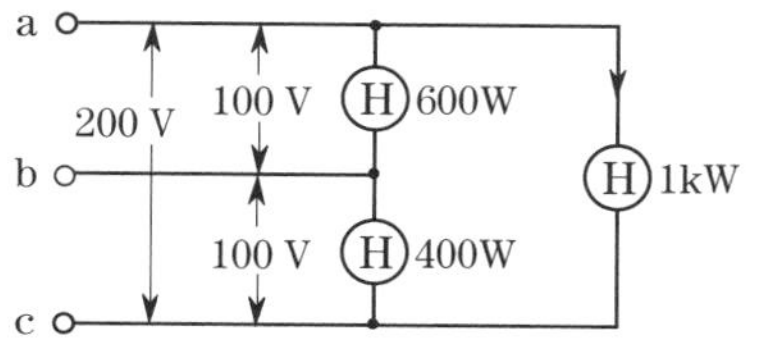 （図）	イ．a 線 16　ロ．a 線 11　ハ．a 線 16　ニ．a 線 11 　　b 線 2　　　b 線 2　　　b 線 10　　b 線 10 　　c 線 14　　c 線 9　　　c 線 14　　c 線 9
2　図のような単相3線式回路で，電流計Ⓐの指示値〔A〕は． 　　ただし，電線の抵抗は無視するものとする． 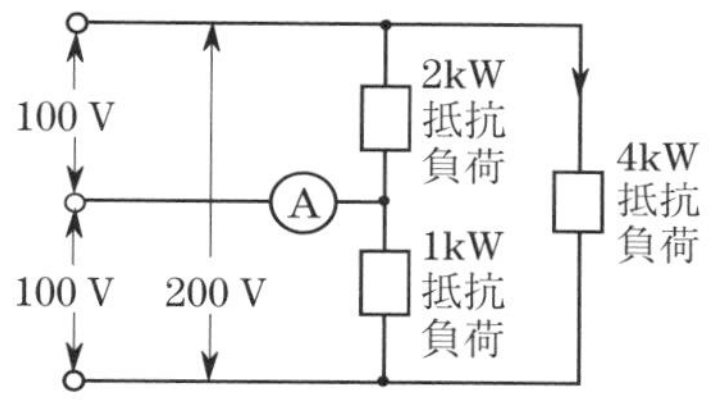 （図）	イ．10　　　ロ．20　　　ハ．30　　　ニ．40

電圧降下と電力損失の計算

問　　　い	答　　　え
3　図のような単相3線式の回路において，ab 間の電圧〔V〕，bc 間の電圧〔V〕の組み合わせとして，正しいものは． （図）	イ．ab 間：101　　ロ．ab 間：103 　　bc 間：100　　　　bc 間：104 ハ．ab 間：102　　ニ．ab 間：101 　　bc 間：103　　　　bc 間：104
4　図のような単相3線式回路において，電線1線当たりの抵抗が r 〔Ω〕，抵抗負荷 A および B に流れる電流がともに I 〔A〕のとき，この電線路の電力損失〔W〕を示す式は． （図）	イ．$I^2 r$　　ロ．$\sqrt{3}\,I^2 r$　ハ．$2I^2 r$　　ニ．$3I^2 r$

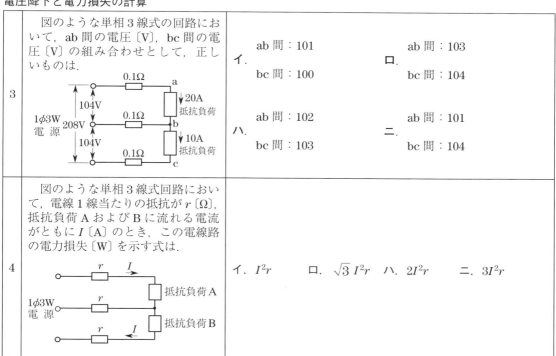

配電方式（2）

Q 1 単相３線式電路の中性線にヒューズを入れないのは.
　　 2 中性線が断線すると，負荷にかかる電圧はどうなるか.

スタディポイント　単相３線式電路の中性線

　単相３線式回路の中性線にヒューズなどの遮断器を入れると，不平衡負荷のときにヒューズが切れると軽負荷の方の電圧が上昇して機器に損傷を与える．したがって，中性線にヒューズなどの遮断器を入れることは禁止されている．

　なお，赤，白，黒の３色の色別電線を使用する場合，**図1**のように，白線は接地線に，赤線および黒線は非接地線に使用する．

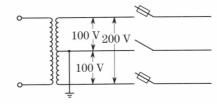

外線(電圧線・赤線)　→対地電圧：100V
中性線(接地線・白線)　→対地電圧：0V
　　　　　　　　　　　　　　(接地されているため)
外線(電圧線・黒線)　→対地電圧：100V

※対地電圧とは電線と大地間の電圧のこと.

図1　接地線と非接地線（電圧線）

スタディポイント　中性線が断線したときの電圧の変化

　図2のように×点で中性線が断線すると，電線の抵抗を無視すれば，断線前は$V_A = V_B$であった電圧が次のように変化する．

$$V_A = 200 \times \frac{P_B}{P_A + P_B}$$

$$V_B = 200 \times \frac{P_A}{P_A + P_B}$$

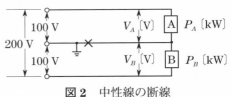

図2　中性線の断線

すなわち電圧200V が，A，B の負荷容量に反比例して配分される.

スタディポイント　外線が断線したときの電圧，電流の変化

　図3のようにA点で外線が断線すると，100Vの単相電源にR_2〔Ω〕と$R_1 + R_3$〔Ω〕が並列に接続された回路になる．

　R_1とR_3に流れる電流I_3〔A〕は，

$$I_3 = \frac{100}{R_1 + R_3} \text{〔A〕}$$

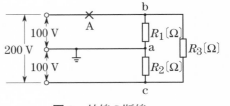

図3　外線の断線

ab 間の電圧 V_{ab}〔V〕は，$V_{ab} = \dfrac{100 R_1}{R_1 + R_3}$ 〔V〕

[練習問題]（解答・解説は 168 ページ）

単相3線式電路の電圧

問　　い	答　　え
1	絶縁被覆の色が赤色，白色，黒色の３種類の電線を使用した単相３線式 100/200V 屋内配線で，電線と大地間の電圧を測定した．その結果としての電線の組合せで，正しいものは．ただし，中性線は白色とする．	イ．赤色線と大地間 200〔V〕　ロ．赤色線と大地間 100〔V〕 　　白色線と大地間 100〔V〕　　　白色線と大地間 0〔V〕 　　黒色線と大地間 200〔V〕　　　黒色線と大地間 100〔V〕 ハ．赤色線と大地間 200〔V〕　ニ．赤色線と大地間 100〔V〕 　　白色線と大地間 0〔V〕　　　　白色線と大地間 0〔V〕 　　黒色線と大地間 100〔V〕　　　黒色線と大地間 200〔V〕
2	低圧屋内電路の保護装置としてヒューズを取り付けてはならない開閉器の極は．	イ．単相２線式の開閉器の非接地側の極 ロ．単相３線式の開閉器の非接地側の極 ハ．単相３線式の開閉器の中性極 ニ．三相３線式の開閉器の３極

中性線断線時の電圧計算

	問い	答え
3	図のような単相３線式回路において，×印点で断線したとき，ab 間の電圧〔V〕は． 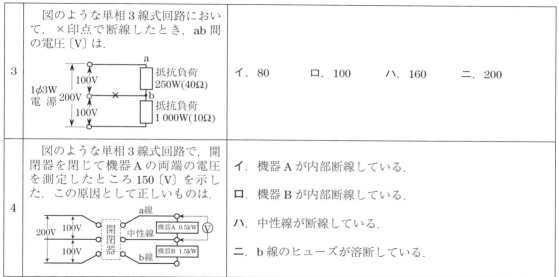	イ．80　　　ロ．100　　　ハ．160　　　ニ．200
4	図のような単相３線式回路で，開閉器を閉じて機器Ａの両端の電圧を測定したところ 150〔V〕を示した．この原因として正しいものは． 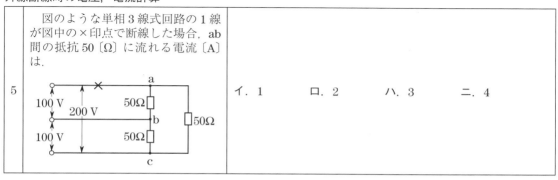	イ．機器Ａが内部断線している． ロ．機器Ｂが内部断線している． ハ．中性線が断線している． ニ．b 線のヒューズが溶断している．

外線断線時の電圧，電流計算

	問い	答え
5	図のような単相３線式回路の１線が図中の×印点で断線した場合，ab 間の抵抗 50〔Ω〕に流れる電流〔A〕は．	イ．1　　　ロ．2　　　ハ．3　　　ニ．4

配電線の電圧降下（1）

 1 単相2線式配電線の電圧降下は？
2 単相2線式配電線の電圧降下はどのように求めるか.

--- スタディポイント　**単相2線式配電線の電圧降下①** ---

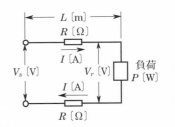

(1) 電線の抵抗〔Ω〕が, 断面積1〔mm^2〕, 長さL〔m〕当たりの値, すなわち抵抗率ρ〔Ω·mm^2/m〕で与えられている場合の電線太さA〔mm^2〕は, 電圧降下e〔V〕が,

$$e = V_s - V_r = 2RI \ \text{〔V〕} \tag{1}$$

であるから,

$$A = \frac{\rho L}{R} = \frac{2I\rho L}{e} \ \text{〔mm}^2\text{〕} \tag{2}$$

(2) 電線の抵抗が1線当たりr〔Ω/km〕で表されているときの電線のこう長L〔m〕は,

$$L = \frac{1\,000e}{2rI} = \frac{1\,000eV_r}{2Pr} \ \text{〔m〕} \tag{3}$$

--- スタディポイント　**単相2線式配電線の電圧降下②** ---

電線路の電線には, 電気抵抗r〔Ω〕があり, 電流I〔A〕が流れると, 電線の電気抵抗の両端に電圧の差が生じる. これが電圧降下である. そのため, 電源電圧$V_{aa'}$は, 末端の抵抗負荷の両端電圧$V_{dd'}$より高い電圧になる.

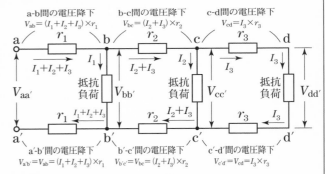

・$V_{aa'}$の値から$V_{dd'}$を求める場合（$V_{aa'}$の値から電圧降下分を引く）

　① b－b′間の電圧$V_{bb'}$：$V_{bb'} = V_{aa'} - V_{ab} - V_{a'b'} = V_{aa'} - 2 \times (I_1 + I_2 + I_3) \times r_1$

　② c－c′間の電圧$V_{cc'}$：$V_{cc'} = V_{bb'} - V_{bc} - V_{b'c'} = V_{bb'} - 2 \times (I_2 + I_3) \times r_2$

　③ d－d′間の電圧$V_{dd'}$：$V_{dd'} = V_{cc'} - V_{cd} - V_{c'd'} = V_{cc'} - 2 \times I_3 \times r_3$

・$V_{dd'}$の値から$V_{aa'}$を求める場合（$V_{dd'}$の値に電圧降下分を加える）

　① c－c′間の電圧$V_{cc'}$：$V_{cc'} = V_{dd'} + V_{cd} + V_{c'd'} = V_{dd'} + 2 \times I_3 \times r_3$

　② b－b′間の電圧$V_{bb'}$：$V_{bb'} = V_{cc'} + V_{bc} + V_{b'c'} = V_{cc'} + 2 \times (I_2 + I_3) \times r_2$

　③ a－a′間の電圧$V_{aa'}$：$V_{aa'} = V_{bb'} + V_{ab} + V_{a'b'} = V_{bb'} + 2 \times (I_1 + I_2 + I_3) \times r_1$

[練習問題]（解答・解説は 168 ～ 170 ページ）

単相2線式の電圧降下計算(1)

問 い	答 え
1　　図のように，こう長 15〔m〕の配線により，消費電力 2〔kW〕の抵抗負荷に電力を供給した結果，負荷の両端の電圧は 100〔V〕であった．この配線の電圧降下〔V〕は． 　　ただし，電線の電気抵抗は 3.3〔Ω/km〕とする． 　　　　　　　　15m 　　　　　　　2kW 　　　　　　　抵抗　100V 　　　　　　　負荷	イ．1　　ロ．2 ハ．3　　ニ．4
2　　図のように，定格 200〔V〕，4〔kW〕の抵抗負荷に，ビニル外装ケーブルを用いて配線する場合，電圧降下が 4〔V〕となるのは，配線のこう長 L が何〔m〕のときか． 　　ただし，ビニル外装ケーブルの電気抵抗は 1 線当たり 2.27〔Ω/km〕とする． 　　　　　　　L〔m〕 　　204V　　200V　4kW 　　　　　　　　　抵抗負荷	イ．11　　ロ．22 ハ．33　　ニ．44
3　　図のような単相2線式配線に，55〔A〕の電流が流れたとき，線路の電圧降下を 2〔V〕以下にするための電線の太さ〔mm²〕の最小は． 　　ただし，電線の抵抗は，断面積 1〔mm²〕，長さ 1〔m〕当たり 0.02〔Ω〕とする． 　　　　　　　55A 　1φ2W　　　　　抵抗 　電　源　　　　負荷 　　　　　20m	イ．8　　ロ．14 ハ．22　　ニ．38

単相2線式の電圧降下計算(2)

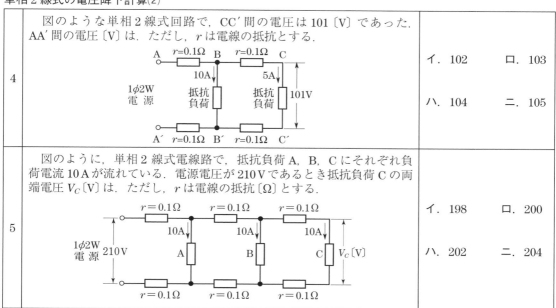

問 い	答 え
4　　図のような単相2線式回路で，CC′間の電圧は 101〔V〕であった．AA′間の電圧〔V〕は．ただし，r は電線の抵抗とする．	イ．102　　ロ．103 ハ．104　　ニ．105
5　　図のように，単相2線式電線路で，抵抗負荷 A，B，C にそれぞれ負荷電流 10 A が流れている．電源電圧が 210 V であるとき抵抗負荷 C の両端電圧 V_C〔V〕は．ただし，r は電線の抵抗〔Ω〕とする．	イ．198　　ロ．200 ハ．202　　ニ．204

配電線の電圧降下（2）

1 交流配電線の電圧降下は負荷力率によって変わるか.
2 単相3線式の電圧降下は単相2線式に比べ少ないか.

スタディポイント *負荷力率を考えた電圧降下の計算*

線路電流 I, 負荷力率 $\cos\theta$ のときの配電線の電圧降下は次のようになる.

(1) 電線1条の電圧降下 e（三相3線式の相電圧）は**図1**より,

$$e = E_s - E_r = I(r\cos\theta + X\sin\theta)\ \text{〔V〕} \quad (1)$$

(2) 単相2線式回路の電圧降下; e

$$e = 2I(r\cos\theta + X\sin\theta)\ \text{〔V〕} \quad (2)$$

X を無視できるとき; $e = 2Ir\cos\theta$ 〔V〕

(3) 三相3線式回路の線間電圧降下; e

$$e = \sqrt{3}\,I(r\cos\theta + X\sin\theta)\ \text{〔V〕} \quad (3)$$

X を無視できるとき; $e = \sqrt{3}\,Ir\cos\theta$ 〔V〕

図1 電線1条の電圧降下

スタディポイント *単相3線式電路の電圧降下（力率100%）*

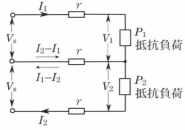

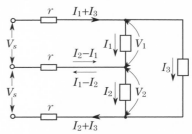

・I_1 が I_2 より大きい場合

$$V_1 = V_s - rI_1 - r(I_1 - I_2)\ \text{〔V〕}$$
$$V_2 = V_s - rI_2 + r(I_1 - I_2)\ \text{〔V〕}$$

・I_2 が I_1 より大きい場合

$$V_1 = V_s - rI_1 + r(I_2 - I_1)\ \text{〔V〕}$$
$$V_2 = V_s - rI_2 - r(I_2 - I_1)\ \text{〔V〕}$$

ここで, $I_1 = \dfrac{P_1}{V_1}$ 〔A〕, $I_2 = \dfrac{P_2}{V_2}$ 〔A〕

・I_1 と I_2 が等しい場合（$I_1 - I_2 = 0$）

中性線には電流は流れず, 中性線では電圧降下は発生しない

$$V_1 = V_s - rI_1\ \text{〔V〕} \quad V_2 = V_s - rI_2\ \text{〔V〕}$$

・I_1 が I_2 より大きい場合

$$V_1 = V_s - r(I_1 + I_3) - r(I_1 - I_2)\ \text{〔V〕}$$
$$V_2 = V_s - r(I_2 + I_3) + r(I_1 - I_2)\ \text{〔V〕}$$

・I_2 が I_1 より大きい場合

$$V_1 = V_s - r(I_1 + I_3) + r(I_2 - I_1)\ \text{〔V〕}$$
$$V_2 = V_s - r(I_2 + I_3) - r(I_2 - I_1)\ \text{〔V〕}$$

・I_1 と I_2 が等しい場合（$I_1 - I_2 = 0$）

中性線には電流は流れず, 中性線では電圧降下は発生しない

$$V_1 = V_s - r(I_1 + I_3)\ \text{〔V〕} \quad V_2 = V_s - r(I_2 + I_3)\ \text{〔V〕}$$

[練習問題]（解答・解説は 169 ～ 170 ページ）

単相3線式の電圧降下計算

	問　　い	答　　え
1	図のような単相3線式回路において，ab 間の電圧〔V〕は. 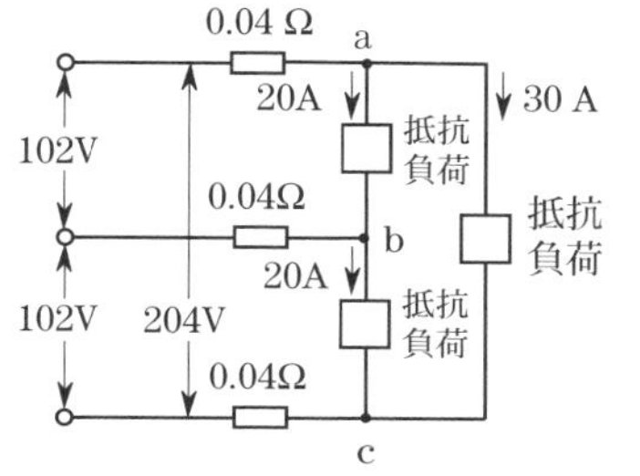	イ. 98　　　ロ. 100　　　ハ. 101　　　ニ. 102
2	図のような単相3線式回路において，電線1線当たりの抵抗が r〔Ω〕であるとき，電圧降下 $(V_1 - V_2)$〔V〕を示す式は. 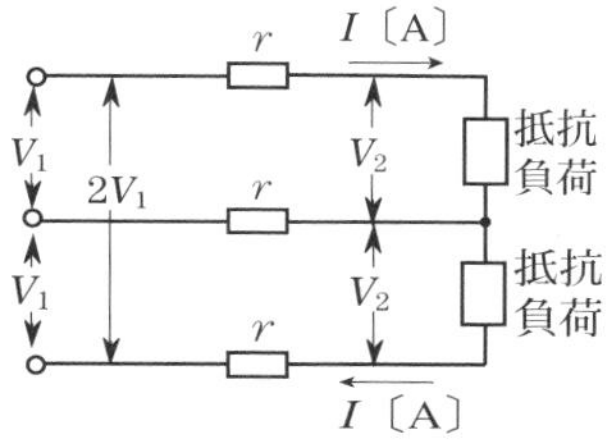	イ. rI　　　ロ. $\sqrt{3}\,rI$　　　ハ. $2rI$　　　ニ. $3rI$
3	図のような単相3線式回路で，負荷の端子電圧がともに 100〔V〕であるとき，電源端子 A-B 間および B-C 間の電圧〔V〕は. 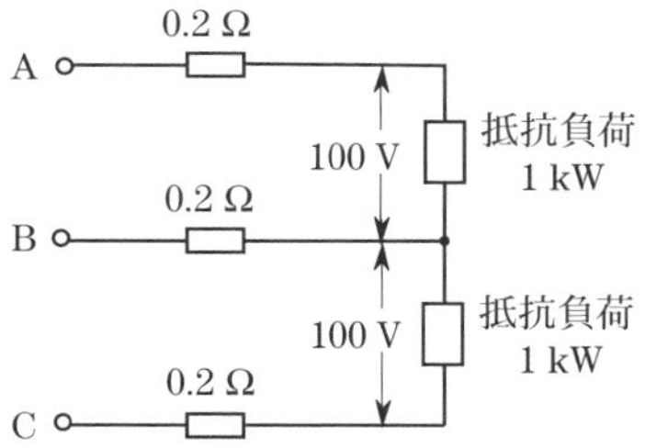	イ.　A-B 間 102　　　　　ロ.　A-B 間 103 　　B-C 間 102　　　　　　　　B-C 間 103 ハ.　A-B 間 104　　　　　ニ.　A-B 間 106 　　B-C 間 104　　　　　　　　B-C 間 106
4	図のような単相3線式回路で，電線1線当たりの抵抗が r〔Ω〕，負荷電流が I〔A〕，中性線に流れる電流が 0 A のとき，電圧降下 $(V_s - V_r)$〔V〕を示す式は. 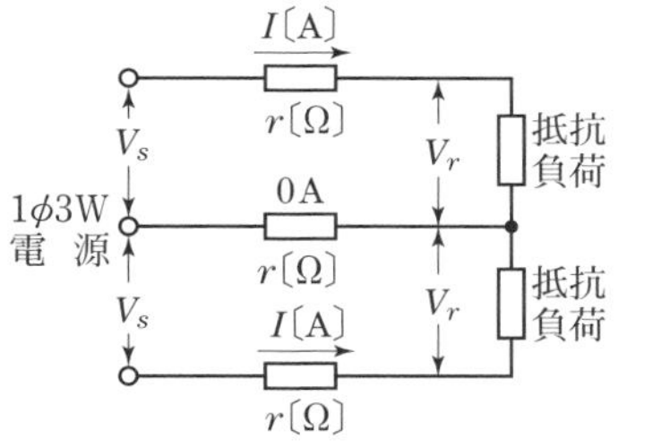	イ. $2rI$　　　ロ. $3rI$　　　ハ. rI　　　ニ. $\sqrt{3}\,rI$

1 開閉器，過電流遮断器はどの場所につけるのか．
2 分岐回路の数はどう決める．

スタディポイント　過電流遮断器の施設（電技解釈第 148, 149 条）

(1)　分岐点より 3 m 以下の所に，開閉器，過電流遮断器を施設する．（原則）

(2)　分岐点より 3 m を超え 8 m 以下の所に施設するには．

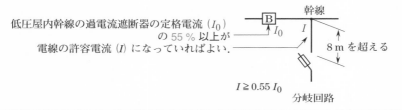

低圧屋内幹線の過電流遮断器の定格電流 (I_0) の 35 % 以上が分岐点から開閉器，過電流遮断器までの電線の許容電流 (I) になっていればよい．

$I \geqq 0.35\, I_0$

(3)　分岐点より 3 m を超え，さらに，8 m を超える場所には，

低圧屋内幹線の過電流遮断器の定格電流 (I_0) の 55 % 以上が電線の許容電流 (I) になっていればよい．

$I \geqq 0.55\, I_0$

　これは関連する要素が三つ（分岐点よりの長さ，幹線遮断器の定格電流 I_0，分岐回路電線の許容電流 I）あるので，一つずつをしっかりつかんで判断する．

スタディポイント　分岐回路の数

（例）単相 2 線式 100 〔V〕で，40 〔W〕2 灯用の蛍光灯器具 60 台を設置しようとする場合，分岐回路の最少必要回路数は．

　　ただし，蛍光灯の力率は 80 〔%〕，安定器の損失は考えないものとし，1 回路の負荷電流は 15 〔A〕とする．

［考え方］

　　負荷の合計は，

$$\frac{40 \times 2 \times 60}{0.8} = 6\,000 \ \text{〔V·A〕}$$

　　分岐回路数は，負荷の合計を 1 500（15 〔A〕× 100 〔V〕= 1 500 〔V·A〕）で除した値であるので，

$$\frac{6\,000}{1\,500} = 4$$

　　分岐回路数は 4 回路必要になる．

[練習問題]（解答・解説は 170 ページ）

過電流遮断器の施設

問　　　い	答　　　え
1 　図のように定格電流 100〔A〕の配線用遮断器を施設した低圧屋内幹線から分岐して，配線用遮断器を施設するとき，分岐線(a)，(b)の電線の許容電流の最小値〔A〕は． 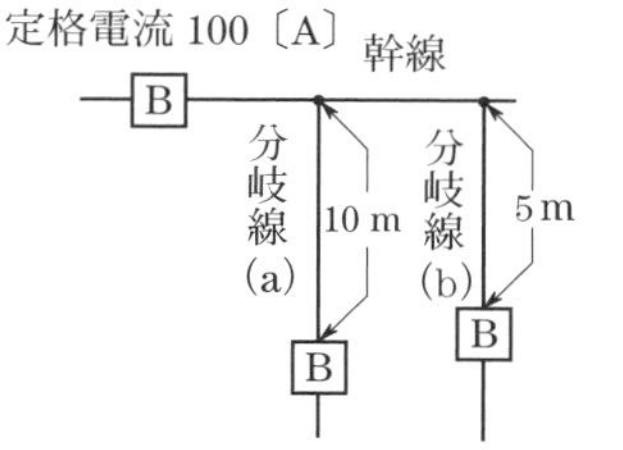 定格電流 100〔A〕幹線 分岐線(a) 10 m　分岐線(b) 5 m	イ．(a) 50　(b) 30　　ロ．(a) 55　(b) 35 ハ．(a) 60　(b) 30　　ニ．(a) 65　(b) 35
2 　図のように定格電流 60〔A〕の過電流遮断器で保護された低圧屋内幹線から分岐して，7〔m〕の位置に過電流遮断器を施設するとき，a − b 間の電線の許容電流の最小値〔A〕は． 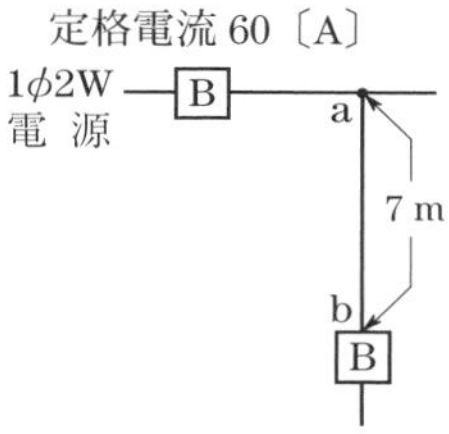 定格電流 60〔A〕 1φ2W 電源　a　7 m　b	イ．21　　ロ．33　　ハ．42　　ニ．60
3 　図のように定格電流 125〔A〕の過電流遮断器で保護された低圧屋内幹線から分岐して，10〔m〕の位置に過電流遮断器を施設するとき，a − b 間の電線の許容電流の最小値〔A〕は． 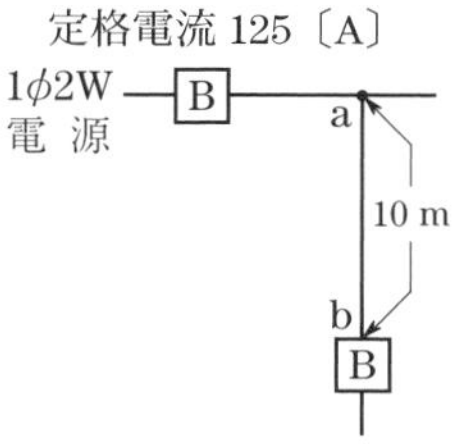 定格電流 125〔A〕 1φ2W 電源　a　10 m　b	イ．44　　ロ．57　　ハ．69　　ニ．89

分岐回路の数

問　　　い	答　　　え
4 　単相 2 線式 100〔V〕で，床面積 150〔m²〕の一般住宅の配線設計を次の条件で行う場合，電灯受口およびコンセントを使用する 15〔A〕分岐回路の最少必要回路数は． <条件> 　床面積 1〔m²〕当たりの電灯の標準負荷（小形機器を含む．）は 40〔V·A〕とし，別に住宅全体に余裕分として加算する V·A 数は 1 000〔V·A〕とする．	イ．3　　ロ．4　　ハ．5　　ニ．6

1 需要率，不等率，負荷率とは.

スタディポイント　需要率とは

需要家は設備している電気機器をすべて同時に使うことはない．したがって，いちばん電気を使うときの電力（最大需要電力）は，設備された機器の定格負荷の合計（設備容量）より小さい．この最大需要電力の設備容量に対する比を需要率と呼ぶ．

$$需要率 = \frac{最大需要電力〔kW〕}{設備容量〔kW〕} \times 100〔\%〕 \tag{1}$$

ドリル 需要率の値は負荷の性質によって変わるが，常に100%より小さく，住宅で20～50%，商店で40～100%，工場で40～60%，学校で40～50%，事務所で60～90%である．この値が100%に近いほど，設備を効率よく使用していることになる．

スタディポイント　不等率とは

いくつかの需要家が集まったとき，各需要家の最大電力は同時には起こらないから，各需要家の最大需要電力の総和は合成最大需要電力より大きい．この両者の比を不等率という．

$$不等率 = \frac{最大需要電力の総和〔kW〕}{合成最大需要電力〔kW〕} \tag{2}$$

ドリル 何軒かの需要家に一つの変圧器から供給するとき，変圧器が供給する最大需要電力が各需要家の最大需要電力の総和より小さいほど，すなわち不等率が大きいほど，この変圧器が効率よく使われていることになる．

不等率の値は常に1より大きく，需要家相互間で電灯では1.135，電動機では1.58くらいである．

スタディポイント　負荷率とは

ある期間中の平均需要電力と最大需要電力の比を負荷率という．期間のとり方によって，日負荷率，月負荷率，年負荷率と呼ぶ．

$$負荷率 = \frac{平均需要電力〔kW〕}{最大需要電力〔kW〕} \times 100〔\%〕 \tag{3}$$

ドリル 負荷の負荷率が大きいほど，それに対する供給設備は有効に使用されていることを示す．

1ヶ月間（30日間）の使用電力量が7200〔kW·h〕の場合，平均需要電力〔kW〕は次のように計算する．

$$平均需要電力 = \frac{ある期間中の使用電力量〔kW·h〕}{ある期間中の時間〔h〕} = \frac{7200〔kW·h〕}{24〔h〕\times 30〔日〕} = 10〔kW〕$$

[練習問題]（解答・解説は 170 ～ 171 ページ）

需要率に関する計算

	問 い	答 え
1	住宅の最大需要電力が 6 〔kW〕の とき，総設備容量〔kW〕は. ただし，需要率は 60〔%〕とする.	イ．3.6　　ロ．6.0　　ハ．10.0　　ニ．15.0
2	ある期間中における需要家の最大 需要電力と，電力消費設備の容量(取 付け負荷の定格容量の合計) との比 は.	イ．負荷率 ロ．設備利用率 ハ．不等率 ニ．需要率

不等率に関する計算

	問 い	答 え
3	最大需要電力がそれぞれ 600 〔kW〕，750〔kW〕，850〔kW〕の需 要家があって，これらを総括したと きの最大需要電力が 1 100〔kW〕で あった．不等率はおよそ.	イ．0.5　　ロ．1　　ハ．2　　ニ．2.5
4	次の表の場合の総合最大需要電力 〔kW〕は. ・負荷設備 / 需要率 / 不等率 60W白熱電灯125灯 0.8 2kW 電熱器 5台 0.6 （不等率 1.2）	イ．7.5　　ロ．10　　ハ．15　　ニ．20

負荷率に関する計算

	問 い	答 え
5	1 カ月（30 日）間の使用電力量が 7 200〔kW·h〕で，最大需要電力が 20〔kW〕の商店の負荷率〔%〕は.	イ．45　　ロ．50　　ハ．55　　ニ．60

1 負荷に電動機があるとき，どんな倍率がいるか．
2 需要率・力率などは，どんな考慮をするか．

スタディポイント *50Aを境に倍率が異なる*（電技解釈第148条）

　電動機は始動時に定格電流の数倍の電流が流れる．このため，許容電流の大きい電線を使用しなければならない．

負荷に電動機があるとき

電動機の合計電流 I_M

その他の合計電流 I_H } $I_M > I_H$ の場合

<　$I_M \leqq 50$〔A〕のとき　許容電流 I は　$I = I_M \times 1.25 + I_H$ 　(1)

　$I_M > 50$〔A〕のとき　許容電流 I は　$I = I_M \times 1.1 + I_H$ 　(2)

　電動機負荷の合計がその他の負荷の合計以下の場合，それぞれの負荷の定格電流の合計以上の許容電流の電線を使用する．

[例]

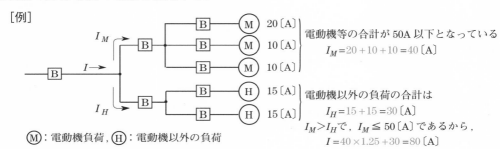

I_M 　[B]—[B]—Ⓜ 20〔A〕
　　　　[B]—[B]—Ⓜ 10〔A〕
　　　　[B]—[B]—Ⓜ 10〔A〕

[B] $I \rightarrow$

I_H 　[B]—[B]—Ⓗ 15〔A〕
　　　　　　[B]—Ⓗ 15〔A〕

Ⓜ：電動機負荷，Ⓗ：電動機以外の負荷

電動機等の合計が50A以下となっている
$I_M = 20 + 10 + 10 = 40$〔A〕

電動機以外の負荷の合計は
$I_H = 15 + 15 = 30$〔A〕

$I_M > I_H$ で，$I_M \leqq 50$〔A〕であるから，
$I = 40 \times 1.25 + 30 = 80$〔A〕

スタディポイント *許容電流を修正する*

　需要率，力率等が明らかな場合は，これによって修正した許容電流の電線を使用する．

ドリル　需要率（D）とは：その設備が使用する最大電力を，設備の定格電力の合計で割った値．設備した機械などは同時に使われることがないので，この率は最大が1で，ふつうは1より小さい．

$$許容電流 = 定格電流の合計 \times 需要率（D）$$ 　(3)

ドリル　力率（$\cos\theta$）とは：有効電力と皮相電力の比である．ふつう $\cos\varphi$ とか $\cos\theta$ で表し，

$$P = VI\cos\theta（単相），\quad P = \sqrt{3}VI\cos\theta（三相）となる．$$

電動機負荷の場合

$$許容電流 = 定格電流の合計 \times 需要率 \times \frac{1}{力率（\cos\theta）}$$ 　(4)

定格電流の合計に需要率をかけ，力率で割って補正し，許容電流を求める．

[練習問題]（解答・解説は 171 ページ）

電動機のみの場合の許容電流

	問 い	答 え
1	定格電流がそれぞれ 20〔A〕及び 8〔A〕の電動機各 1 台を接続した低圧屋内幹線がある．この幹線の太さを決める根拠となる電流の最小値〔A〕は．	イ．25　　　ロ．28　　　ハ．31　　　ニ．35
2	定格電流 20〔A〕の電動機 2 台と定格電流 30〔A〕の電動機 1 台に一つの低圧屋内幹線で電力を供給する場合，その幹線の太さを決める根拠となる電流の最小値〔A〕は． 　ただし，需要率は 100〔%〕とする．	イ．70　　　ロ．77　　　ハ．87.5　　　ニ．210

電動機と電熱器がある場合の許容電流

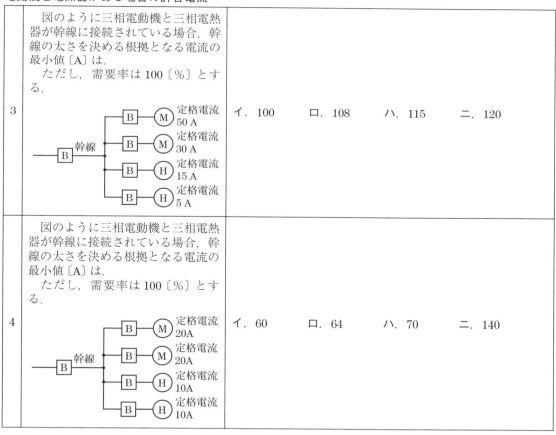

	問 い	答 え
3	図のように三相電動機と三相電熱器が幹線に接続されている場合，幹線の太さを決める根拠となる電流の最小値〔A〕は． 　ただし，需要率は 100〔%〕とする．	イ．100　　　ロ．108　　　ハ．115　　　ニ．120
4	図のように三相電動機と三相電熱器が幹線に接続されている場合，幹線の太さを決める根拠となる電流の最小値〔A〕は． 　ただし，需要率は 100〔%〕とする．	イ．60　　　ロ．64　　　ハ．70　　　ニ．140

1　許容電流はどのように決定されるか.
　　2　電線を電線管に収めると，許容電流は減少する.

── スタディポイント　*電線の許容電流*

　許容電流：電線は電流をよく通すために電気抵抗の小さい（導電率の大きい）銅やアルミであるが，抵抗0ではない．したがって，電流を流すと抵抗によって電力損失（I^2R）を起す．損失によって失われた電力は熱となって電線の温度を上げ，絶縁物を劣化させ危険となる．電線に許される最高の温度のことを最高許容温度といい，この最高許容温度まで温度上昇させる電流のことを許容電流という.

表1(1)　絶縁電線の許容電流（周囲温度30℃）

導体			許容電流〔A〕
種類	太	さ	硬銅または軟銅線
単線	1.0 以上	1.2 未満	16
	1.2 以上	1.6 未満	19
直径	1.6 以上	2.0 未満	27
〔mm〕	2.0 以上	2.6 未満	35
	2.6 以上	3.2 未満	48
	3.2 以上	4.0 未満	62
より線	0.9 以上	1.25未満	17
	1.25 以上	2 未満	19
〔mm²〕	2 以上	3.5 未満	27
	3.5 以上	5.5 未満	37
	5.5 以上	8 未満	49

表1(2)　コードの許容電流（周囲温度30℃）

導体公称断面積〔mm²〕	素線数/直径〔本/mm〕	許容電流〔A〕
0.75	30 / 0.18	7
1.25	50 / 0.18	12
2.0	37 / 0.26	17
3.5	45 / 0.32	23
5.5	70 / 0.32	35

── スタディポイント　*電線管に収めた電線*

　電流減少係数：絶縁電線を金属管，合成樹脂管などの管類に入れた場合，熱放散が少なくなり，多数の電線を同じ管に収める場合は，発生熱量が多くなって電線温度が上昇し，許容電流は減少する.

　ビニルシースケーブルの許容電流は技術基準に定められていないが，一般には，この電流減少係数を用いた「金属管工事，合成樹脂管工事など」と同じ許容電流が採用されている.

表2　電流減少係数

同一管内の電線数	電流減少係数
3 以下	0.70
4	0.63
5 または 6	0.56
7 以上　15 以下	0.49
16 以上　40 以下	0.43

ドリル　絶縁電線を金属管，合成樹脂管等に収めて使用する場合は，表1の許容電流に表2の電流減少係数を乗じた値を用いる.

── スタディポイント　*電線の太さと表し方*

　屋内配線用電線は線引加工後，焼きなましをした軟銅線が用いられる．電線には金属線1本を導体とする単線と幾本かの金属線（素線という）をより合わせたより線とがあり，その可とう性の点から，単線は直径5mm程度までのものが用いられている．単線では直径を〔mm〕で表して呼び，より線では公称断面積〔mm²〕で呼ぶ.

表3　より線の公称断面積

公称断面積〔mm²〕	素線数/素線直径〔本/mm〕	計算断面積〔mm²〕
5.5	7/1.0	5.498
8	7/1.2	7.917
14	7/1.6	14.08
22	7/2.0	21.99
30	7/2.3	29.09
38	7/2.6	37.15

[練習問題]（解答・解説は 171 ～ 172 ページ）
電線の許容電流

	問　　い	答　　え
1	低圧屋内配線工事に使用する 600V ビニル絶縁ビニルシースケーブル丸形（銅導体），導体の直径 2.0〔mm〕，3 心の許容電流〔A〕は． 　ただし，周囲温度は 30〔℃〕以下，電流減少係数は 0.70 とする．	イ．19　　　ロ．24　　　ハ．33　　　ニ．35
2	金属管による低圧屋内配線工事で，管内に直径 1.6〔mm〕の 600V ビニル絶縁電線（軟銅線）5 本を収めて施設した場合，電線 1 本当たりの許容電流〔A〕は． 　ただし，周囲温度は 30〔℃〕以下，電流減少係数は 0.56 とする．	イ．15　　　ロ．17　　　ハ．19　　　ニ．27
3	合成樹脂製可とう電線管（PF 管）による低圧屋内配線工事で，管内に断面積 5.5〔mm²〕の 600V ビニル絶縁電線（銅導体）3 本を収めて施設した場合，電線 1 本当たりの許容電流〔A〕は． 　ただし，周囲温度は 30〔℃〕以下，電流減少係数は 0.70 とする．	イ．26　　　ロ．34　　　ハ．42　　　ニ．49
4	低圧屋内配線の金属管工事で，管内に直径 2.0〔mm〕の 600V ビニル絶縁電線（銅導体）4 本を収めて施設した場合，電線 1 本当たりの許容電流〔A〕は． 　ただし，周囲温度は 30〔℃〕以下とする．	イ．17　　　ロ．19　　　ハ．22　　　ニ．24
5	金属管による低圧屋内配線工事で，管内に断面積 3.5〔mm²〕の 600V ビニル絶縁電線（銅導体）3 本を収めて施設した場合，電線 1 本当たりの許容電流〔A〕は． 　ただし，周囲温度は 30〔℃〕以下，電流減少係数は 0.70 とする．	イ．19　　　ロ．26　　　ハ．34　　　ニ．49
6	100〔V〕，2〔kW〕の電熱器 1 台を使用する単相回路を金属管工事で施工する場合，使用できる 600V ビニル絶縁電線の最小太さ〔mm〕は． 　ただし，電線のこう長に伴う電圧降下は無視するものとする．	イ．1.2　　　ロ．1.6　　　ハ．2.0　　　ニ．2.6

1 配線用遮断器の定格電流と動作時間は.
2 ヒューズの定格電流と溶断時間は.

— スタディポイント　*遮断器類の動作* —

1　過電流遮断器（電技解釈第33条）

　過電流遮断器とは，配線用遮断器，ヒューズ，気中遮断器のように過負荷電流および短絡電流を自動遮断する機能をもった器具をいい，電路の必要な箇所に施設する.

2　配線用遮断器

　電磁作用またはバイメタルのわん曲作用の動作により過電流を検出し，自動遮断する過電流遮断器で，分電盤に取付けて回路の短絡や過負荷のときに自動的に動作して電流を遮断し回路を保護する. 動作後は手動によってリセットでき繰り返し使用できる. 定格

表1　配線用遮断器の動作特性

定格電流〔A〕		遮 断 時 間 〔分〕	
		定格電流の1.25倍の電流を通じた場合	定格電流の2倍の電流を通じた場合
	30 A 以下	60分以内	2分以内
30 A を超え	50 A 以下	60分 〃	4分 〃
50 A 〃	100 A 〃	120分 〃	6分 〃
100 A 〃	225 A 〃	120分 〃	8分 〃
225 A 〃	400 A 〃	120分 〃	10分 〃

・定格電流の1倍の電流で動作しないこと.

電流の1倍（100％）の電流では動作しないこと，定格電流の1.25倍および2倍の電流が流れた場合，表1の動作特性で自動的に動作するものである.

3　ヒューズ

　過電流遮断器のもっとも簡単なものがヒューズであり，このヒューズは水平に取り付けたとき，

表2　ヒューズの定格電流

定格電流の区分		溶 断 時 間 〔分〕	
		定格電流の1.6倍の電流を流したとき	定格電流の2倍の電流を流したとき
	30 A 以下	60分	2分
30 A を超え	60 A 以下	60分	4分
60 A 〃	100 A 〃	120分	6分

　(a)　定格電流の1.1倍の電流に耐えること.

　(b)　定格電流の1.6倍および2倍の電流を流したとき，表2の時間内に溶断すること.
と定められている.

4　過電流遮断器の定格電流（電技解釈第148条）

　図のような電動機等が接続された幹線の過電流遮断器 I_B の容量は，

$$I_B \leqq 3I_M + I_H \text{〔A〕} \tag{1}$$

　ただし，$2.5I_W < 3I_M + I_H$ のときは

$$I_B \leqq 2.5I_W \quad (I_W \text{は幹線の許容電流}) \tag{2}$$

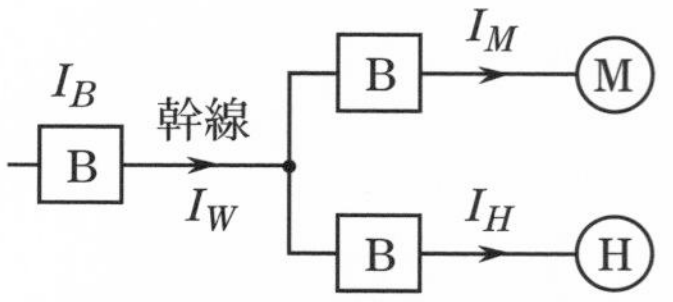

I_M：電動機の定格電流の合計
I_H：他の負荷の定格電流の合計

　また，幹線の許容電流が100〔A〕を超える場合で，I_B の値が過電流遮断器の標準定格に該当しないときは，直近上位の容量のものを用いる.

[練習問題]（解答・解説は 172 ページ）

配線用遮断器・ヒューズ

	問　　　い	答　　　え
1	低圧電路に使用する定格電流 20〔A〕の配線用遮断器に 25〔A〕の電流が継続して流れたとき，この配線用遮断器が自動的に動作しなければならない時間〔分〕の限度（最大の時間）は．	イ．20　　　ロ．30　　　ハ．60　　　ニ．120
2	低圧電路に使用する定格電流 20〔A〕の配線用遮断器に 40〔A〕の電流が継続して流れたとき，この配線用遮断器が自動的に動作しなければならない時間〔分〕の限度（最大の時間）は．	イ．1　　　ロ．2　　　ハ．3　　　ニ．4
3	100〔V〕回路で，1 100〔W〕の電熱器 1 台を使用したとき，その電路に設けられた定格電流 10〔A〕のヒューズの性能として適切なものは．	イ．1 分以内に溶断すること． ロ．2 分以内に溶断すること． ハ．60 分以内に溶断すること． ニ．溶断しないこと．

過電流遮断器の定格電流

	問　　　い	答　　　え
4	図のように，電動機Ⓜと電熱器Ⓗが幹線に接続されている場合，低圧屋内幹線を保護する①で示す配線用遮断器の定格電流の最大値〔A〕は． 　ただし，幹線は 600V ビニル絶縁電線 8〔mm²〕（許容電流 61〔A〕）で，需要率は 100〔%〕とする． 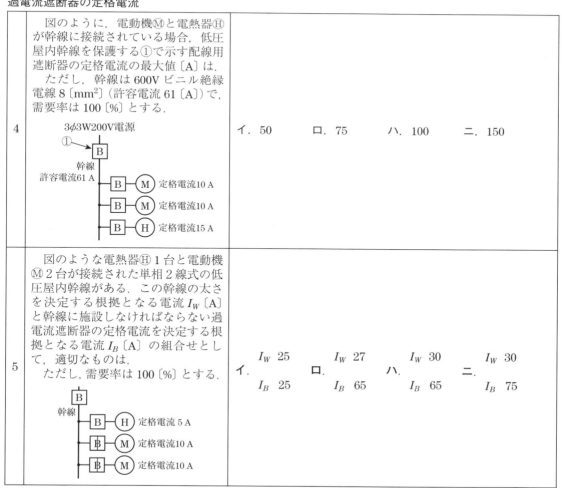	イ．50　　　ロ．75　　　ハ．100　　　ニ．150
5	図のような電熱器Ⓗ 1 台と電動機Ⓜ 2 台が接続された単相 2 線式の低圧屋内幹線がある．この幹線の太さを決定する根拠となる電流 I_W〔A〕と幹線に施設しなければならない過電流遮断器の定格電流を決定する根拠となる電流 I_B〔A〕の組合せとして，適切なものは． 　ただし，需要率は 100〔%〕とする．	イ．I_W 25　ロ．I_W 27　ハ．I_W 30　ニ．I_W 30 　　I_B 25　　　I_B 65　　　I_B 65　　　I_B 75

分岐回路と漏電遮断器の施設　配線設計 5

1 分岐回路の過電流遮断器とコンセントの関係は.
2 漏電遮断器が省略できる場合は.

スタディポイント　分岐回路の施設（電技解釈第149条）

1　過電流遮断器の定格電流が 50A 以下の場合

表1　分岐回路の施設

低圧屋内電路の種類	コンセント		低圧屋内配線の太さ
定格電流が 15A 以下の過電流遮断器で保護されるもの	定格電流が 15A 以下のもの	図記号	直径 1.6mm（MIケーブルにあっては，断面積 1mm^2）
定格電流が15A を超え 20A 以下の配線用遮断器で保護されるもの	定格電流が 20A 以下のもの	図記号 20A	
定格電流が 15A を超え 20A 以下の過電流遮断器（配線用遮断器を除く．）で保護されるもの	定格電流が 20A のもの（定格電流が 20A 未満の差し込みプラグが接続できるものを除く．）	図記号 20A	直径 2.0mm（MIケーブルにあっては，断面積 1.5mm^2）
定格電流が 20A を超え 30A 以下の過電流遮断器で保護されるもの	定格電流が 20A 以上 30A 以下のもの（定格電流が 20A 未満の差し込みプラグが接続できるものを除く．）	図記号 30A	直径 2.6mm（MIケーブルにあっては，断面積 2.5mm^2）
定格電流が 30A を超え 40A 以下の過電流遮断器で保護されるもの	定格電流が 30A 以上 40A 以下のもの		断面積 8mm^2（MI ケーブルにあっては，断面6mm^2）
定格電流が 40A を超え 50A 以下の過電流遮断器で保護されるもの	定格電流が 40A 以上 50A 以下のもの		断面積 14mm^2（MI ケーブルにあっては，断面積10mm^2）

図記号はコンセントを示す．定格電流が15Aの場合「15A」は傍記しないが，定格電流が20Aの場合は「20A」を，定格電流が30Aの場合は「30A」を傍記する．のように傍記される数字は，コンセントの口数を示す．

2　過電流遮断器の定格電流が 50A を超える場合

過電流遮断器1台ごとの専用回路とし，定格電流は負荷電流の 1.3 倍以下とする．

スタディポイント　漏電遮断器の施設（電技解釈第36条）

　金属製外箱を有して，60V を超える低圧の電気機器で，簡易接触防護措置を施していない場合は漏電遮断器を施設しなければならない．漏電遮断器には零相変流器（ZCT）が内蔵されている．これは地絡電流を検出して，感電等がないように地絡遮断器として電路を遮断する．

【例外規定】

　以下の場合などは，漏電遮断器の施設を省略してもよい．

1. 機械器具を乾燥した場所に施設する場合
2. 対地電圧が 150V 以下の機械器具を水気のある場所以外の場所に施設する場合
3. 機械器具に施された C 種，D 種接地工事の接地抵抗値が 3 Ω 以下の場合
4. 2 重絶縁構造の機械器具を施設する場合
5. ゴムや合成樹脂などの絶縁物で被覆した機械器具を施設する場合

分岐回路の施設

問　　　い	答　　　え
1 　低圧屋内配線の分岐回路の設計で，配線用遮断器の定格電流とコンセントの組合せとして不適切なものは．	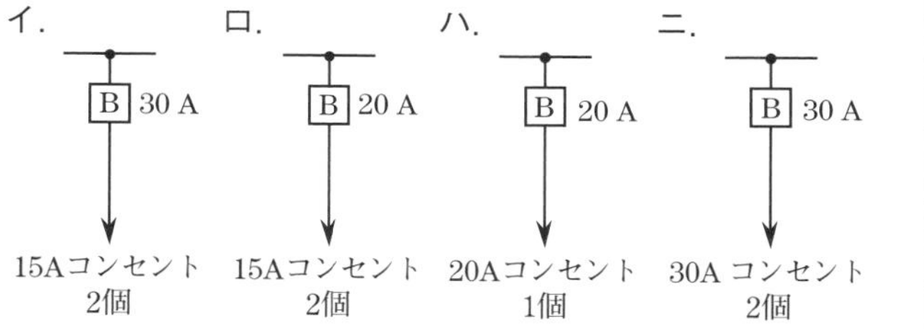 イ．B 30 A → 15Aコンセント 2個　　ロ．B 20 A → 15Aコンセント 2個　　ハ．B 20 A → 20Aコンセント 1個　　ニ．B 30 A → 30Aコンセント 2個
2 　低圧屋内配線の分岐回路において，配線用遮断器，分岐回路の電線の太さおよびコンセントの組合せとして，適切なものは． 　ただし，分岐点から配線用遮断器までは 3〔m〕，配線用遮断器からコンセントまでは 8〔m〕とし，電線の数値は分岐回路の電線（軟銅線）の太さを示す．	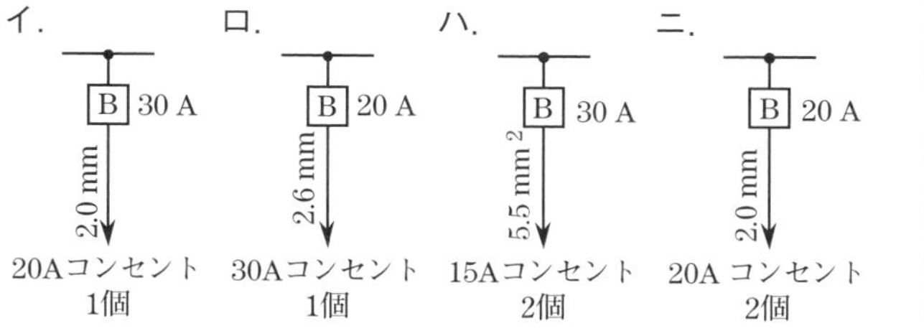 イ．B 30 A，2.0 mm → 20Aコンセント 1個　　ロ．B 20 A，2.6 mm → 30Aコンセント 1個　　ハ．B 30 A，5.5 mm² → 15Aコンセント 2個　　ニ．B 20 A，2.0 mm → 20Aコンセント 2個
3 　定格電流 30〔A〕の配線用遮断器で保護される分岐回路の電線（軟銅線）の太さと，接続できるコンセントの図記号の組合せとして，適切なものは． 　ただし，コンセントは兼用コンセントではないものとする．	イ．断面積 5.5〔mm²〕　　⊕₂ ロ．断面積 3.5〔mm²〕　　⊕₃ ハ．断面積 5.5〔mm²〕　　⊕²₍20A₎  ニ．直径 2.0〔mm〕 　　⊕₍20A₎

漏電遮断器の施設

	問い	答え
4	漏電遮断器に内蔵されている零相変流器の役割は．	イ．地絡電流の検出　　ロ．短絡電流の検出 ハ．過電圧の検出　　ニ．過電流の検出
5	低圧の機械器具に簡易接触防護措置を施していない（人が容易に触れるおそれがある）場合，それに電気を供給する電路に漏電遮断器の取り付けが省略できるものは．	イ．100〔V〕ルームエアコンの屋外機を水気のある場所に施設し，その金属製外箱の接地抵抗値が 100〔Ω〕であった． ロ．100〔V〕の電気洗濯機を水気のある場所に設置し，その金属製外箱の接地抵抗値が 80〔Ω〕であった． ハ．電気用品安全法の適用を受ける 2 重絶縁構造の機械器具を屋外に施設した． ニ．工場で 200〔V〕の三相誘導電動機を湿気のある場所に施設し，その鉄台の接地抵抗値が 10〔Ω〕であった．

1 回転数は何できまるか．
2 全負荷電流と始動電流の関係は．
3 回転方向を逆にするにはどうするか．

スタディポイント　*同期速度 N_s 〔min⁻¹〕と滑り*

電源周波数を f 〔Hz〕，極数を p とすると，同期速度 N_s は

$$N_s = \frac{120f}{p} \quad \text{〔min}^{-1}\text{〕} \tag{1}$$

実際の誘導電動機の回転速度 N は，これよりも少し遅くなり，このずれを滑り s という．

$$s = \frac{N_s - N}{N_s} \tag{2}$$

したがって，回転数 N は，

$$N = N_s(1-s) = \frac{120f}{p}(1-s) \quad \text{〔min}^{-1}\text{〕} \tag{3}$$

（〔min⁻¹〕は毎分の回転数）

スタディポイント　*全負荷電流と始動電流*

定格出力 P 〔W〕，端子電圧 V 〔V〕，力率 $\cos\theta$，効率 η （小数）の三相誘導電動機の全負荷電流 I は，

$$I = \frac{P}{\eta\sqrt{3}V\cos\theta} \quad \text{〔A〕} \tag{4}$$

また始動時には大きな電流が流れ，これを始動電流という．始動電流は，全負荷電流の 5 ～ 8 倍である．

誘導電動機の力率改善

誘導電動機の力率はあまりよくない（80％程度）ので，電動機と並列に進相用コンデンサを接続して，力率を改善している．コンデンサは開閉器の電動機側に設置し，電動機停止時は電源回路から切り離されるようにしておく．

力率改善用コンデンサ

　回転方向を逆にするには，電動機に来ている三相の3本の電線のうちいずれか2本の接続を入れ替えればよい．このことにより相回転が a → b → c より a → c → b と変わり，磁界が逆方向に回転することになる．

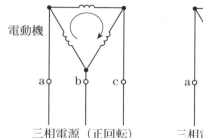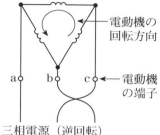

電動機

電動機の回転方向

電動機の端子

a　b　c　　　　　a　b　c

三相電源（正回転）　　三相電源（逆回転）

図のように，3本の電源線のうち2本を入れ替えれば回転方向は逆方向になる．
・単相誘導電動機は電源線を入れ替えても回転方向は変わらない．

[練習問題]（解答・解説は 173 ページ）

同期速度と滑り

	問　　　い	答　　　え
1	定格周波数 60〔Hz〕，4極の低圧かご形誘導電動機の同期速度〔min⁻¹〕は．	イ．1 200　　ロ．1 500　　ハ．1 800　　ニ．3 000
2	同一の三相誘導電動機を 60〔Hz〕で無負荷運転した場合，50〔Hz〕で無負荷運転した場合に比べて，回転状態は．	イ．回転速度は変化しない． ロ．回転しない． ハ．回転速度が減少する． ニ．回転速度が増加する．
3	6極の三相かご形誘導電動機を周波数 60〔Hz〕で使用するとき，最も近い回転速度〔min⁻¹〕は．	イ．600　　ロ．1 200　　ハ．1 800　　ニ．3 600
4	低圧の誘導電動機の記述で誤っているものは．	イ．三相普通かご形の始動電流は，全負荷電流の 4～8 倍程度である． ロ．単相電動機の始動方式には，コンデンサ始動形がある． ハ．負荷が増加すると，回転速度も増加する． ニ．周波数が 60〔Hz〕から 50〔Hz〕に変わると，回転速度が低下する．

全負荷電流と始動電流

5	低圧三相誘導電動機と並列に電力用コンデンサを接続する目的は．	イ．電動機の振動を防ぐ． ロ．回路の力率を改善する． ハ．回転速度の変動を防ぐ． ニ．電源の周波数の変動を防ぐ．
6	誘導電動機回路の力率を改善するために使用する低圧進相用コンデンサの取り付け場所で最も適切な方法は．	イ．主開閉器の電源側に各台数分をまとめて電動機と並列に接続する． ロ．手元開閉器の負荷側に電動機と並列に接続する． ハ．手元開閉器の負荷側に電動機と直列に接続する． ニ．手元開閉器の電源側に電動機と並列に接続する．

三相誘導電動機（2）

 1 始動法にはどんなものがあるか.

スタディポイント　誘導電動機の始動

　誘導電動機は，構造によって，かご形誘導電動機と巻線形誘導電動機に分けられ，主に中容量以下のものには「かご形」が，大容量には「巻線形」が用いられる.

　始動法には，構造，出力に応じて次の方法がある.

かご形
誘導電動機
- 直入れ**始動法**：5 kW 以下のものに用い，直接，定格電圧を加える.
- Y–△**始動法**：11 kW 程度までで，Y 結線で始動し，△結線で運転する.
- **始動補償器**法：15 kW 以上に用いられ，変圧器のタップを切換え始動する.

　次の(a)～(d)図に始動法を示す.

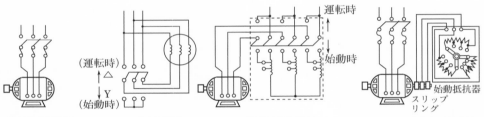

(a)　全電圧始動法　　(b)　Y–△始動法　　(c)　始動補償器法　　　(d)　始動抵抗器法

(d)図の始動抵抗器法は，巻線形誘導電動機に適用される.

Y–△始動法（スターデルタ始動法）

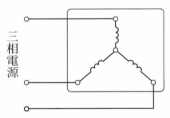

始動時；Y（スター）結線

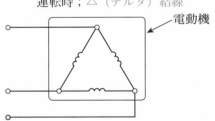

運転時；△（デルタ）結線

　　　　電動機

☆始動時はスター結線とし，運転時にはデルタ結線とする.
☆スターデルタ始動器により，始動時と運転時の結線を切り換える.
☆デルタ結線で始動すると，始動電流は定格電流の数倍に達する.
☆スター結線により各相の**始動電圧はデルタ**結線の $1/\sqrt{3}$ に，**線電流は 1/3 に減少，トルクも 1/3 に減少**する.
☆三相かご形誘導電動機にのみ使用される.

[練習問題]（解答・解説は 173 ～ 174 ページ）

誘導電動機の始動

問　　　い	答　　　え
1	必要に応じ始動時にスターデルタ始動器を用いる電動機は.	イ．直流分巻電動機 ロ．単相誘導電動機 ハ．三相巻線形誘導電動機 ニ．三相かご形誘導電動機
2	三相誘導電動機の始動において,直入れ始動に対しスターデルタ始動器を用いた場合, 正しいのは.	イ．始動電流が小さくなる. ロ．始動トルクが大きくなる. ハ．始動時間が短くなる. ニ．始動時の巻線に加わる電圧が大きくなる.
3	三相誘導電動機のスターデルタ始動回路として, 正しいものは. ただし,  （三相誘導電動機）は三相誘導電動機,（始動器）はスターデルタ始動器を表す. 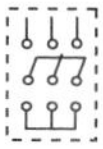	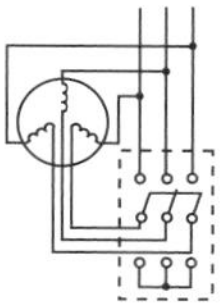 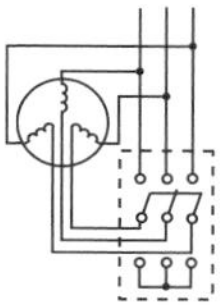 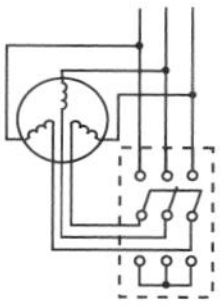 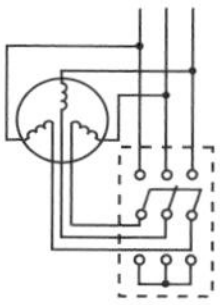
4	三相誘導電動機のスターデルタ始動回路として, 正しいものは. ただし,  （三相誘導電動機）は三相誘導電動機,（始動器）はスターデルタ始動器を表す. 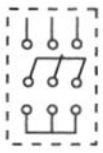	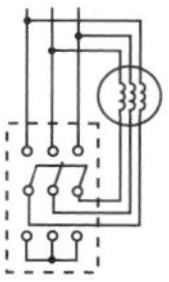 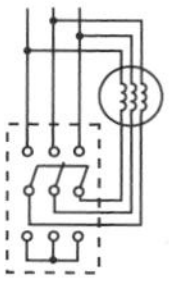 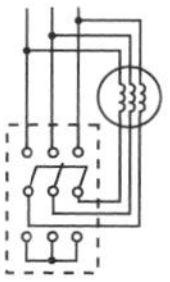 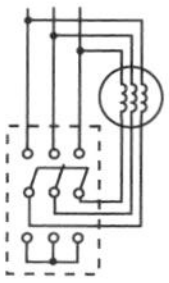

回転方向を逆にするには

5	三相誘導電動機を逆転させるときの対策で, 最も適切なものは.	イ．ヒューズを取り替える. ロ．他の電動機と取り替える. ハ．3 本の結線を 3 本とも入れ替える. ニ．3 本の結線のうち, いずれか 2 本を入れ替える.

変圧器と計器用変成器

1 巻数比と一次，二次回路の電圧・電流の比は．
2 計器用変成器（VT，CT）の取扱いは．

スタディポイント　変圧器

1　変圧器の変成比

損失のない理想変圧器では，

$$巻数比\ a = \frac{一次巻線の巻数\ n_1}{二次巻線の巻数\ n_2} = \frac{一次電圧\ V_1}{二次電圧\ V_2}$$

$$= \frac{二次電流\ I_2}{一次電流\ I_1}$$

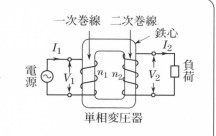

単相変圧器

2　変圧器のV結線

V結線（V−V結線）は図のように△−△結線（△結線）の1相の変圧器を省いた場合に相当し，小容量の三相負荷に三相電力を供給するときや，△−△結線の1相が故障したときなどに用いられる．

$$出力\ P_V = \sqrt{3} \times （1台の定格容量）$$

$$利用率 = \frac{出力}{2台の定格容量の和}$$

$$= 0.866（86.6\%）$$

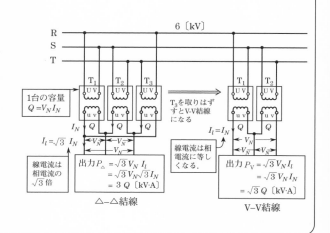

スタディポイント　計器用変成器

高電圧・大電流の主回路の電圧や電流を低電圧や小電流に変成するために使用される．

　　計器用変圧器（VT）：高電圧の測定に用いられる．
　　計器用変流器（CT）：大電流の測定に用いられる．

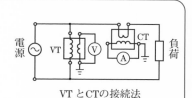

VTとCTの接続法

表1　VTとCTの使い方のちがい

	VT	CT
一次側	主回路に並列	主回路に直列
二次接続負荷	電圧計	電流計
二次誘起電圧	定格電圧（110 V，100 V）	低電圧
使用上の注意	二次側は短絡しないこと	二次側は開放しないこと

［練習問題］（解答・解説は 174 ページ）

	問　　　い	答　　　え
1	最大目盛 300〔V〕の交流電圧計で，交流電圧 6 000〔V〕を測定するのに必要なものは．	イ．分流器 ロ．計器用変圧器 ハ．変流器 ニ．零相変流器
2	変流器（CT）の使用目的で正しいものは．	イ．電流計の測定範囲を大きくする． ロ．電圧計の測定範囲を大きくする． ハ．接地抵抗計の測定範囲を大きくする． ニ．絶縁抵抗計の測定範囲を大きくする．
3	電流計に組み合わせて測定範囲を拡大するのに使用するものは．	イ．変流器 ロ．計器用変圧器 ハ．倍率器 ニ．増幅器
4	測定方法または測定器具の取り扱いで，誤っているものは．	イ．三相平衡負荷の力率を，電圧計，電流計及び三相電力計を用いて測定する． ロ．通電中に変流器の二次側を開放して電流計を交換する． ハ．回路計で導通試験をする． ニ．計器用変圧器と電圧計を組み合わせて電圧を測定する．
5	測定に関する機器の取扱いで，誤っているものは．	イ．変流器（CT）を使用した回路で通電中に電流計を取り替える際に，先に電流計を取り外してから，変流器の二次側を短絡する． ロ．電力を測定するため，電圧計，電流計及び力率計を使用する． ハ．導通を確認するため，回路計を用いる． ニ．電路と大地間の絶縁抵抗を測定するため，絶縁抵抗計のL端子を電路側に，E端子を接地線に接続する．
6	図のような変流器の二次側の a-b 間に，一般的に接続する回路は． 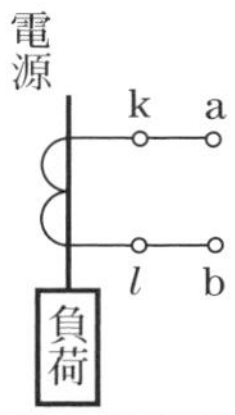 電源 k　a l　b 負荷	イ． 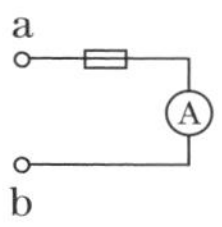　　ロ． 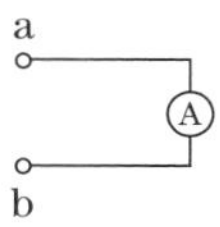　　ハ． 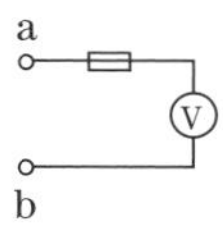　　ニ． 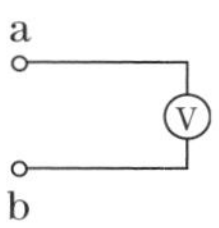
7	変流器を使用して電路の電流を測定している場合，計器（電流計）を取りはずすときは．	イ．計器をはずしてから二次側を短絡する． ロ．変流器の二次側を短絡してから計器をはずす． ハ．計器をそのままはずして二次側を開放する． ニ．二次側を接地してから計器をはずす．

1 蛍光ランプの点灯方式，LEDランプの特徴は．
2 蛍光ランプの点灯回路はどうなっているか．

── スタディポイント　蛍光ランプの特徴 ──

蛍光ランプの点灯方式

　グロースタータ形（スタータ形）：グローランプなどの点灯管を用いて点灯させる方式．点灯まで少し時間がかかる．ちらつきが発生しやすい．

　ラピッドスタート形：点灯管を用いずに，スイッチを入れると即時に点灯させる方式．始動補助装置が付いた専用の蛍光ランプを使用する．

　高周波点灯専用形（インバータ形）：高周波点灯専用（Hf：High Frequency）形の蛍光ランプを用いる方式．他の方式に比べて，発光効率が高く，ちらつきも少ない．

照明器具の比較	蛍光灯 （スタータ形）	高周波専用 点灯形	電球 LED （制御装置内蔵形）	白熱電球
発光効率	電球形蛍光ランプ 810 lm／12 W 67.5 lm／W	専用形蛍光ランプ 3 520 lm／32 W 110 lm／W	810 lm／7.3 W 110 lm／W	810 lm／54 W 15 lm／W
寿　命	約 6 000 ～ 13 000 時間		約 40 000 時間	約 1 000 時間
力　率	低い（安定器や制御回路があるため）			高い

・直管 LED ランプには制御装置内蔵形と非内蔵形があり，すべての蛍光灯照明器具にそのまま使用できないことがある．組合せが不適切の場合，重大事故が発生するおそれがあり，器具の交換が推奨されている．

・直管 LED ランプは，蛍光灯に比べて同じ明るさで消費電力が小さく，寿命が長い．

・蛍光灯は安定器を使用しており，周波数の変化（リアクタンスの変化）により電流が変化し明るさ寿命に影響するので，50 Hz を 60 Hz で使用すると，電流は減少して暗くなり，寿命は短くなる．

・LED ランプや蛍光灯（生産終了）は点灯回路が必要で，白熱電球（生産終了）に比べ高価である．

── スタディポイント　蛍光ランプの点灯回路 ──

点灯方式による点灯回路

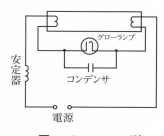

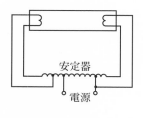

電子式安定器の基本原理

図1 グロースタータ形　　**図2 ラピッドスタート形**　　**図3 高周波点灯専用形**

安定器（バラスト）：放電を安定させるためのチョークコイル．水銀灯などの放電灯にも使用される．

グローランプ（点灯管）：始動時に蛍光灯のフィラメントを加熱するためのもの．

雑音防止コンデンサ：蛍光灯が点灯中は高周波が発生し，雑音（電波障害）の原因となる．このため，グローランプに並列にコンデンサを入れて，放電管中で発生する高周波雑音を吸収する．

[練習問題]（解答・解説は 174 ページ）

問　　　　　い	答　　　え
1　　蛍光灯を同じワット数の白熱電灯と比べた場合，正しいものは．	イ．寿命が短い． ロ．光束が多い． ハ．力率が良い． ニ．雑音が少ない．
2　　50〔Hz〕の蛍光灯を 60〔Hz〕で使用すると．	イ．安定器などを取り替えないと暗くなる． ロ．安定器などを取り替えないと明るくなる． ハ．まったく変わらない． ニ．安定器を取り替えないと過熱する．
3　　蛍光灯にグローランプを使用する目的は．	イ．力率を改善する． ロ．雑音（電波障害）を防止する． ハ．放電を安定させる． ニ．放電を始動させる．
4　　蛍光灯器具に安定器を使用する目的は．	イ．放電を安定させる． ロ．力率を安定させる． ハ．雑音（電波障害）を防止する． ニ．明るさを増す．
5　　点灯管を用いる蛍光灯と比較して，高周波点灯専用形の蛍光灯の特徴として，誤っているものは．	イ．ちらつきが少ない． ロ．発光効率が高い． ハ．インバータが使用されている． ニ．点灯に要する時間が長い．
6　　蛍光灯を，同じ消費電力の白熱電灯と比べた場合，正しいものは．	イ．力率が良い． ロ．雑音（電磁雑音）が少ない． ハ．寿命が短い． ニ．発光効率が高い．（同じ明るさでは消費電力が少ない）
7　　直管 LED ランプに関する記述として，誤っているものは．	イ．すべての蛍光灯照明器具にそのまま使用できる． ロ．同じ明るさの蛍光灯と比較して消費電力が小さい． ハ．制御装置が内蔵されているものと内蔵されていないものとがある． ニ．蛍光灯に比べて寿命が長い．

その他の照明器具と３路スイッチ　電気機器　5

1 各種照明器具の特徴と用途はどうなっているか.
2 １個の電球を２箇所で点滅するにはどうするか.

━━ スタディポイント　各種の放電ランプ ━━

(1) 低圧水銀ランプ：低圧水銀蒸気中の放電により紫外線を多量に放射するので，複写機の現像用光源や，殺菌ランプとして用いられる.

(2) 高圧水銀ランプ：水銀蒸気圧は１気圧程度で，高効率・高輝度のため，道路，公園などの屋外照明に用いられる. 高圧とは，ランプ内の水銀蒸気圧が低圧水銀ランプより高いことである.

(3) 超高圧水銀ランプ：水銀蒸気圧は 20 気圧以上で，効率は高圧水銀灯よりもさらによい.

(4) ナトリウムランプ：管内にはアルゴンとナトリウムが封入してある. 黄色の単色光を放射し，発光効率は人工光源中最高で，霧の多い高速道路やトンネル内の照明に用いられている.

(5) ネオン管：数 kPa の不活性気体（ネオンのものが多い）と水銀蒸気を封入したもので，ネオンサイン用に用いられている.

━━ スタディポイント　ネオン放電灯工事 (使用電圧が 1 000V を超える場合) ━━

(1) ネオン変圧器を使用し，外箱に D 種接地工事を施す.

(2) 管灯回路にはネオン電線を使用し，がいし引き工事により展開した場所または点検できる隠ぺい場所に施設する.

(3) 電線は，造営材の下面または側面に取り付け，電線の支持点間の距離は 1 m 以下，電線相互の間隔は 6 cm 以上であること.

━━ スタディポイント　３路スイッチ ━━

図のように階段などで１個の電灯を２箇所のスイッチで点滅させるには３路スイッチを２個使用する.

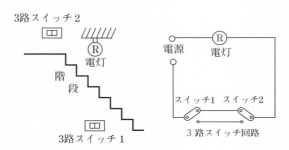

問　　い	答　　え
1	発光効率〔lm/W〕が最も高い光源はどれか.	イ．ハロゲン電球　　　　　ロ．ナトリウム灯 ハ．高圧水銀灯　　　　　　ニ．蛍光灯
2	トンネル内や霧などの多い場所の照明に最も適している光源は.	イ．ナトリウム灯　　　　　ロ．蛍光灯 ハ．水銀灯　　　　　　　　ニ．白熱灯
3	高圧水銀灯の名称で「高圧」という意味は,	イ．放電管内の水銀蒸気の圧力が高圧である. ロ．電源電圧が高圧である. ハ．放電電圧が高圧である. ニ．安定器の二次無負荷電圧が高圧である.
4	1 000〔V〕を超えるネオン放電灯の管灯回路の配線で, 正しい工事方法は.	イ．ケーブル工事　　　　　ロ．金属管工事 ハ．合成樹脂管工事　　　　ニ．がいし引き工事
5	管灯回路の使用電圧が 1 000〔V〕を超えるネオン放電灯工事として, 不適切な工事方法は.	イ．ネオン変圧器に至る低圧屋内配線の分岐回路を電灯の回路と併用した. ロ．ネオン変圧器の二次側（管灯回路）の配線を展開した場所に施設した. ハ．ネオン変圧器の金属製外箱に D 種接地工事を施した. ニ．ネオン変圧器の二次側（管灯回路）の配線に 600〔V〕ビニル絶縁電線を使用して, がいし引き工事で施設した.
6	低圧屋内配線において, 電灯⒞⒧を 2 箇所で点滅させる回路は. ただし, 3 路スイッチは 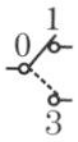 で表す.	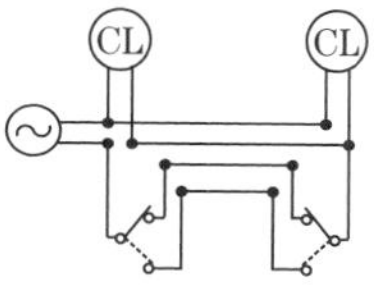 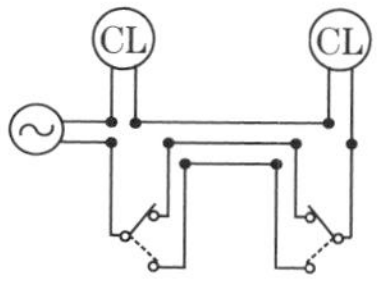 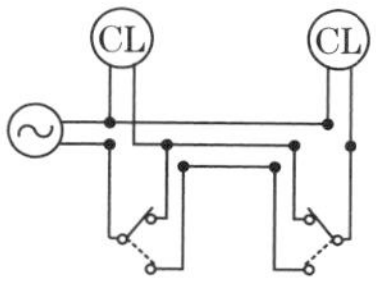 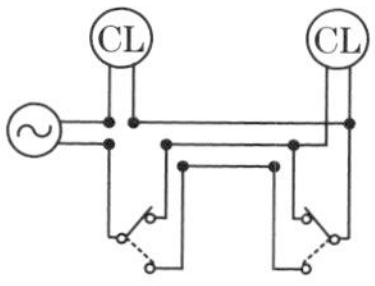
7	3 路スイッチ 2 個を使用して, 電灯を点灯するときの接続で正しいものは.	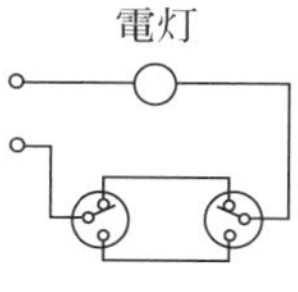 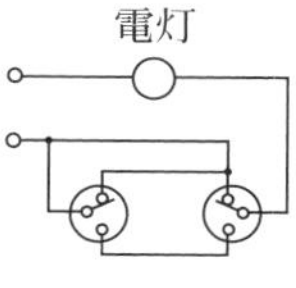 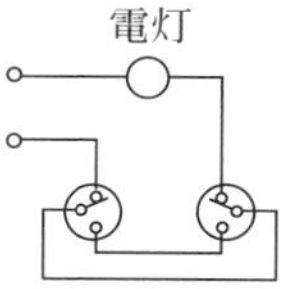 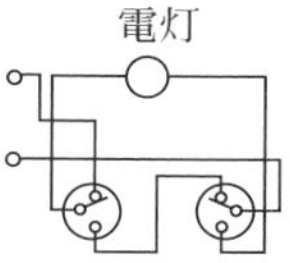

4路スイッチとパイロットランプ　電気機器　6

Q
1　1個の電球を3箇所以上で点滅するには.
2　パイロットランプの点滅回路の種類は.

スタディポイント　4路スイッチ

1　4路スイッチ

一つのランプを3箇所以上から点滅するときに使用されるもので，一つの動作で(a)図の状態から(b)図の状態に切り替える.

1
3
2
4
(a)
(b)
1 - 2
3 - 4
1 - 4
3 - 2

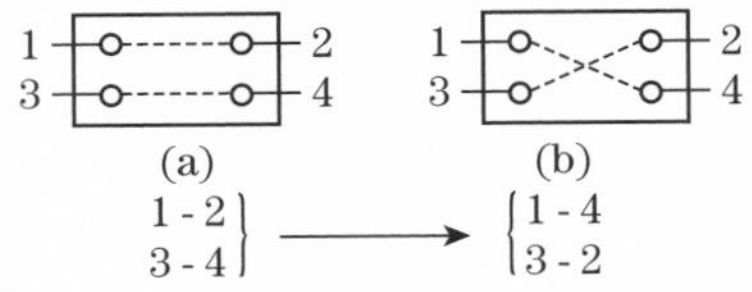

2　一つのランプを3箇所から点滅する.

右図のように，3路スイッチを2個，4路スイッチを1個使用する.

L
電源
3路スイッチ　4路スイッチ　3路スイッチ

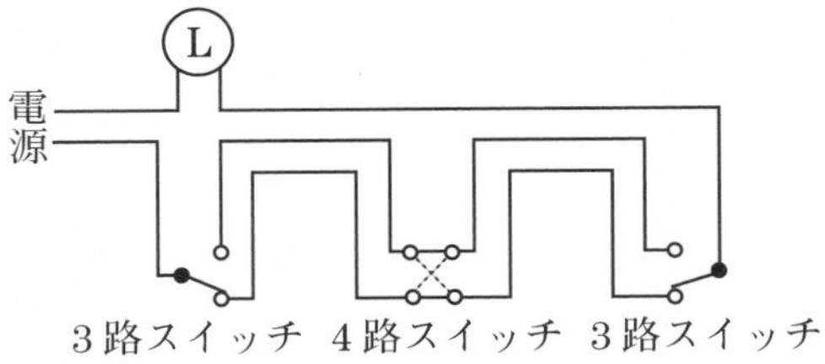

3　一つのランプを4箇所から点滅する.

右図のように，3路スイッチを2個，4路スイッチを2個使用する.

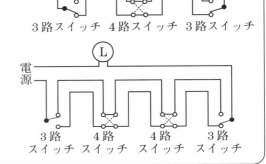

L
電源
3路スイッチ　4路スイッチ　4路スイッチ　3路スイッチ

スタディポイント　パイロットランプの点滅回路

パイロットランプ(100V用)の点滅回路には，常時点灯，同時点滅，異時点滅の三つがある.

常時点灯：電源の確認

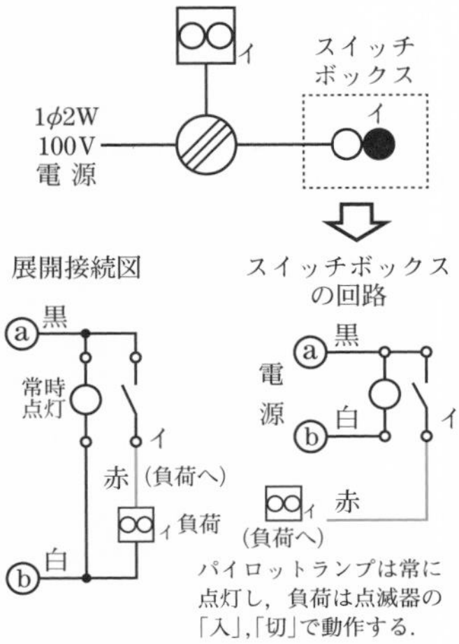

イ
スイッチボックス
1φ2W
100V
電源
展開接続図
スイッチボックスの回路
ⓐ黒
常時点灯
イ
赤（負荷へ）
負荷
ⓑ白
電源
ⓐ黒
ⓑ白
赤
（負荷へ）
パイロットランプは常に点灯し，負荷は点滅器の「入」,「切」で動作する.

同時点滅：負荷の状態確認（確認表示灯）

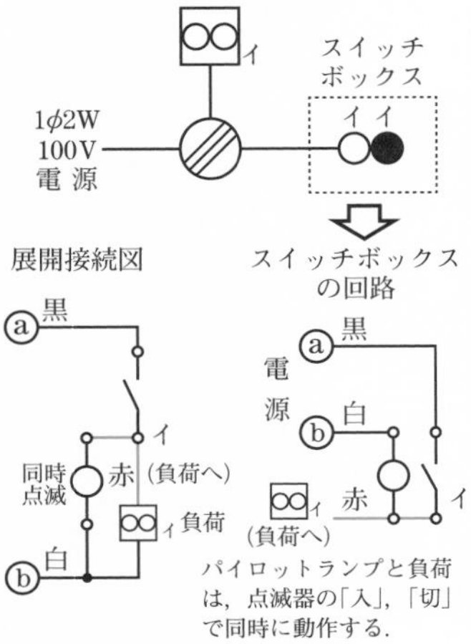

イ
スイッチボックス
イイ
1φ2W
100V
電源
展開接続図
スイッチボックスの回路
ⓐ黒
同時点滅
イ
赤（負荷へ）
負荷
ⓑ白
電源
ⓐ黒
ⓑ白
赤
（負荷へ）
パイロットランプと負荷は，点滅器の「入」,「切」で同時に動作する.

異時点滅：別置の位置表示灯（位置表示灯）

イ
スイッチボックス
1φ2W
100V
電源
展開接続図
スイッチボックスの回路
ⓐ黒
異時点滅
イ
赤（負荷へ）
負荷
ⓑ白
電源
ⓐ黒
白
（負荷へ）
点滅器「入」で負荷は点灯し，パイロランプは消灯する，点滅器「切」で負荷は消灯し，パイロランプは点灯する，

ⓐ：非接地側電線(黒色)　ⓑ：接地側電線(白色)
○：パイロットランプ(100V用)　●：点滅器(片切スイッチ)　換気扇(天井付き)　蛍光灯(ボックス付き)

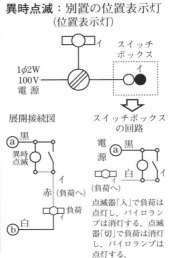

［練習問題］（解答・解説は 175 ページ）

4路スイッチ

問　　い	答　　え
1　図のようにランプ○と点滅器 A，B，C を配置して，3箇所のいずれの場所からでもランプを点滅できるようにしたい．点滅器の種類の組み合わせとして，正しいものは． 　ただし，○の部分の電線条数は，任意とする．	イ．A：3路スイッチ B：4路スイッチ C：3路スイッチ　　ロ．A：4路スイッチ B：3路スイッチ C：片切スイッチ ハ．A：3路スイッチ B：3路スイッチ C：4路スイッチ　　ニ．A：3路スイッチ B：3路スイッチ C：片切スイッチ
2　一つの電灯を4箇所のいずれの場所からでも点滅できるようにしたい．必要なスイッチの組み合わせで，正しいものは．	イ．3路スイッチ4個　　ロ．単極スイッチ4個 ハ．4路スイッチ2個 単極スイッチ2個　　ニ．3路スイッチ2個 4路スイッチ2個

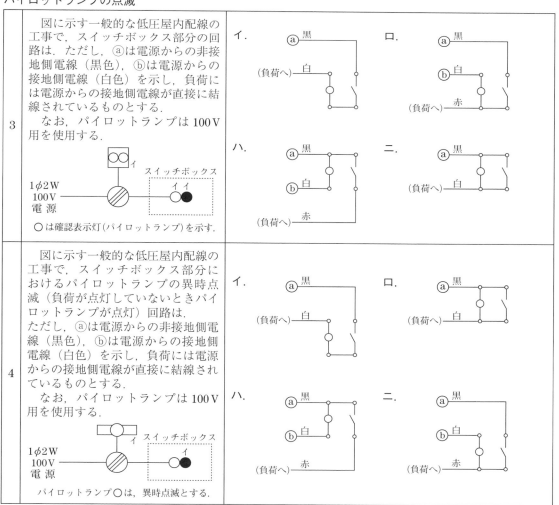

パイロットランプの点滅

問　　い	答　　え
3　図に示す一般的な低圧屋内配線の工事で，スイッチボックス部分の回路は．ただし，ⓐは電源からの非接地側電線（黒色），ⓑは電源からの接地側電線（白色）を示し，負荷には電源からの接地側電線が直接に結線されているものとする． 　なお，パイロットランプは 100 V 用を使用する． ○は確認表示灯（パイロットランプ）を示す．	
4　図に示す一般的な低圧屋内配線の工事で，スイッチボックス部分におけるパイロットランプの異時点滅（負荷が点灯していないときパイロットランプが点灯）回路は．ただし，ⓐは電源からの非接地側電線（黒色），ⓑは電源からの接地側電線（白色）を示し，負荷には電源からの接地側電線が直接に結線されているものとする． 　なお，パイロットランプは 100 V 用を使用する． パイロットランプ○は，異時点滅とする．	

開閉器・点滅器・接続器

1 開閉器の種類と使われる場所は.
2 点滅器の種類と使われる場所は.
3 接続器の種類と使われる場所は.

スタディポイント　*開閉器*　※( )内の数字は巻頭写真の番号

屋内配線の幹線や分岐回路に用いられ，負荷電流の開閉や短絡電流の遮断能力がある.

カバー付ナイフスイッチ(86)	開放ナイフスイッチの充電部（導電部）を絶縁物製のカバーでおおったもので，分電盤などに用いられる.
箱開閉器(87)	主として低圧電動機の手元開閉器として用いられ，定格電流は 15，30，60，100，200A が標準.

スタディポイント　*点滅器*　※( )内の数字は巻頭写真の番号

電灯や家庭電気機器の点滅に用いられるスイッチ.

(1) タンブラスイッチ (48, 49, 50, 51)	壁などに埋め込んで使用する埋込形と平形ビニル外装ケーブル工事用として使用されることが多い露出形がある. 単極，2極，3路，4路などがあり，定格電流は 1，3，6，10，15，20，30A である.	(5) ドアスイッチ	ドアの開閉により自動的に点滅を行うもので，定格電流は 1，3A である.	
		(6) 熱線式自動スイッチ (68)	人の動作による動作速度，温度差を検出して点滅を行う. 動作モードには，「切」「自動」「連続入」がある. 用途，負荷の種類により器種を選定する.	
(2) プルスイッチ (67)	シーリングスイッチとも呼ばれ，露出形で天井や柱の上部など高い所に取り付け，ひもを引いて操作する. 単極スイッチで，定格電流は 1，3，6，10A である.	(7) コードスイッチ	中間スイッチとも呼ばれ，電気こたつなどのコードの中間に接続するもので，定格電流は 1，3，6，10A である.	
(3) ロータリスイッチ	電熱器などの電力切替え用などに使用され，露出形で，定格電流は 1，3，6，10，20，30A である.	(8) 自動点滅器 (96)	庭園灯や門灯などを周囲の明るさによって自動的に点滅させるもの.	
(4) 押ボタンスイッチ	押込形で押ボタンを押して点滅する. 定格電流は，1，3，6，10，30A である.	(9) タイムスイッチ (95)	希望する時刻に点滅が行われるように，スイッチと時計機構を組み合わせたもの.	

スタディポイント　*接続器*　※( )内の数字は巻頭写真の番号

絶縁電線相互，屋内配線と電気器具との接続に用いられる.

(1)コンセント (53,54,63,65 等)	露出形と埋込形がある. また接地極付き，防水形など特殊用途のものもある.	(3)ローゼット (70, 71)	「シーリング」とも呼ばれ，屋内配線と電球線との接続に用いられる. 丸形，引掛け，埋込形などいろいろのものがある.
(2)プラグキャップ	15A 用は刃幅が等しく平行に配列されている. また接地極付きのものは接地極片が他のものよりも長くなっている.	(4)ソケット (46, 69)	口金がねじ込形（E 形）のものと，差込形（S 形）があり，用途によって，キーソケット，キーレスソケット，プルソケット，ボタンソケット，分岐ソケット，線付防水ソケット，ランプレセプタクルなどがある.

一般にさし込み接続器と呼ばれ，定格は 125〔V〕，250〔V〕，露出形と埋込形があり，器具の外箱を接地する目的で接地極付のものもある.

［使用例：接地極付接地端子付コンセント］

電気食器洗い機，電気洗濯機など 9 品目に接地極付コンセントを使用することが内線規程で規定され，差込プラグ (2P) に接地極がない場合でも機器側の接地線 (緑色又は緑/黄色) を接続できるように接地端子付のコンセントを施設する.

・200〔V〕用と 100〔V〕用の使い分け

・接地極の有無と使い分け

単相 100〔V〕用	単相 200〔V〕用	単相 100〔V〕用	三相 200〔V〕用
刃の幅の広い方が接地側	接地極 100〔V〕用のプラグが挿入できないようになっている.	接地極	接地極

［練習問題］（解答・解説は 176 ページ）

開閉器の種類

	問　　　　い	答　　　　え	
1	短絡電流を遮断できないものは.	イ．配線用遮断器 ハ．箱開閉器	ロ．タンブラスイッチ ニ．単投ナイフスイッチ

点滅器の種類

2	熱線式自動スイッチの用途は.	イ．照明器具の明るさを調整するのに用いる. ロ．人の接近による自動点滅器に用いる. ハ．蛍光灯の力率改善に用いる. ニ．周囲の明るさに応じて街路灯などを自動点滅させるのに用いる.
3	自動点滅器の用途は.	イ．LED 電球の明るさを調節するのに用いる. ロ．人の接近による自動点滅に用いる. ハ．蛍光灯の力率改善に用いる. ニ．周囲の明るさに応じて屋外灯などを自動点滅させるのに用いる.

接続器の種類

4	住宅で使用する電気食器洗い機用のコンセントとして，最も適しているものは.	イ．引掛形コンセント　　　　ロ．抜け止め形コンセント ハ．接地端子付コンセント　　ニ．接地極付接地端子付コンセント
5	コンセントの使用電圧と刃受の形状の組み合わせで，誤っているものは.	イ.　　　　ロ.　　　　ハ.　　　　ニ. 単相 100〔V〕　単相 200〔V〕　三相 200〔V〕　単相200〔V〕

1 絶縁電線の種類，記号，用途および特徴は.

スタディポイント　絶縁電線

電気工事に用いられている絶縁電線には次のようなものがある.

電線名	記号	用　途	構造および特徴
600Vビニル絶縁電線	IV	屋内配線	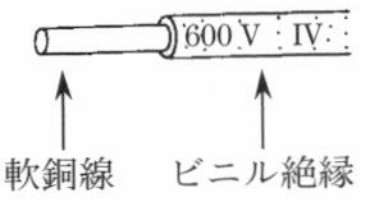 軟銅線に，塩化ビニルを主体とした混合物を被覆したもので，ゴム絶縁電線に比較して耐水，耐油，耐化学的にすぐれているが，連続使用最高温度は60℃である.
(二種ビニル絶縁電線)	HIV	屋内配線	二種ビニル絶縁電線（HIV）は耐熱性を改良したもので，75℃まで使用できる.
600Vゴム絶縁電線	RB	屋内配線	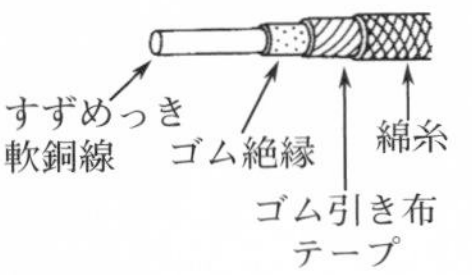 すずめっき軟銅線に，ゴム混合物を被覆し，さらにゴム引き布テープまたは紙テープを重ね巻きにして加硫した上に綿糸で編組し，これに耐水性の絶縁コンパウンドを浸み込ませたもので，可とう性がすぐれているが老化しやすい.連続使用最高温度は75℃で，ビニル絶縁電線より高い.
600Vポリエチレン絶縁電線	IE	屋内および屋外配線	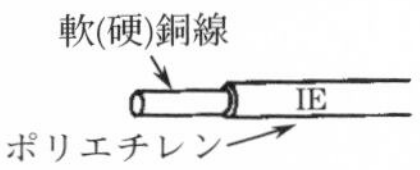 軟銅線（屋内用）または硬銅線（屋外用）にポリエチレン混合物を被覆したもので，ビニルに比べて，誘電損失が少なく，軽量である.ポリエチレン絶縁は75℃まで，架橋ポリエチレン絶縁（CV）は90℃まで使用できる.
引込用ビニル絶縁電線	DV	低圧の架空引込線	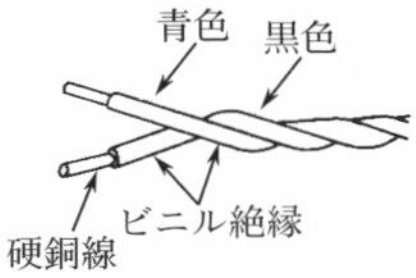 硬銅線に，IV線と同様な被覆を施したもので，線心をより合わせたものと平行に配列したものがあり，一括して配線でき，色別も容易.接地側線には白の色別が記されている.
屋外用ビニル絶縁電線	OW	屋外専用で，低圧架空電線路	硬銅線に，塩化ビニルを主体とした混合物を被覆したもので，600Vビニル絶縁電線よりも被覆が薄く，損傷しやすい.
接地用ビニル絶縁電線	GV	接地用電線	ビニル絶縁電線に，さらにビニルで外装を施したものである.単線のものと，より線のものがある.被覆は緑色である.

問　　い	答　　え
1　　DV の記号で表される電線の名称は.	イ．屋外用ビニル絶縁電線 ロ．600V 二種ビニル絶縁電線 ハ．600V ビニル絶縁電線 ニ．引込用ビニル絶縁電線
2　　OW の記号で表される電線の名称は.	イ．600V ビニル絶縁電線 ロ．600V ポリエチレン絶縁電線 ハ．引込用ビニル絶縁電線 ニ．屋外用ビニル絶縁電線
3　　次の各電線の記号を上から順に示すと. 　（1）600V 二種ビニル絶縁電線 　（2）屋外用ビニル絶縁電線 　（3）引込用ビニル絶縁電線	イ．（1）HIV　ロ．（1）HIV　ハ．（1）OW　ニ．（1）DV 　（2）OW　　（2）DV　　（2）HIV　　（2）OW 　（3）DV　　（3）OW　　（3）DV　　（3）HIV
4　　耐熱性の最もすぐれている絶縁電線は.	イ．引込用ビニル絶縁電線（DV） ロ．600V 二種ビニル絶縁電線（HIV） ハ．屋外用ビニル絶縁電線（OW） ニ．600V ビニル絶縁電線（IV）
5　　低圧屋内配線として使用する 600V ビニル絶縁電線（IV）の絶縁物の最高許容温度〔℃〕は.	イ．30　　　ロ．45　　　ハ．60　　　ニ．75
6　　金属管工事による低圧屋内配線で，使用できない電線は.	イ．RB　　　ロ．IV　　　ハ．DV　　　ニ．OW
7　　金属線ぴ工事に使用できない電線は.	イ．OW　　　ロ．IV　　　ハ．HIV　　　ニ．DV

1 ケーブルの種類，記号，用途および特徴は．
2 コードの種類および用途は．

── スタディポイント　*配線用ケーブル* ──

　ケーブルは絶縁電線の絶縁および機械的強度をさらに強化したもので，使用場所や使用電圧によっていろいろのものがある．

名　　称	記号	用途	構造および特徴
600V ビニル絶縁ビニルシースケーブル	（丸形）VVR（平形）VVF	屋内用・屋外用および地中用	600V ビニル絶縁電線を2〜4条並べ，その上にさらにビニルのシースを施したもので，丸形（VVR）と平形（VVF）とがある．丸形は SVR あるいは SV ケーブルとも呼ばれ，引込口配線に用いられる．平形は VA あるいは F ケーブルとも呼ばれ，最近の屋内配線には最も利用されている．
600V ポリエチレン絶縁耐燃性ポリエチレンシースケーブル平形	EM-EEF	屋内用・屋外用および地中用	鉛やハロゲンを含まず耐燃性を有する環境配慮型ケーブルで，ポリエチレンはビニル素材に比べ硬く，紫外線によって劣化しやすいが，シースに「タイシガイセン」の表示があるものは，対策が施されている．絶縁物の許容温度は 75℃．
600V 架橋ポリエチレン絶縁ビニルシースケーブル	CV	屋内用・屋外用および地中用	絶縁体に架橋ポリエチレンが使用され許容温度が 90℃のため，VVR，VVF より許容電流が大きく，シースに鉛フリーのビニルを使用した一括シース型ケーブルであり，分別が容易でリサイクル性が良く，焼却時に有害なハロゲン系ガスが発生しない．単心3本よりのトリプレックス形の CVT がある．
キャブタイヤケーブル	（ゴム）CT（ビニル）VCT	機器の移動用電線	第1種から第4種まであり，第4種が一番強い．ビニルは第2種で，発熱する機器には使用できない．
無機絶縁ケーブル	MI	爆発性危険場所など	銅管の中に軟銅線を入れ，酸化マグネシウムのような無機物の絶縁物を充てんし，焼鈍したもので，耐水，耐熱，耐燃，耐油，耐湿，耐候性にすぐれ，機械的強度も強い．Mineral Insulation Cable の略．

── スタディポイント　*コード* ──

　コードは細い軟銅線を多数より合わせ，可とう性を持たせたもので，使用目的によっていろいろあるが，大別すると，ビニルコード，ゴムコード，電熱用コード，防湿コードとなる．このうちビニルコードは，電気を熱として利用しない機器に限り使用することができる．また，乾燥したショウウィンドー内では，外部から見えやすい箇所に断面積 0.75mm^2 以上のコードまたはキャブタイヤケーブルを 1m 間隔で取り付ける（絶縁性のある造営材に被覆を損傷しないように留め具により取り付ける）．

　コードの主なものは次のとおりである．

名　　称	用　　途	構造および特徴
平形ビニルコード	ラジオ・テレビなど熱を出さない機器	軟銅より線2本を平行に並べ，ビニル混合物で絶縁したもの．
袋打コード	乾燥場所の電球線や小形電気機器	単心ゴムコードの上にさらに下打編組，および上打編組をしたもの．
丸打コード	乾燥場所の電球線や小形電気機器	袋打コードの線心2本に綿糸を介在させて丸形にしたもの．
電熱用コード	電熱器や電気ごたつなど電気を熱として利用する電気機器	軟銅より線に絹糸を横巻きし，ゴム絶縁物で被覆したもの．
防湿コード	湿気のある場所の電球線や小形電気機器	ゴムコードの上打編組にワックス系の防湿混合物を塗ったもの．

[練習問題]（解答・解説は 176 ページ）

ケーブル

	問　　い	答　　え
1	耐熱性の最もよい電線は.	イ．VVF ケーブル ロ．キャブタイヤケーブル ハ．CV ケーブル ニ．MI ケーブル
2	屋内・屋外・地中のいずれの場所にも使用できるものは.	イ．600V ビニル絶縁電線 ロ．600V ビニル絶縁ビニルシースケーブル ハ．引込用ビニル絶縁電線 ニ．屋外用ビニル絶縁電線
3	VVR の記号で表される電線の名称は.	イ．600V 架橋ポリエチレン絶縁ビニルシースケーブル ロ．600V ビニル絶縁ビニルシースケーブル平形 ハ．600V ビニル絶縁ビニルシースケーブル丸形 ニ．600V ビニル絶縁ビニルキャブタイヤケーブル
4	移動電線として適当なものは.	イ．MI ケーブル ロ．CV ケーブル ハ．ゴムキャブタイヤケーブル ニ．ビニルシースケーブル
5	写真に示す材料の名称は．なお，材料の表面には，「タイシガイセン EM 600V EEF/ 1.6mm JIS＜PS＞E ○○社 タイネン 2014」が記されている.	イ．無機絶縁ケーブル ロ．600V ビニル絶縁ビニルシースケーブル平形 ハ．600V 架橋ポリエチレン絶縁ビニルシースケーブル ニ．600V ポリエチレン絶縁耐燃性ポリエチレンシースケーブル平形
6	絶縁物の最高許容温度が最も高いものは.	イ．600V 二種ビニル絶縁電線 ロ．600V ビニル絶縁電線 ハ．600V ビニル絶縁ビニルシースケーブル丸形 ニ．600V 架橋ポリエチレン絶縁ビニルシースケーブル
7	記号「600V CV 14mm² −3C」で示す材料の名称は.	イ．600V ビニル絶縁ビニルシースケーブル ロ．600V 架橋ポリエチレン絶縁ビニルシースケーブル ハ．600V ポリエチレン絶縁耐燃性ポリエチレンシースケーブル平形 ニ．キャブタイヤケーブル

コード

	問　　い	答　　え
8	家庭用の電気機械器具に附属する移動電線で，ビニルコードを使用してはならないものは.	イ．テレビジョン受像器　　ロ．電気冷蔵庫 ハ．電気こたつ　　　　　　ニ．電気バリカン
9	湿気の多い場所の屋内低圧用電球線に使用できるコードは.	イ．袋打コード ロ．ビニルキャブタイヤコード ハ．ビニルコード ニ．ゴムキャブタイヤコード

1　電気工事の種類と工具の使い方は.

── スタディポイント　電気工事とその工具　※（　）内の数字は巻頭写真の番号 ──

1	電線を切断する工具	絶縁ペンチ(107)，ケーブルカッタ(124)，ボルトクリッパ(125)
2	電線の被覆をむくための工具	電工ナイフ，ワイヤストリッパ(111)，ケーブルストリッパ(110)
3	電線相互の接続に用いる工具	絶縁ペンチ(107)，圧着ペンチ(109)，
4	ねじの取り付けに用いる工具	電工用ドライバ(108)

── スタディポイント　金属管工事とその工具　※（　）内の数字は巻頭写真の番号 ──

5	金属管の切断に用いる工具	パイプカッタ(126)，金切りのこ(132)，パイプバイス(143)
6	金属管を曲げるのに用いる工具	パイプベンダ(119)，油圧式パイプベンダ(120)，その他
7	金属管のねじ切りに用いる工具	リード型ラチェット式ねじ切り器(129)，パイプバイス(143)，電動ねじ切り器(131)，
8	金属管の切断面の面取りに用いる工具	クリックボール(113)，平やすり(140)，リーマ(114)，
9	金属管相互および金属管とボックス類との接続に用いる工具	パイプレンチ(137)，スパナ，ウォータポンププライヤ(112)，チェーン式パイプレンチ
10	鋼板に穴をあけるのに用いる工具	ホルソ(116)，ノックアウトパンチャ(142)，振動ドリル*(138)

＊切替レバーを回転にセットして使用する.

── スタディポイント　合成樹脂管工事とその工具　※（　）内の数字は巻頭写真の番号 ──

11	合成樹脂管の切断に用いる工具	合成樹脂管用カッター(127)，金切りのこ(132)，面取器(128)
12	合成樹脂管を曲げるのに用いる工具	ガストーチランプ(121，122)，電熱器

── スタディポイント　その他の工事とその工具　※（　）内の数字は巻頭写真の番号 ──

13	コンクリート壁の穴あけに用いる工具	ジャンピング(118)，振動ドリル*(138)

＊切替レバーを振動にセットして使用する.

電気工事とその工具

	問　い	答　え
1	電気工事の種類と工具の組み合わせで，正しいものは．	イ．合成樹脂管工事　　　ロ．合成樹脂線ぴ工事 　　パイプレンチ　　　　　　　リード型ねじ切り器 ハ．金属管工事　　　　　ニ．金属線ぴ工事 　　ウォータポンププライヤ　　ボルトクリッパ
2	電気工事の作業と使用工具との組み合わせで，誤っているものは．	イ．金属製キャビネットに穴をあける作業 　　ノックアウトパンチャ ロ．木造天井板に電線貫通用の穴をあける作業 　　羽根ぎり ハ．金属製電線管を切断する作業 　　プリカナイフ ニ．硬質ポリ塩化ビニル電線管相互を接続する作業 　　ガストーチランプ
3	電気工事における材料Aと工具Bとの組み合わせで，不適切なものは．	イ．A　600V CVケーブル　ロ．A　金属管 　　B　クリックボール　　　　B　パイプベンダ ハ．A　絶縁電線　　　　　ニ．A　合成樹脂管 　　B　ワイヤストリッパ　　　B　ガストーチランプ

金属管工事

4	ラジアスクランプの締付けに使用する工具は．	イ．ウォータポンププライヤ　ロ．圧着ペンチ ハ．パイプレンチ　　　　　ニ．クリックボール
5	リーマの主な使用目的は．	イ．金属管を曲げる． ロ．金属管を切断する． ハ．金属管にねじを切る． ニ．金属管の切口をなめらかにする．
6	金属管の切断及び曲げ作業に使用する工具の組み合わせとして適切なものは．	平やすり　　　　　　　　リーマ イ．パイプベンダ　　　ロ．面取器 　　パイプレンチ　　　　　　ガストーチランプ 　　平やすり　　　　　　　　平やすり ハ．金切りのこ　　　　ニ．金切りのこ 　　ガストーチランプ　　　　パイプベンダ
7	ノックアウトパンチャの用途で，適切なものは．	イ．太い電線管を曲げるのに使用する． ロ．金属製キャビネットに電線管接続用の穴をあける場合に使用する． ハ．コンクリート壁に穴をあける場合に使用する． ニ．太い電線を圧着接続する場合に使用する．

合成樹脂管工事

8	硬質ポリ塩化ビニル管の切断及び曲げ作業に使用する工具の組み合わせとして適切なものは．	金切りのこ　　　　　　　金切りのこ イ．面取器　　　　　　ロ．パイプベンダ 　　パイプベンダ　　　　　　ねじ切り器 　　金切りのこ　　　　　　　ボルトクリッパ ハ．面取器　　　　　　ニ．絶縁ペンチ 　　ガストーチランプ　　　　パイプバイス

1 どんなものがあり，どんな所に用いられるか.

--- スタディポイント　**金属管とは**　※（ ）内の数字は巻頭写真の番号 ---

1.　金属管

電線を収める金属製の円管で，**厚鋼管，薄鋼管**および，**ねじなし管**がある．管の太さの表し方は，厚鋼管ではその内径に近い偶数〔mm〕で，薄鋼管とねじなし管ではその外径に近い奇数〔mm〕で表す．金属管1本の長さは約3 660〔mm〕である．

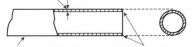

コンクリートに直接埋め込むものは1.2mm以上，その他のもの1mm以上

鉄，黄銅または銅で堅ろうに製作したもの

電線の引き入れのとき被覆を損傷しないように内面を滑らかにすること

2．接地クランプ(29)

アースクランプともいわれ，金属管に接地線を取り付ける金具．

--- スタディポイント　**金属管相互の接続**　※（ ）内の数字は巻頭写真の番号 ---

3．カップリング(16)

金属管相互の接続に用いられる継手で，内側にねじが切ってあるものと，ねじなしのものがある．

4．ユニオンカップリング(20)，ねじなしカップリング(18)

金属管が固定されている場合に，金属管相互を接続するもの．ねじなしカップリングは，必ず止めねじの頭部をねじり切れるまで締め付ける．

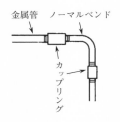

金属管　ノーマルベンド

カップリング

--- スタディポイント　**金属管とボックス類の接続（1）**　※（ ）内の数字は巻頭写真の番号 ---

5．ねじなしボックスコネクタ(10)

接地端子と接続のための止めねじがある．接地端子にはボンド線（接地線）を接続する．止めねじは，ボックスコネクタとねじなし電線管を接続するのに使用し，必ず止めねじの頭部をねじり切れるまで締め付ける．

6．絶縁ブッシング(22)

電線の被覆やケーブル外装（シース）を損傷させないように，金属管やボックスコネクタの先端にボックス内で取り付けて保護する．

7．ロックナット(25)

金属管とボックス類またはキャビネットなどを結合させる締付用金具．

8．リングレジューサ(24)

ボックスのノックアウトの穴の大きさが金属管の管径よりも大きな場合に用いて，締付けを完全にする．

[練習問題]（解答・解説は 177 ページ）
金属管とは

	問　い	答　え
1	鋼製電線管の標準長さ〔m〕は.	イ. 2.56　　ロ. 3.06　　ハ. 3.66　　ニ. 4.06
2	電線管に使用する金属管の太さ〔mm〕の表し方で正しいものは.	イ. 厚鋼では外径に近い奇数で表す. ロ. 薄鋼では外径に近い偶数で表す. ハ. 厚鋼では内径に近い偶数で表す. ニ. 薄鋼では内径に近い奇数で表す.

金属管相互の接続

	問　い	答　え
3	金属管相互を接続するとき，管の両方とも回すことのできない場合に用いるものは.	イ. ユニオンカップリング ロ. ノーマルベンド ハ. カップリング ニ. サドル
4	金属管工事による施工方法で不適切なものは.	イ. 太さ 25〔mm〕の金属管に断面積 8〔mm²〕の 600V ビニル絶縁電線 3 本を引き入れる. ロ. ボックス間の配管でノーマルベンドを使った屈曲箇所を 3 箇所設ける. ハ. 金属管工事から，がいし引き工事に移るところの金属管端口に絶縁ブッシングを使用する. ニ. 同じ太さの金属管相互の接続にコンビネーションカップリングを使用する.
5	金属管相互または金属管とボックス類とを電気的に接続するために，金属管にボンド線を取り付けるのに使用するものは.	イ. カールプラグ ロ. 接地クランプ（ラジアスクランプ） ハ. ユニオンカップリング ニ. ターミナルキャップ

金属管とボックス類の接続

	問　い	答　え
6	リングレジューサの使用目的は.	イ. 両方とも回すことのできない金属管相互を接続するときに使用する. ロ. 金属管相互を直角に接続するときに使用する. ハ. 金属管の管端に取り付け，引き出す電線の被覆を保護するときに使用する. ニ. ボックスのノックアウトの径が，それに接続する金属管の外径より大きいときに使用する.
7	金属管工事に使用される「ねじなしボックスコネクタ」に関する記述として，誤っているものは.	イ. ボンド線を接続するための接地用の端子がある. ロ. ねじなし電線管と金属製アウトレットボックスを接続するのに用いる. ハ. ねじなし電線管との接続は止めねじを回して，ねじの頭部をねじ切らないように締め付ける. ニ. 絶縁ブッシングを取り付けて使用する.

1 どんなものがあり，どんな所に用いられるか．

スタディポイント　金属管とボックス類の接続（2） ※（　）内の数字は巻頭写真の番号

1．**アウトレットボックス**(1)
　金属管工事において，電灯や配線器具を取り付けるためのボックスで，他のボックスへの電線の接続などもこの中で行う．

2．**フィクスチュアスタッド**(45)
　重い照明器具などをつり下げる場合，アウトレットボックスの底部に取り付け，器具をささえるもの．

3．**フィクスチュアヒッキ**
　フィクスチュアスタッドと照明器具の金具との中継に用いるもの．

4．**プルボックス**(3)
　多数の金属管が交さ，集合する場所に用いるボックスで，電線の引き入れや接続を行う．

絶縁ブッシング　フィクスチュアスタッド
ロックナット　アウトレットボックス
金属管
コンクリート
ヒッキ
フランジ（キャノピ）　照明器具用パイプ

スタディポイント　金属管の取付けと曲げ ※（　）内の数字は巻頭写真の番号

5．**ノーマルベンド**(26)
　配管が直角に曲がる箇所に用いる曲管で，曲率半径は管内径の約6倍に曲げてある．

6．**ユニバーサル**(27)
　露出配管の直角屈曲部に用いる．管内に電線を出し入れするのに便利なようにふたが取り付けられている．

7．**サドル**(31)
　管を造営材に木ねじで固定するもの．

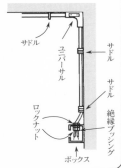

サドル　ユニバーサル
サドル　サドル
ロックナット　絶縁ブッシング
ボックス

スタディポイント　金属管の管端 ※（　）内の数字は巻頭写真の番号

8．**絶縁ブッシング**(22)
　電線の被覆やケーブル外装（シース）を損傷させないように，金属管やボックスコネクタの先端にボックス内で取り付けて保護する．

9．**エントランスキャップ**(38)
　引込口または屋外の金属管の管端に取り付け，雨水の浸入を防ぐ．垂直配管と水平配管に使用できる．

10．**ターミナルキャップ**(39)
　金属管配線からがいし引き配線に移る場合に金属管の管端に取り付け，電線の被覆を保護するもの．雨線外*に用いるときは，水平配管に使用できる．

　　　　　　　　　　　　　*屋外および屋側において，雨のかかる場所をいう．

[練習問題] （解答・解説は 177 〜 178 ページ）

金属管とボックス類の接続

	問　　い	答　　え
1	アウトレットボックスの使用方法として，不適切なものは．	イ．金属管工事で管が交さ，屈曲する場所で電線の引き入れを容易にするのに用いる． ロ．配線用遮断器を集合して設置するのに用いる． ハ．金属管工事で電線相互を接続するのに用いる． ニ．照明器具を取り付けるのに用いる．
2	プルボックスの主な使用目的は．	イ．多数の金属管が交さ，集合する場所で電線の引き入れを容易にするために用いる． ロ．多数の開閉器類を集合して設置するために用いる． ハ．金属管工事で点検できない隠ぺい場所での電線を接続するのに用いる． ニ．天井に比較的重い照明器具を取り付けるのに用いる．

金属管の取付けと曲げ

	問　　い	答　　え
3	アウトレットボックスに重量の大きな照明器具を取り付ける場合，必要なものは．	イ．ストレートボックスコネクタ ロ．ユニバーサル ハ．カップリング ニ．フィクスチュアスタッド
4	ユニバーサルの使用される箇所は．	イ．コンクリート埋込 ロ．直線部分の金属管接続 ハ．柱やはりの角 ニ．土壁の角

金属管の管端

	問　　い	答　　え
5	エントランスキャップを使用する目的は．	イ．フロアダクトの終端部を閉そくするために使用する． ロ．コンクリート打ち込み時に金属管内にコンクリートが浸入するのを防止するために使用する． ハ．金属管工事で管が直角に屈曲する部分に使用する． ニ．主として垂直な金属管の上端部に取り付けて，雨水の浸入を防止するために使用する．
6	金属管工事において絶縁ブッシングを使用する主な目的は．	イ．金属管を造営材に固定させるため． ロ．電線の被覆を損傷させないため． ハ．金属管相互を接続するため． ニ．電線の接続を容易にするため．
7	図に示す雨線外に施設する金属管工事の末端 Ⓐ 又は Ⓑ 部分に使用するものとして，不適切なものは． 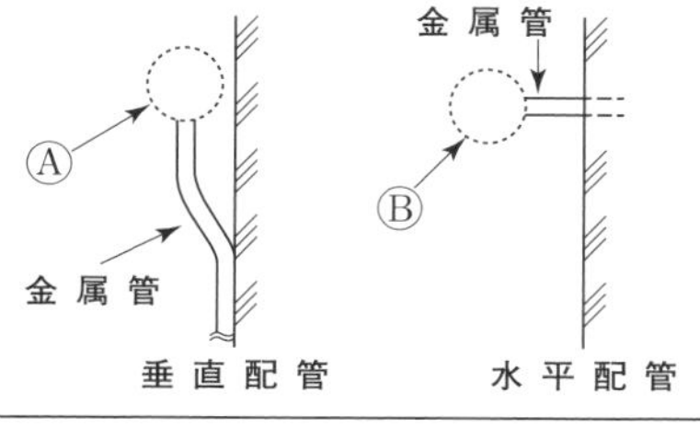 金属管 Ⓐ 金属管 Ⓑ 金属管 垂直配管　　水平配管	イ．Ⓐ部分にエントランスキャップを使用した． ロ．Ⓑ部分にターミナルキャップを使用した． ハ．Ⓑ部分にエントランスキャップを使用した． ニ．Ⓐ部分にターミナルキャップを使用した．

施設場所と工事種別

1 いろいろな工事法とそれが適用できる場所は.
2 場所により禁止されている工事は.

スタディポイント　低圧屋内配線工事

施設場所によって施工できる工事をまとめると, 図1と表1のようになる.

表1　施設場所と工事種別

施設場所区分 / 工事種別	展開した場所（露出場所） 乾燥した場所	展開した場所（露出場所） 湿気のある場所	隠ぺい場所 点検できる 乾燥した場所	隠ぺい場所 点検できる 湿気のある場所	隠ぺい場所 点検できない 乾燥した場所	隠ぺい場所 点検できない 湿気のある場所
がいし引き工事	◎	◎	◎	◎		
金属線ぴ工事	○		○			
電線管工事 合成樹脂管	◎	◎	◎	◎	◎	◎
電線管工事 金属管	◎	◎	◎	◎	◎	◎
電線管工事 2種金属製可とう電線管	◎	◎	◎	◎	◎	◎
電線管工事 1種金属製可とう電線管	□		□			
ダクト工事 金属ダクト	○		○			
ダクト工事 バスダクト	○		○			
ダクト工事 ライティングダクト	○		○			
ダクト工事 セルラダクト			○		○	
ダクト工事 フロアダクト					○	
ケーブル工事（キャブタイヤ以外）	◎	◎	◎	◎	◎	◎

◎ 施工してよい.（水気のある場所も湿気のある場所に含まれる）

○ 使用電圧が300 V以下なら施工してよい.

□ 使用電圧が300 V以下なら施工してよい.300Vを超える場合は,電動機に接続する部分で可とう性を必要とする部分に限る.

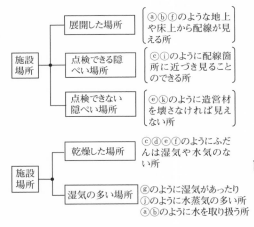

施設場所 ─ 展開した場所 ─ ⓐⓑⓕのような地上や床上から配線が見える所

点検できる隠ぺい場所 ─ ⓒⓘのように配線箇所に近づき見ることのできる所

点検できない隠ぺい場所 ─ ⓔⓚのように造営材を壊さなければ見えない所

施設場所 ─ 乾燥した場所 ─ ⓒⓓⓕのようにふだんは湿気や水気のない所

湿気の多い場所 ─ ⓖのように湿気があったりⓙのように水蒸気の多い所ⓐⓑのように水を取り扱う所

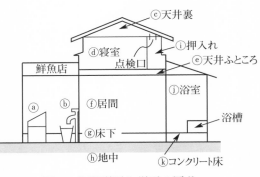

ⓒ天井裏
ⓘ押入れ
ⓓ寝室
点検口
鮮魚店
ⓔ天井ふところ
ⓙ浴室
ⓐ　ⓑ　ⓕ居間
浴槽
ⓖ床下
ⓗ地中
ⓚコンクリート床

図1　施設場所と場所の区分

表1の施設場所や区分が, 実際の施設場所とどう関係しているかをよく知っておく必要がある.

スタディポイント　臨時配線の施設

1　使用期限　施工完了の日から「4ヵ月」以内

　がいし引き工事による300 V以下の屋側配線, がいし引き工事による150 V以下の屋外配線

2　使用期限　施工完了の日から「1ヵ年」以内

　コンクリートに直接埋設する分岐回路で, ケーブルを使用する.

	問　い	答　え
1	低圧屋内配線において，湿気の多い場所で行ってはならない工事の種類は．	イ．金属ダクト工事　　ロ．金属管工事 ハ．ケーブル工事　　二．がいし引き露出工事
2	点検できる隠ぺい場所で，不適切な工事は．	イ．がいし引き工事　　ロ．ケーブル工事 ハ．フロアダクト工事　　二．可とう電線管工事
3	点検できない隠ぺい場所の工事として不適当なものは．	イ．合成樹脂管工事　　ロ．バスダクト工事 ハ．ケーブル工事　　二．金属管工事
4	乾燥した点検できない隠ぺい場所の低圧屋内配線工事方法で，適切なものは．	イ．金属ダクト工事　　ロ．バスダクト工事 ハ．合成樹脂管工事　　二．がいし引き工事
5	100〔V〕の屋内配線の施設場所による工事の種類で，適切なものは．	イ．点検できない隠ぺい場所であって，乾燥した場所の金属線ぴ工事 ロ．点検できる隠ぺい場所であって，乾燥した場所のライティングダクト工事 ハ．点検できる隠ぺい場所であって，湿気の多い場所の金属ダクト工事 二．点検できる隠ぺい場所であって，湿気の多い場所のバスダクト工事
6	低圧屋内配線で湿気のある展開した場所において施設できる工事の方法で，適切なものは．	イ．金属ダクト工事 ロ．金属線ぴ工事 ハ．一種金属製可とう電線管を使用した可とう電線管工事 二．金属管工事
7	湿気の多い露出場所の三相3線式200〔V〕屋内配線工事で，不適切な工事は．	イ．合成樹脂管工事　　ロ．金属管工事 ハ．金属ダクト工事　　二．ケーブル工事
8	低圧引込線の取付点から引込口に至る屋側電線路を，木造の造営物の展開した場所に施工するとき，行ってはならない工事は．	イ．金属管工事 ロ．ビニルシースケーブルを使用したケーブル工事 ハ．合成樹脂管工事 二．がいし引き工事
9	がいし引き工事による使用電圧200〔V〕の屋内配線で，電気設備技術基準とその解釈による臨時配線として使用できる期間の最大は，工事が完了した日から．	イ．3カ月　　ロ．4カ月　　ハ．6カ月　　二．1カ年

1 がいし引き工事の電線相互，造営材との離隔距離は．
2 電線の支持点間の距離は．
3 ライティングダクト工事とは．その施工法は．

スタディポイント　がいし引き工事

　がいし引き工事は，展開した場所や点検できる隠ぺい場所に適用でき，低圧ノブや，ピン，特カップなどのがいしを用いて配線を行う．（電技解釈第 157 条）

1　電線：絶縁電線（屋外用ビニル絶縁電線，引込用ビニル絶縁電線および引込用ポリエチレン絶縁電線を除く）

2　電線相互の間隔：6 cm 以上

3　電線と造営材の離隔距離：使用電圧 300V 以下は，2.5 cm 以上
　　　　　　　　　　　　　使用電圧 300V を超える場合は，4.5 cm 以上
　　　　　　　　　　　　　（乾燥した場所に施設する場合は，2.5 cm 以上）

4　電線の支持点間の距離：電線を造営材の上面または側面に沿って取付ける場合は 2 m
　　　　　　　　　　　　以下（300V を超え，造営材の面に沿わないときは 6 m 以下）

5　造営材の貫通：造営材を貫通するときは，各電線ごとに堅ろうな絶縁管に納めて防護する．

　がいし引き工事では弱電流電線，水道管，ガス管との最小離隔距離は 10 cm で，がいし引き以外の工事では接触しないように施設しなければならない．（電技解釈第 167 条）

スタディポイント　ライティングダクト工事（電技解釈第 165 条）

　ライティングダクト工事は，使用電圧が 300V 以下の店舗等で照明器具等を任意の場所で使用できるようにする工事で，ダクトおよび附属品には電気用品安全法の適用を受けるものを使用する．屋内における展開（露出）した場所や点検できる隠ぺい場所で乾燥した場所に施設できる．

1　ダクトの接続：ダクト相互及び電線相互は，堅ろうに，かつ，電気的に完全に接続する．

2　ダクトの支持点間の距離：2 m 以下

3　ダクトの終端部：エンドキャップを用いて閉そくする．

4　ダクトの開口部：下に向けて施設する．（固定 II 形は横に向けて施設できる．）

5　ダクトの取り付け：造営材に堅ろうに取り付け，壁等の造営材を貫通させないこと．

6　接地工事：D 種接地工事を施す．（対地電圧 150V 以下でダクトの長さが 4m 以下の場合やダクトの金属製部分を絶縁物（合成樹脂等）で被覆した場合は，D 種接地工事を省略できる．）

7　漏電遮断器の設置：ダクトの導体に電気を供給する電路には，漏電遮断器（定格感度電流 30mA 以下，動作時間 0.1 秒以下）を施設すること．（ダクトに簡易接触防護措置を施す場合は省略できる．）

[練習問題]（解答・解説は 179 ページ）

がいし引き工事

問　　　い	答　　　え
1　300V 以下のがいし引き屋内配線を造営材の側面に沿って取り付ける場合，支持点間の距離の最大値〔m〕は.	イ．1　　　　ロ．2　　　　ハ．3　　　　ニ．4
2　がいし引き工事による低圧屋内配線で誤っているものは.	イ．点検口がある天井裏に配線する. ロ．電線と造営材の離隔距離を 2cm とする. ハ．電線相互の間隔を 6cm とする. ニ．造営材側面における支持点間の距離を 1.5m とする.
3　300V を超える，がいし引き工事による低圧屋内配線において，電線と造営材との離隔距離の最小値〔cm〕は.	イ．0.5　　　　ロ．2.5　　　　ハ．4.5　　　　ニ．5.0

ライティングダクト工事

問　　　い	答　　　え
4　低圧屋内配線工事における，ライティングダクトを用いた工事の施設場所と電圧の区分の組合せで，適切なものは.	イ．展開した場所あって，乾燥した場所の使用電圧 400V の分岐回路. ロ．展開した場所あって，湿気の多い場所の対地電圧 150V 以下の分岐回路. ハ．点検できる隠ぺい場所であって，湿気の多い場所の対地電圧 150V 以下の分岐回路. ニ．点検できる隠ぺい場所であって，乾燥した場所の使用電圧 200V の分岐回路.
5　ライティングダクト工事の施工に関する記述で，不適切なものは.	イ．ダクトの開口部を下に向けて施設した. ロ．ダクトの終端部を閉そくして施設した. ハ．ダクトの支持点間の距離を 2m とした. ニ．ダクトは造営材を貫通して施設した.
6　ライティングダクトに施す接地工事に関する記述で，不適切なものは.	イ．使用電圧 200V（対地電圧 150V 以下）の分岐回路に用いるダクトの接地端子に D 種接地工事を施した. ロ．使用電圧 200V（対地電圧 150V 以下）の分岐回路に用いたダクトの全長が 4m なので，D 種接地工事を省略した. ハ．使用するダクトの金属製部分を合成樹脂で被覆したダクトを使用したので，D 種接地工事を省略した. ニ．使用電圧 200V の分岐回路に用いたダクトの全長が 8m なので，D 種接地工事を省略した.

1 金属管工事に使う電線や金属管は.
2 配管の方法は.

― **スタディポイント**　金属管工事（電技解釈第159条）―――

　金属管工事は，いずれの場所にも施設できる最も適用範囲の広い工事方法である.

　メタルラス，ワイヤラスまたはトタン板などの造営材に配管するときや貫通するときは，漏電による火災や感電事故を防ぐために，管とこれら金属性のものとは電気的に完全に絶縁させなければならない. また湿気のある場所の配管は，管が腐食しないような方法で施工しなければならない.

1　電　線：絶縁電線. 原則としてより線，直径3.2mm以下は単線でもよい. 金属管内では，電線を接続しない. 1回路の電線をすべて同一管内に収める.

2　使用金属管：管の厚さはコンクリートに埋込むものは1.2mm以上，日本壁やしっくい壁に埋込むときは1.0mm以上. 金属管に収める電線は，管に屈曲がなく，容易に引き入れ等ができて，電線が同一太さで断面積が8mm²以下の場合は，金属管の内部断面積の48%以下とし，異なる太さの電線を収める場合は，32%以下とする.

3　配　管

(a)　管相互の接続は必ずカップリングにより行い，電気的にも完全に接続する.

(b)　金属管の支持は原則としてサドルまたはハンガーなどを用い，支持点間は2m以下とすることが望ましい.

(c)　さび，または腐食の生ずるおそれのある部分は，防錆塗料その他で保護する.

(d)　接続点の電気抵抗を少なくするために，接続部を越えてボンド接続を施す.

(e)　湿気の多い場所，水気のある場所に施設する場合は防湿装置を施す.

(f)　コンクリートスラブ内の埋込配管に使用する金属管の外径は，スラブの厚さの1/3以内とすることが望ましい.

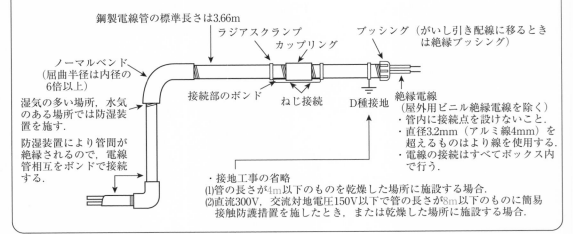

薄鋼電線管の太さの選定

同一太さの絶縁電線を同一管内に収める場合の金属管の太さは次による. (内線規程 3110-3 表)

電線太さ		電線本数				
単線	より線	1	2	3	4	5
(mm)	(mm²)	電線管の最小太さ (管の呼び方)				
1.6		19	19	19	25	25
2.0		19	19	19	25	25
2.6	5.5	19	19	25	25	25
3.2	8	19	25	25	31	31

[練習問題] (解答・解説は179ページ)

	問 い	答 え
1	三相3線式200〔V〕屋内配線を金属管工事で施工した.適切なものは.	イ. 厚さ1〔mm〕の管をコンクリートに埋め込んだ. ロ. 金属管工事からがいし引き工事に移る部分の管の端口に絶縁ブッシングを使用した. ハ. 管の曲げ半径を管の内径の3倍にして曲げた. ニ. 乾燥した場所に管の長さが10〔m〕のものを施設し,D種接地工事を省略した.
2	金属管工事による配線が不適切な場合は.	イ. 重量物の圧力が直接加わる場所の埋込配線 ロ. 木造家屋の引込口屋側部分の配線 ハ. 鉄工所等で機械的衝撃を受けるおそれのある場所の露出配線 ニ. 塗装工場等の引火性溶剤を使用する場所の露出配線
3	木造住宅の低圧屋内配線を金属管工事で施工する場合,不適切なものは.	イ. メタルラスと金属管を電気的に接続しないように施設する. ロ. 直径2.6〔mm〕の屋外用ビニル絶縁電線を使用する. ハ. 直径1.6〔mm〕の600Vビニル絶縁電線を使用する. ニ. アウトレットボックス内で電線相互をリングスリーブを用いて圧着接続をする.
4	単相3線式100/200〔V〕屋内配線の金属管工事の施工方法で,適切なものは.	イ. 600Vビニル絶縁電線8〔mm²〕3本を外径25〔mm〕,長さ5〔m〕の金属管に通線した. ロ. 電線の接続部分を圧着接続とし,十分にテープ巻きをして,金属管に収めた. ハ. 木造建物で金属板張りの壁面に金属管を直接取り付け,C種接地工事を施した. ニ. 600Vビニル絶縁電線 (銅導体) 4.0〔mm〕3本を外径25〔mm〕,長さ5〔m〕の金属管に通線した.
5	三相200〔V〕電動機回路の施工方法で,不適切なものは.	イ. 金属管工事に屋外用ビニル絶縁電線を使用した. ロ. 造営材に沿って取り付けたビニルシースケーブルの支持点間の距離を2〔m〕以下とした. ハ. 乾燥した場所の金属管工事で,管の長さが3〔m〕なので金属管のD種接地工事を省略した. ニ. 可とう電線管工事に600Vビニル絶縁電線を使用した.
6	ボックス間の距離が20〔m〕の金属管工事で断面積5.5〔mm²〕の600Vビニル絶縁電線4本を引き入れる場合,薄鋼電線管の最小太さ〔mm〕は.	イ. 19 ロ. 25 ハ. 31 ニ. 39

金属ダクト工事・金属線ぴ工事　施工法　4

1 金属ダクト工事とは，その施工方法は．
2 金属線ぴ工事とは，その施工方法は．

--- **スタディポイント　金属ダクト工事**（電技解釈第162条）---

　亜鉛めっきをしたとい（ダクト）に電線を収めて，展開または点検できる隠ぺい箇所の乾燥した場所に用いる．

1　電　線：絶縁電線（屋外用ビニル絶縁電線を除く）で，ダクトに収める電線の断面積の総和は，ダクト内部断面積の20%以下とする．

　　　ダクト内では，電線を接続しないこと．ただし，電線を分岐し，その接続点が容易に点検できる場合は接続してもよい．

2　金属ダクト：幅が5cmを超え，かつ厚さが1.2mm以上の鉄板で製作し，亜鉛めっきか，エナメルで塗装したもの．

3　施設方法：ダクト相互およびダクトと金属管または可とう電線管とは電気的にも完全に接続する．ダクトの終端はふたをし，塵あいなどが侵入しないようにする．

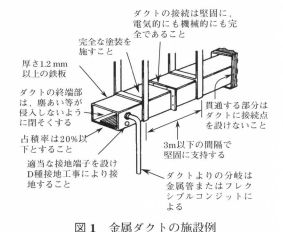

ダクトの接続は堅固に，電気的にも機械的にも完全であること

完全な塗装を施すこと

厚さ1.2mm以上の鉄板

ダクトの終端部は，塵あい等が侵入しないように閉そくする

占積率は20%以下とすること

適当な接地端子を設けD種接地工事により接地すること

貫通する部分はダクトに接続点を設けないこと

3m以下の間隔で堅固に支持する

ダクトよりの分岐は金属管またはフレクシブルコンジットによる

図1　金属ダクトの施設例

金属管

絶縁ブッシング

コンビネーションコネクタ

接続後は，ふたをかぶせる．

図2　金属線ぴの施工例

--- **スタディポイント　金属線ぴ工事**（電技解釈第161条）---

　亜鉛めっきを施した鋼板製の身（ベース）とふた（カバー）を使って，300V以下の配線を展開または隠ぺいした所の乾燥した場所に用いる．

1　電　線：絶縁電線（屋外用ビニル絶縁電線を除く）

2　金属線ぴ：電気用品安全法の適用をうける金属製のもの，または黄銅もしくは銅製で内面をなめらかにしたものであること．黄銅製または銅製の線ぴでは，幅が5cm以下，厚さが0.5mm以上のものでなければならない．

3　接地工事の省略：金属管工事と同じである．

[練習問題]（解答・解説は 179 〜 180 ページ）

金属ダクト工事

問　い	答　え
1	低圧屋内配線において，湿気の多い場所で行ってはならない工事は．	イ．がいし引き露出工事 ロ．金属管工事 ハ．ケーブル工事 ニ．金属ダクト工事
2	金属ダクト内に収める電線の断面積（絶縁被覆を含む）の総和は，ダクト内部断面積の何〔％〕以下か．	イ．20　　　ロ．30　　　ハ．40　　　ニ．50
3	金属ダクト工事においては，ダクトを造営材に取り付ける場合の支持点間の距離の限度は．	イ．1m 以下 ロ．1.5m 以下 ハ．2m 以下 ニ．3m 以下
4	低圧屋内配線の工事方法として，適切なものは．	イ．可とう電線管工事で，電線により線を用いて，接続部分に十分な絶縁被覆を施して，管内に接続部分を収めた． ロ．合成樹脂管工事で，通線が容易なようにして，接続部分に十分な絶縁被覆を施して，管内に接続部分を収めた． ハ．金属管工事で，管の太さに余裕があるので，接続部分に十分な絶縁被覆を施して管内に接続部分を収めた． ニ．金属ダクト工事で，電線を分岐する場合，接続部分に十分な絶縁被覆を施し，かつ，接続部分を容易に点検できるようにしてダクト内に収めた．
5	金属ダクト工事による屋内配線を検査したところ，次のような施工箇所があった．正しくないものは．	イ．ダクトの鉄板の厚さが 1.6mm あった． ロ．ダクト内の点検困難な箇所で電線を接続してあった． ハ．ダクトは造営材に 2.5m ごとに支持してあった． ニ．電線は 27 本で，その断面積の総和はダクト内部断面積の約 15％であった．

金属線ぴ工事

問　い	答　え
6	金属線ぴ工事に用いる，黄銅製または銅製の線ぴの最小厚さ〔mm〕は．	イ．0.3　　　ロ．0.4　　　ハ．0.5　　　ニ．0.6
7	屋内配線を調査したところ，金属線ぴ工事で D 種接地工事を省略してあった．正しくないものは．	イ．展開し乾燥した場所で 100V 配線が施設された金属線ぴの長さ 7m． ロ．点検できる乾燥した隠ぺい場所で 100V 配線が施設された金属線ぴの長さ 3.5m． ハ．展開し乾燥した場所で 200V 配線が施設された金属線ぴの長さ 5m． ニ．点検できる乾燥した隠ぺい場所で 200V 配線が施設された金属線ぴの長さ 3m．

1 ケーブル工事の施設方法は.
2 地中電線路の施設方法は.

--- スタディポイント　*ケーブル工事*（*電技解釈第164条*） ---

　ビニルシースケーブル，ポリエチレンシースケーブルおよびクロロプレンシースケーブルなどの低圧用ケーブルを用い，展開または隠ぺいした場所の乾燥，湿気，水気のある所などすべての場所に用いられる工事方法である．

屋内配線工事

(1)　重量物の圧力等を受けるおそれがある箇所に施設する場合は，ケーブルに防護装置を設ける（金属管・ガス鉄管などに収める）.

(2)　ケーブルの支持点間の距離

ケーブルの種類	キャブタイヤケーブル	ケーブル	
支持点間の距離	1 m 以下	一般の場合	接触防護措置を施した場所で垂直に取り付ける場合
		2 m 以下	6 m 以下

　一般の場合は，造営材の下面または側面に沿って取り付ける場合である．

(3)　電話線，水管，ガス管等とは，直接接触しないようにする．（電技解釈第167条）

(4)　ケーブル被覆を損傷させないように，曲げ半径をケーブル外径の6倍以上にする.

(5)　コンクリートに直接埋込まない.

(6)　コンクリートに埋設する場合は，MI ケーブルまたはコンクリート直埋用ケーブルを使用し，コンクリート内では電線に接続点を設けない.

--- スタディポイント　*地中電線路の施設* ---

(1)　電線にケーブルを使用し，直接埋設式，暗きょ式，管路式などにより施設する.
　使用できるケーブルの種類は，
　　　・600V 架橋ポリエチレン絶縁ビニルシースケーブル（記号：CV）
　　　・600V ビニル絶縁ビニルシースケーブル平形（記号：VVF）
　　　・600V ビニル絶縁ビニルシースケーブル丸形（記号：VVR）
　などである.

(2)　直接埋設式により施設する場合は，コンクリート製の堅ろうな管またはトラフに収めて図1のように施設する.
　　また，防護管として，
　　　・波付硬質合成樹脂管（記号：FEP）
　　　・硬質ポリ塩化ビニル電線管（記号：VE）
　　　・耐衝撃性硬質ポリ塩化ビニル電線管（記号：HIVE）
　などが使用できる.

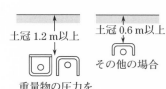

土冠 1.2 m以上　　土冠 0.6 m以上
　　　　　　　　その他の場合
重量物の圧力を
受ける場合

図1　直接埋設式の施設方法

[練習問題] （解答・解説は 180 ページ）

問い	答え
1　低圧屋内配線工事で，ビニルシースケーブルを直接施設してはならない場所は．ただし，臨時配線を除く．	イ．木造家屋の床下　　　　ロ．木造家屋の土壁の中 ハ．モルタル壁の屋側部分　ニ．コンクリートの壁の中
2　600V ビニルシースケーブルを造営材の側面に沿って水平方向に取り付ける場合の支持点間の最大距離〔m〕は．	イ．1.0　　ロ．1.5　　ハ．2.0　　ニ．2.5
3　600V ビニルシースケーブルを造営材の下面に沿って取り付ける場合，ケーブルの支持点間の距離の最大値〔m〕は．	イ．1.5　　ロ．2　　ハ．3　　ニ．6
4　600V ビニル絶縁ビニルシースケーブル丸形（VVR）を接触防護措置を施した場所において垂直に取り付ける場合，電線の支持点間の距離〔m〕の最大値は．	イ．1.5　　ロ．2　　ハ．3　　ニ．6
5　600V ビニルシースケーブルを用いた工事で，正しいものは．	イ．接触防護措置を施した場所で，造営材の側面に沿って垂直に取り付け，その支持点間の距離を 6〔m〕とした． ロ．丸形ケーブルを，屈曲部の内側の半径をケーブル外径の 3 倍にして曲げた． ハ．建物のコンクリート壁の中に直接埋設した（臨時配線工事の場合を除く．）． ニ．電話用弱電流電線と同一の合成樹脂管に収めた．
6　車両等重量物の圧力を受けるおそれがない場所の地中電線路において，CV ケーブルを堅ろうなトラフを用いた直接埋設式により施設する場合の最小土冠〔m〕は．	イ．0.3　　ロ．0.6　　ハ．0.9　　ニ．1.2
7　ケーブル工事による低圧屋内配線で，ケーブルと水道管とが接近する場合，電気設備技術基準とその解釈に定める制限で，正しいものは．	イ．接触しないように施設しなければならない． ロ．接触してもよい． ハ．6cm 以上離さなければならない． ニ．12cm 以上離さなければならない．

1 合成樹脂管工事の施設方法は.

スタディポイント　合成樹脂管工事（電技解釈第158条）

　合成樹脂製の電線管を用いて配線を行う工事で，金属管と同じように展開または隠ぺいした場所の乾燥，湿気，水気のある場所などすべての場所に用いられる.

　合成樹脂管工事は金属管に比べて著しい機械的衝撃や熱に対して劣るが，薬品や油などに対して腐食されず，また電気的絶縁にもすぐれている.

(1) 電線：絶縁電線のより線. 短小な合成樹脂管に収めるもの，または直径3.2 mm以下のものは単線でよい. 管内で電線を接続しない.

(2) 合成樹脂管の接続：管相互および管とボックスとは，管の差し込み深さを管の外径の1.2倍（接着剤を使用する場合は，0.8倍）以上とする.

(3) 管の支持点間の距離：1.5 m以下

(4) 管の屈曲：屈曲部の半径は，管の内径の6倍以上

(5) D種接地工事は必要ない.

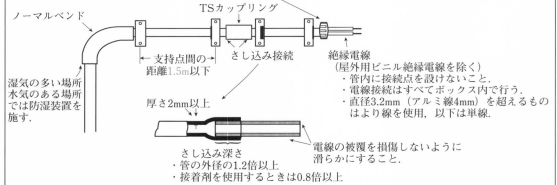

(6) 合成樹脂管を金属ボックスに接続して使用する場合は，ボックスにD種接地工事を施すこと.

　・D種接地工事を省略できる場合

　　①乾燥した場所に施設する場合

　　②交流耐地電圧150V以下で簡易接触防護措置を施すとき

　　使用電圧が300Vを超える場合，C種接地工事を施す. ただし，接触防護措置を施した場合，D種接地工事でよい.

(7) CD管は直接コンクリートに埋め込んで施設すること.

(8) 合成樹脂可とう管相互，CD管相互，及び合成樹脂可とう管とCD管とは直接接続しないこと.（ボックス又はカップリングを使用する，ただし硬質ポリ塩化ビニル電線管相互の接続は除く）

[練習問題]（解答・解説は 180 ページ）
合成樹脂管工事

	問　　い	答　　え
1	合成樹脂管と金属管とを比較した場合の，合成樹脂管の記述で正しいものは．	イ．絶縁性が劣る．　　　　　　ロ．耐腐しょく性が劣る． ハ．機械的強度が低い　　　　　ニ．耐熱性に優れている．
2	合成樹脂管工事が施工できない場所は．	イ．一般住宅の露出場所 ロ．広告灯に至る屋側配線 ハ．事務所内の点検できない隠ぺい場所 ニ．爆燃性粉じんの多い場所
3	合成樹脂管工事による施工方法で，不適切なものは．	イ．合成樹脂製可とう電線管に 600V ビニル絶縁電線（より線）を通線した． ロ．硬質ポリ塩化ビニル電線管相互の接続に接着剤を使用し，管の差し込み深さを外径の 1 倍とした． ハ．硬質ポリ塩化ビニル電線管の支持点間の距離を 1.2〔m〕とした． ニ．合成樹脂製可とう電線管相互の接続において，一方を加熱し他方を差し込んだ．
4	硬質ポリ塩化ビニル電線管による合成樹脂管工事で,不適切なものは．	イ．管相互及び管とボックスとの接続で，接着剤を使用したので管の差し込み深さを管の外径の 0.5 倍とした． ロ．管の直線部分はサドルを使用し，1〔m〕間隔で支持した． ハ．三相 200〔V〕配線で，簡易接触防護措置を施した場所に施設した管と接続する金属製プルボックスに，D 種接地工事を施した． ニ．湿気の多い場所に施設した管とボックスとの接続箇所に，防湿装置を施した．
5	合成樹脂管工事において，接着剤を用いないで，管相互を接続する場合，差し込み深さの最低は管の外径の何倍か．	イ．0.8　　　ロ．1.2　　　ハ．1.6　　　ニ．2.0
6	合成樹脂管を曲げる場合，屈曲部の内側半径の最小値は管の内径の．	イ．4 倍　　　ロ．6 倍　　　ハ．8 倍　　　ニ．10 倍

1 電線の種類と接続できる条件は.
2 支持材料と施工法, 接地工事の種類は.

― スタディポイント *使用できる電線* ―

それぞれの工事で使用できる電線について下の表にまとめておく.

工事種別	がいし引き工事	合成樹脂管工事	金属管工事	可とう電線管工事	金属線ぴ工事	フロアダクト工事	金属ダクト工事
電線の種類での制限	引き込み用（DV線）を除く	←――――― 屋外用絶縁電線（OW線）を除く絶縁電線を使用する. ―――――→					
心線　原則		←――― より線を使用する ―――→					
心線　例外		←― 管が短小の時または直径3.2mm以下は単線（アルミなら4.0mm以下）でもよい. ―→					
接続		←――― 管やダクト内で電線の接続点を設けないこと ―――→			←―― 例外あり ――→		

電線を配線するには, 色々な支持材料を用いる. これらの規格や, 支持点間の距離をはっきり覚えておこう.

― スタディポイント *支持工法と接地工事* ―

工事名（関係条文）	解　説		接地工事の必要性	
			D種	C種
がいし引き工事（電技解釈第157条）	造営材との離隔距離 2.5 cm以上（300 V以下）, 4.5 cm以上（300 Vを超える） ―2 [m] 以下― 300 Vを超え, 造営材の上面, 側面以外の時は6 m以下	支持材料は絶縁性, 難燃性, 耐水性のもの. 電線相互間は6cm以上とする.	―	―
合成樹脂管工事（電技解釈第158条）	カップリング（1号から4号まである）ノーマルベンド ブッシング 管の端口には電線の被覆を損傷しないようなブッシングを使用する.	支持点間は1.5m以下.	―	―
金属管工事（電技解釈第159条）	曲げる時は, 管の内径を d とすると, 曲げ半径 r は d の6倍以上 $r \geq 6d$	管厚 1.2mm 以上（コンクリート埋め込みでなければ1mm以上で可）特に規定はないが露出工事では2m以下で支持.	○ 省略規定あり	○ D種に緩和規定あり
ケーブル工事（電技解釈第164条）	重量物の圧力, 著しい機械的衝撃を受けるおそれのある所では適当な防護装置を設ける.	下面または側面では2m以下. キャブタイヤケーブルでは1m以下ごとに支持.	―	―
金属ダクト工事（電技解釈第162条）	支持点間3 m以下 電線はダクト内部断面積の20 %以下 引き出し部: 金属管または可とう電線管	板厚1.2mm以上, 幅 5cmを超える. 支持点間3m以下.	○	○ D種に緩和規定あり

[練習問題]（解答・解説は 180 〜 181 ページ）

問　い	答　え
1	100〔V〕の低圧屋内配線工事で，不適切なものは．	イ．ケーブル工事で，ビニルシースケーブルとガス管が接触しないように施設した． ロ．フロアダクト工事で，ダクトの短小な部分のD種接地工事を省略した． ハ．金属管工事で，ワイヤラス張りの貫通箇所のワイヤラスを十分に切り開き，貫通部分の金属管を合成樹脂管に収めた． ニ．合成樹脂管工事で，その管の支持点間の距離を 1.5〔m〕とした．
2	簡易接触防護措置を施していない屋内の乾燥した場所に施設するもので，D種接地工事を省略できないものは．	イ．三相 200〔V〕のルームクーラの金属製外箱 ロ．単相 100〔V〕の電動機の鉄台 ハ．三相 200〔V〕の金属管工事で施設した長さ 3〔m〕の金属管 ニ．単相 100〔V〕の金属線ぴ工事で施設した長さ 6〔m〕の1種金属製線ぴ
3	金属管工事で金属管のD種接地工事を省略できるものは．	イ．乾燥した場所の 100〔V〕の配線で，管の長さが 6〔m〕のもの． ロ．湿気のある場所の三相 200〔V〕の配線で，管の長さが 6〔m〕のもの． ハ．乾燥した場所の 400〔V〕の配線で，管の長さが 6〔m〕のもの． ニ．湿気のある場所の 100〔V〕の配線で，管の長さが 10〔m〕のもの．
4	乾燥した場所に施設する交流対地電圧 200〔V〕の金属管工事で，接地工事が省略できる管の長さの最大値〔m〕は．	イ．2　　　　ロ．4　　　　ハ．6　　　　ニ．8
5	木造のワイヤラス張りの壁を貫通する部分の可とう電線管工事で正しいものは．	イ．ワイヤラスと 2種金属製可とう電線管を電気的に完全に接続し，C種接地工事を施した． ロ．ワイヤラスと 2種金属製可とう電線管を電気的に完全に接続し，D種接地工事を施した． ハ．ワイヤラスを十分に切り開き，2種金属製可とう電線管を合成樹脂管に収めて電気的に絶縁し，施工した． ニ．ワイヤラスを十分に切り開き，2種金属製可とう電線管を金属管に収めて保護し，施工した．
6	低圧屋内配線を点検したところ次のような箇所があった．施工方法で正しくないものは．	イ．合成樹脂管工事で OW 電線が挿入されている． ロ．金属管と電話線の相互の離隔距離が 3〔cm〕であった． ハ．三相 200〔V〕ルームクーラを窓枠に取り付け，その本体のケースに D種接地工事がしてあった． ニ．合成樹脂管工事で支持点間の距離が 1.5〔m〕であった．

1 電線接続の基本必要条件を４つあげよ.

― **スタディポイント**　*電線接続の４条件*―――――

1　電線の電気抵抗を増加させない.

単線の直線接続（ツイストジョイント）　　　　　　　　　　単線の分岐接続

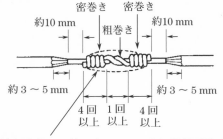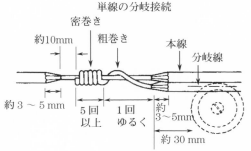

接続部分をろう付けすることにより接触面積が大きくなり，電気抵抗の増加をカバーすることができる.

2　電線の引張り強さを 20 ％以上減少させない.

3　接続部分は接続管その他の器具を使用するか，ろう付けをする.

S形スリーブによる直線接続　　　　　　　　S形スリーブによる分岐接続

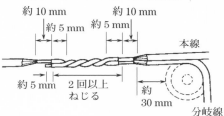

4　接続部分は絶縁電線の絶縁物と同等以上の絶縁効力のある接続器具（差込形コネクタ，ねじ込み形コネクタ）を使用するか，同等以上の絶縁効力のあるもの（絶縁テープなど）で十分に被覆する.

絶縁テープによる低圧絶縁電線の被覆方法

絶縁テープの種類	絶縁テープの巻き方
ビニルテープ（厚さ約 0.2 mm）	半幅以上重ねて 2 回以上（4 層以上）巻く
黒色粘着性ポリエチレン絶縁テープ（厚さ約 0.5 mm）	半幅以上重ねて 1 回以上（2 層以上）巻く
自己融着性絶縁テープ（厚さ約 0.5 mm）	半幅以上重ねて 1 回以上（2 層以上）巻き，その上に保護テープ（厚さ約 0.2 mm）を半幅以上重ねて 1 回以上（2 層以上）巻く

＊巻き回数は上記を最低として電線の太さに応じて増加する.また，差込形コネクタ，ねじ込み形コネクタは絶縁テープを巻かなくてよい.

― **スタディポイント**　*コードとケーブルの接続*―――

コードやキャブタイヤケーブル相互を接続する場合は原則としてコード接続器，接続箱を使用する.ケーブル相互の接続は原則として接続箱（ジョイントボックス，アウトレットボックスなど）を使用する.断面積 8〔mm²〕以上のキャブタイヤケーブル相互は直接接続（ろう付け，スリーブ）してもよい.

[練習問題]（解答・解説は 181 ページ）

	問　　い	答　　え
1	電線の接続方法で正しいものは.	イ．電線の電気抵抗は増加しなかったが，電線の引張り強さは 15〔%〕減少した. ロ．電線の電気抵抗は 5〔%〕増加したが，電線の引張り強さは減少しなかった. ハ．コード相互を直接接続し，ろう付けしてテープ巻きをした. ニ．断面積 5.5〔mm²〕のキャブタイヤケーブル相互を直接接続し，ろう付けしてテープ巻きをした.
2	屋内の配線で張力のかかる電線相互の接続方法で正しいものは.	イ．銅管端子を使用し，ボルトナットで締め付ける. ロ．終端重ね合せ用リングスリーブを使用し，圧着する. ハ．S 形スリーブを使用し，ひねり合わせる. ニ．ねじ込み形コネクタを使用し，堅固にひねる.
3	金属管工事のジョイントボックス内で電線を接続する材料として，適切なものは.	イ．インサートキャップ　　ロ．差込形コネクタ ハ．パイラック　　　　　　ニ．カールプラグ
4	電線の接続方法についての記述で，不適切なものは. ただし，接続部分は十分にテープ巻きするものとする.	イ．ビニル絶縁電線とビニルコードを直接接続し，ろう付けした. ロ．電線の引張り強さを 20〔%〕以上減少させないように，電線相互を接続した. ハ．直径 2.6〔mm〕のビニル絶縁電線相互をスリーブで接続した. ニ．断面積 5.5〔mm²〕のキャブタイヤケーブル相互を直接接続し，ろう付けした.
5	電線を接続するとき接続器類を使用しなければならないものは.	イ．コード相互 ロ．断面積 8〔mm²〕のキャブタイヤケーブル相互 ハ．絶縁電線とケーブル ニ．絶縁電線とコード
6	使用電圧が 100〔V〕の屋内配線において，電線（銅導体）の接続方法で不適切なものは.	イ．ビニルコード相互をねじり接続し，ろう付けした. ロ．ビニル絶縁電線とビニルシースケーブルを圧着スリーブを用いて接続し，ろう付けしなかった. ハ．ビニルシースケーブル相互をねじり接続し，ろう付けした. ニ．ビニル絶縁電線相互を巻き付け接続し，ろう付けした.
7	電線の接続にコード接続器，接続箱などの器具を使用しなくてもよい場合は.	イ．5.5〔mm²〕3 心 600V ゴムキャブタイヤケーブル相互 ロ．3.5〔mm²〕3 心 600V ビニルキャブタイヤケーブル相互 ハ．0.75〔mm²〕2 心ゴム絶縁よりコード相互 ニ．14〔mm²〕3 心 600V ビニル絶縁ビニルシースケーブル相互
8	600 V ビニル絶縁ビニルシースケーブル平形 1.6 mm を使用した低圧屋内配線工事で，絶縁電線相互の終端接続部分の絶縁処理として，不適切なものは. ただし，ビニルテープは JIS に定める厚さ約 0.2 mm の電気絶縁用ポリ塩化ビニル粘着テープとする.	イ．リングスリーブ（E 形）により接続し，接続部分をビニルテープで半幅以上重ねて 3 回（6 層）巻いた. ロ．リングスリーブ（E 形）により接続し，接続部分を黒色粘着性ポリエチレン絶縁テープ（厚さ約 0.5 mm）で半幅以上重ねて 3 回（6 層）巻いた. ハ．リングスリーブ（E 形）により接続し，接続部分を自己融着性絶縁テープ（厚さ約 0.5 mm）で半幅以上重ねて 1 回（2 層）巻いた. ニ．差込形コネクタにより接続し，接続部分をビニルテープで巻かなかった.

1 三相 200V 電動機，ルームエアコン回路の工事は.
2 低圧電動機の保護装置が省略できる場合は.

スタディポイント　*屋内電路の対地電圧の制限*

　住宅の屋内電路の対地電圧は，150V 以下であるが，定格消費電力が 2kW 以上の電気機械器具（三相 200V 電気器具など）を次のように施設する場合は，対地電圧を 300V 以下とすることができる.（電技解釈第 143 条）

(1) 専用の回路で，使用電圧は 300V 以下であること.

(2) 屋内配線，電気機械器具には簡易接触防護措置を施すこと.

(3) 電気機械器具は，屋内配線と直接接続して施設すること.

(4) 電気機械器具に電気を供給する電路には，専用の開閉器及び過電流遮断器を施設すること.（専用の過電流遮断器に配線用遮断器を用いる場合，専用の開閉器を施設しなくてもよい.）

(5) 電路に地絡が生じたときに自動的に電路を遮断する装置（漏電遮断器）を施設すること.

(6) 電動機の金属製外箱や鉄台には D 種接地工事を施すこと.接地線は引張り強さ 0.39kN 以上の金属線または直径 1.6mm 以上の軟銅線.（電技解釈第 17 条, 第 29 条）

スタディポイント　*低圧電動機の過負荷保護装置*（省令第 65 条, 電技解釈第 153 条）

1　定格出力が 0.2kW を超える電動機には，電動機を焼損させるような過電流が流れた場合は，短時間にこれを自動的に阻止する装置，または警報装置を付けなければならない.

過負荷保護装置
- ① 電磁開閉器（誘導形，サーマル形，バイメタル形，サーミスタ形のリレーと電磁接触器とを組み合わせたもの）
- ② 電動機用ヒューズ（タイムラグヒューズ）
- ③ 電動機用配線用遮断器

2　保護装置を省略できる場合は，

(1) 取扱者が常時電動機の近くにいて，電動機に異常状態が発生すればすぐ適切な処置が取れる場合.

(2) 電動機の構造上または負荷の性質上，電動機の巻線に焼損するおそれがあるような過電流が流れるおそれがない場合.

(3) 15A（配線用遮断器の場合は，20A）の過電流遮断器で保護されている回路に施設される単相電動機.

[練習問題]（解答・解説は 181 ～ 182 ページ）

屋内電路の対地電圧の制限

問　い	答　え
1　住宅の屋内に三相3線式200〔V〕用冷房機を施設した．適切な工事方法は． 　ただし，配線には接触防護措置を施した隠ぺい工事とする．	イ．定格消費電力が2.5〔kW〕の冷房機に供給する電路に専用の過電流遮断器を取り付け，合成樹脂管工事で配線し，コンセントを使用して機器と接続した． ロ．定格消費電力が2.5〔kW〕の冷房機に供給する電路に，専用の漏電遮断器を取り付け，がいし引き工事で配線し，機器と直接接続した． ハ．定格消費電力が2.5〔kW〕の冷房機に供給する電路に，専用の過電流遮断器を取り付け，金属管工事で配線し，コンセントを使用して機器と接続した． ニ．定格消費電力が2.5〔kW〕の冷房機に供給する電路に，専用の漏電遮断器と過電流遮断器を取り付け，ケーブル工事で配線し，機器と直接接続した．
2　住宅に三相200〔V〕，2.7〔kW〕のルームエアコンを施設する屋内配線工事の方法で誤っているものは．	イ．電線には簡易接触防護措置を施す． ロ．電路には専用の配線用遮断器を取り付ける． ハ．電路には漏電遮断器を取り付ける． ニ．ルームエアコンと屋内配線との接続にコンセントを用いる．

過負荷保護装置

問　い	答　え
3　屋内の乾燥した木製の床に施設する2.2〔kW〕の三相誘導電動機の配線工事で省略できないものは． 　ただし，三相誘導電動機は，焼損のおそれがあり，かつ，運転中監視できないものとする．	イ．接地線 ロ．始動装置 ハ．漏電遮断器 ニ．過負荷保護装置
4　低圧電動機を屋内に施設するときの施工方法で，過負荷保護装置を省略できない場合は． 　ただし，過負荷に対する警報装置は設置してないものとする．	イ．電動機を運転中，常時取扱者が監視できる場合 ロ．電源側電路に定格15〔A〕の過電流遮断器が設置されている電路に単相電動機を施設する場合 ハ．三相誘導電動機の定格出力が0.75〔kW〕の場合 ニ．電動機の負荷の性質上，過負荷となるおそれがない場合
5　屋内に施設する三相誘導電動機で取扱者が監視しない場合，この電動機が焼損するおそれがある過電流を生じたときに自動的にこれを阻止し，又は，これを警報する装置を設けなくてもよい電動機の定格出力の最大値〔kW〕は．	イ．0.2　　　ロ．0.5　　　ハ．0.75　　　ニ．1.0
6　屋内に施設する低圧電動機の過負荷保護装置を省略できる条件として誤っているものは． 　ただし，電動機の定格出力は，0.2〔kW〕を超えるもので，過負荷の警報装置はないものとする．	イ．電動機を耐火性のもので覆った場合 ロ．運転中常時取扱者が監視できる位置に施設する場合． ハ．電動機の負荷の性質上，過負荷となるおそれがない場合． ニ．単相電動機で電源側の配線用遮断器が20〔A〕以下の場合．

特殊な場所での工事

Q 1 爆発などの危険性のある場所の工事方法は.

特　殊　な　場　所	工　事　種　別　そ　の　他
① **爆燃性粉塵のある場所**（電技解釈第175条） 爆発のおそれがある　着火のおそれがある Mg，Alの粉塵　　　火薬類の粉末	金属管工事 ・薄鋼電線管またはこれと同等以上の強度のもの ・ボックス内は摩耗，腐食等の損傷を受けないようパッキングを用いること. ・管相互およびボックス内や機械器具などの接続は5山以上ねじり合わせるか，同等以上の効力ある方法を用いる. ケーブル工事 ・キャブタイヤケーブルを除く.
② **可燃性ガスのある場所**（電技解釈第176条） 　引火性物質の蒸気ガス	
③ **可燃性粉塵のある場所**（電技解釈第175条） 　小麦粉・でん粉・石炭などの粉塵が空気中に浮遊	金属管工事 ケーブル工事 ・外装を有するケーブル，またはMIケーブル以外は管その他の防護装置に収めて施設する. ・パッキングなどを用いて粉塵を防ぐ. ・電気機械器具の引込口で電線が損傷することのないよう施設する.
④ **危険物などのある場所**（電技解釈第177条） （セルロイド，マッチ，石油類など）火薬類の製造または存在する場所（火薬庫を除く） 花火　　火薬製造	合成樹脂管工事 ・電動機に接続する可とう性を必要とする部分の配線には，粉塵防爆形フレクシブルフィッチングを使用. ・管と機械器具とは同じ差込接続とする.
⑤ **粉塵の多い場所**（爆燃性粉塵，可燃性粉塵のある場所を除く）（電技解釈第175条） 　綿ぼこり	がいし引き工事　　　金属可とう電線管工事 合成樹脂管工事　　　金属ダクト工事 金属管工事　　　　　バスダクト工事（換気形を除く） ケーブル工事
⑥ **腐食性のガス，腐食性の溶液の発散する場所**（電技省令第70条） 製造工場 　酸類（HCl，H₂SO₄など） 　アルカリ類（NaOHなど）塩素酸カリ 　さらし粉 　塗料もしくは人造肥料 　銅，亜鉛などの製錬所，めっき工場	・場所により施工法を選ばなければならないが，腐食性ガスの発散する場所ではケーブル工事（クロロプレン外装），合成樹脂管工事などがよい. ・電気工作物は腐食性のガスまたは溶液によって侵されないように適当な塗料を施すか，または適当な予防方法を施すこと.
⑦ **火薬庫**（電技解釈第178条） 　火薬庫	・原則として施設できない. 照明器具に電気を供給する場合，金属管工事，ケーブル工事（キャブタイヤケーブルを除く），対地電圧150V以下

	問　い	答　え
1	可燃性粉塵の多い場所における低圧屋内配線工事の種類で，誤っているものは．	イ．金属線ぴ工事　　　ロ．金属管工事 ハ．合成樹脂管工事　　　ニ．ケーブル工事
2	可燃性ガスが滞留するおそれのある場所の低圧屋内電気工作物について誤っているものは．	イ．電気機械器具は防爆性能を有するものとする． ロ．電線管又はダクトを通じてガスが他の場所に漏れないようにする． ハ．白熱電灯などは，造営材に直接堅ろうに取り付ける． ニ．金属管工事の場合は，接地工事をしてはならない．
3	可燃性ガス等の存在する場所における屋内低圧施設で，誤っているものは．	イ．防爆形コンセントを使用した． ロ．移動電線に接続点がない四種クロロプレンキャブタイヤケーブルを使用した． ハ．金属管工事に厚鋼電線管を使用した． ニ．開閉器にカバー付ナイフスイッチを使用した．
4	石油類を貯蔵する場所における低圧屋内配線の工事方法で，誤っているものは．	イ．損傷を受けるおそれがないように施設した合成樹脂管工事（CD 管を除く） ロ．薄鋼電線管を使用した金属管工事 ハ．MI ケーブルを使用したケーブル工事 ニ．フロアダクト工事
5	電気工作物が点火源となり，爆発するおそれがある場所に施設する低圧屋内配線工事で，可燃性粉塵のある場所には適用できるが，爆燃性粉塵のある場所には適用できないものは．	イ．合成樹脂管工事 ロ．薄鋼電線管を使用した金属管工事 ハ．MI ケーブル工事 ニ．がいし引き工事
6	紡績工場の塵あいの多い場所の低圧工事で適切でないものは．	イ．合成樹脂管工事をしていた． ロ．がいし引き工事でビニル絶縁電線を使用し，電線相互の間隔が 3cm であった． ハ．ローゼット内にヒューズを装置してなかった． ニ．キーレスソケットを使用していた．
7	可燃性ガス，または引火性物質の蒸気が漏えいまたは滞留し，電気工作物が点火源となり，爆発するおそれのある場所に施設する低圧屋内配線は．	イ．がいし引き工事　　　ロ．合成樹脂管工事 ハ．金属管工事　　　ニ．可とう電線管工事
8	合成樹脂管工事で施工できない場所は．	イ．一般住宅の湿気の多い場所 ロ．看板灯に至る屋側配線部分 ハ．事務所内の点検できない隠ぺい場所 ニ．爆燃性粉塵の多い場所

1 接地工事はどんな場合に必要とされるか.
2 接地工事の種類と抵抗値をあげなさい.

── スタディポイント　*接地工事の実際* ──

1　接地工事の目的　感電事故防止

接地とは，電気設備と大地を電気的に接続することで，誘導や混触による感電防止のための保安接地，避雷器などの機器や装置が十分保護効果が期待できるための機能接地，および電路の中性点などの系統事故時の保護装置の確実な動作の確保，異常電圧の抑制，対地電圧の低下を図るための系統接地などがあるが，低圧屋内配線での接地は，感電防止のための保安接地である.

感電防止
安全対策

鉄台　　漏れ電流

2　接地工事の種類（電技解釈第17条）

接地工事の種類	接地抵抗値	接地線の種類（軟銅線）
A種接地工事	10Ω以下	直径2.6mm以上
B種接地工事	150÷（1線地絡電流）Ω以下	直径4mm以上　※2
C種接地工事	10Ω以下　※1	直径1.6mm以上
D種接地工事	100Ω以下　※1	直径1.6mm以上

※1　低圧電路において，当該電路に地絡を生じた場合に0.5秒以内に
　　自動的に電路を遮断する装置を施設するときは，500Ω以下.
※2　高圧電路又は特別高圧架空電線路の電路と低圧電路とを変圧器により結合する場合は，直径2.6mm以上.

・固定した低圧機器

D種接地工事（300V以下）
漏電による感電の危険を減少させる場合に行う工事

・電動機の鉄台，ケース
・金属管工事
・可とう電線管工事
・金属ダクト工事
・バスダクト工事
　その他

接地線の太さ ≧1.6mm

C種接地工事
（300Vを超える低圧）
低圧でも危険度の割合が大きい場合に行う工事

・移動して使用する低圧機器

多心型電線の1心を接地線に使用できる.
（電技解釈第3条，第171条）

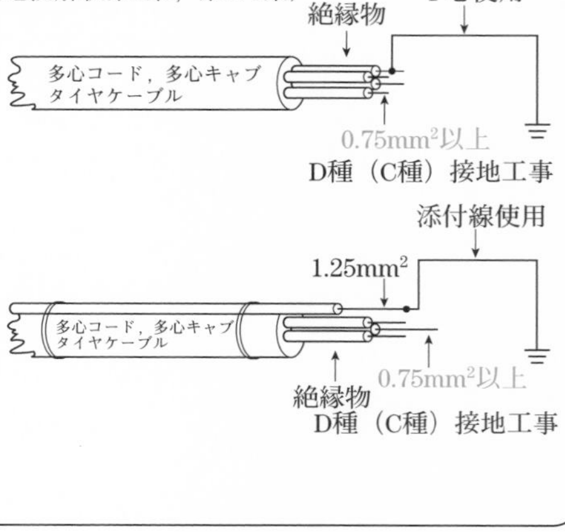

絶縁物　　1心使用

多心コード，多心キャブ
タイヤケーブル

0.75mm²以上
D種（C種）接地工事

添付線使用

1.25mm²

多心コード，多心キャブ
タイヤケーブル

0.75mm²以上
絶縁物
D種（C種）接地工事

接地工事の施工

問 い	答 え
1　　下記は定格電流 20A，定格電圧 250V の接地極付コンセントの図記号である．この図記号に示される接地工事の種類は． 　　ただし，幹線の配電方式は単相3線式 100/200〔V〕とする．  　　⊖20A250V 　　E	イ．A 種接地工事　　　　ロ．B 種接地工事 ハ．C 種接地工事　　　　ニ．D 種接地工事
2　　床に固定した定格電圧 200〔V〕，定格出力 2.2〔kW〕の三相誘導電動機の鉄台に接地工事をする場合，接地線（軟銅線）の太さと接地抵抗値の組合せで，不適切なものは． 　　ただし，漏電遮断器を設置しないものとする．	イ．直径 2.6〔mm〕，100〔Ω〕 ロ．直径 2.0〔mm〕，　50〔Ω〕 ハ．直径 1.6〔mm〕，　10〔Ω〕 ニ．公称断面積 0.75〔mm²〕，　5〔Ω〕
3　　D 種接地工事の施工方法として，不適切なものは．	イ．接地線に直径 1.6〔mm〕の軟銅線を使用した． ロ．定格電圧 200〔V〕の三相誘導電動機の鉄台の接地抵抗値は 50〔Ω〕であった． ハ．低圧電路に地絡を生じた場合に 1〔秒〕以内に自動的に電路を遮断する装置を設置して，接地抵抗値を 600〔Ω〕とした． ニ．移動して使用する電気機械器具の金属製外箱の接地線として，多心キャブタイヤケーブルの断面積 0.75〔mm²〕の1心を使用した．
4　　下図において，矢印で示す部分の接地工事の接地抵抗の最大値と，電線（軟銅線）の最小太さとの組合せで，適切なものは． 　　ただし，漏電遮断器の動作時間は 0.1 秒とする． 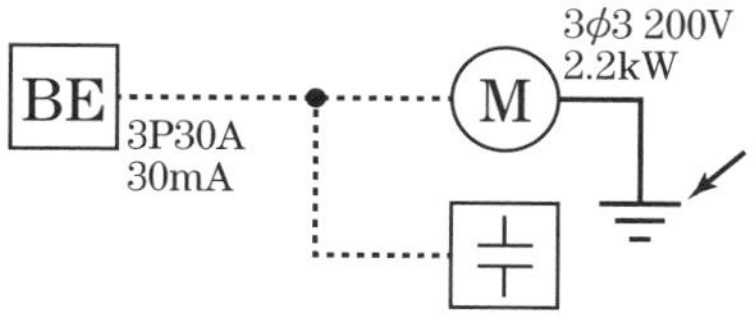 　　BE 3P30A 30mA ── M 3φ3 200V 2.2kW	イ．100〔Ω〕，1.6〔mm〕　ロ．300〔Ω〕，1.6〔mm〕 ハ．500〔Ω〕，1.6〔mm〕　ニ．600〔Ω〕，2.0〔mm〕
5　　工場の 400〔V〕三相誘導電動機の鉄台の接地抵抗値〔Ω〕を測定した． 　　電気設備技術基準等に適合する測定値として，接地抵抗の許容される最大値〔Ω〕は． 　　ただし，400〔V〕電路に施設された漏電遮断器の動作時間は 0.1 秒とする．	イ．10〔Ω〕　　ロ．50〔Ω〕　　ハ．500〔Ω〕　　ニ．600〔Ω〕

1 接地工事を省略できる場合は.
2 接地抵抗の測定はどうするか.

スタディポイント　接地工事の省略・機械器具の金属製外箱等の接地

1　C種接地工事，D種接地工事が省略できる場合（電技解釈第17条）

　D種接地工事を施す金属体と大地との間の電気抵抗値が 100〔Ω〕以下の場合は，D種接地工事を施したとみなして省略できる．C種接地工事を施す金属体と大地との間の電気抵抗値が 10〔Ω〕以下の場合は，C種接地工事を施したとみなして省略できる．

2　機械器具の金属製外箱等の接地（電技解釈第29条）

　機械器具の金属製の台および外箱には，使用電圧の区分に応じ接地工事を施すこと．

使用電圧の区分（低圧）	接地工事の種類
300〔V〕以下	D種接地工事
300〔V〕超過	C種接地工事

接地工事を省略できる場所

(1)　乾燥した場所に交流の対地電圧150〔V〕以下または直流300〔V〕以下の機器具を施設する場合．

(2)　低圧用の機械器具を乾燥した木製の床，絶縁性のものの上で取り扱うよう施設した場合．

(3)　電気用品安全法の適用を受ける2重絶縁の構造の機械器具を施設する場合．

(4)　低圧用の機械器具の電源側に絶縁変圧器（二次側線間電圧300〔V〕以下，容量3〔kV·A〕以下）を施設し，絶縁変圧器の負荷側の電路を接地しない場合．

(5)　水気のある場所以外の場所に施設する低圧用の機械器具に電気を供給する電路に電気用品安全法の適用を受ける漏電遮断器（定格感度電流15〔mA〕以下，動作時間0.1秒以下の電流動作型）を施設する場合．

(6)　金属製外箱等の周囲に適当な絶縁台を設ける場合．

(7)　外箱のない計器用変成器がゴム，合成樹脂その他の絶縁物で被覆されたものの場合．

(8)　低圧用の機械器具を木柱その他これに類する絶縁性のものの上であって，人が触れるおそれがない高さに施設する場合．

3　金属管工事のD種接地工事の省略（電技解釈第159条）

・管の長さが4〔m〕以下の金属管を乾燥した場所に施設する場合．（使用電圧が300V以下）

・交流対地電圧150〔V〕以下または直流300〔V〕の場合において，その電線を収める管の長さが8〔m〕以下の金属管に簡易接触防護措置を施すとき，または乾燥した場所に施設する場合．

スタディポイント　接地抵抗の測定

1　接地抵抗計（アーステスタ）を用いる．これは接地抵抗の値が直読できる測定器で，端子にはE, S（P）, H（C）があり，被測定接地極 X を E に，補助接地極を P, C に接続する．

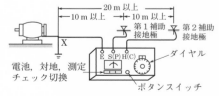

2　接地極板と，補助接地極板はそれぞれ約10 m離し，ほぼ一直線になるようにする．

3　測定値〔Ω〕はダイヤルをまわして検流計のバランスのとれたときのダイヤル目盛の読みである．

[練習問題]（解答・解説は 182 ～ 183 ページ）

接地工事の省略

	問　　　い	答　　　え
1	機械器具の金属製外箱に施す D 種接地工事に関する記述で，不適切なものは．	イ．三相 200〔V〕電動機外箱の接地線に直径 1.6〔mm〕の IV 電線（軟銅線）を使用した． ロ．単相 100〔V〕移動式の電気ドリルの接地線として多心コードの断面積 0.75〔mm²〕の 1 心を使用した． ハ．一次側 200〔V〕，二次側 100〔V〕，3〔kV·A〕の絶縁変圧器（二次側非接地）の二次側電路に電動丸のこぎりを接続し，接地を施さないで使用した． ニ．単相 100〔V〕の電動機を水気のある場所に設置し，定格感度電流 30〔mA〕，動作時間 0.1 秒の電流動作型漏電遮断器を取り付けたので，接地工事を省略した．
2	D 種接地工事を省略できないものは．ただし，電路には定格感度電流 15〔mA〕，動作時間 0.1 秒以下の電流動作型の漏電遮断器が取り付けられているものとする．	イ．乾燥した場所に施設する三相 200〔V〕（対地電圧 200〔V〕）動力配線の電線を収めた長さ 3〔m〕の金属管． ロ．水気のある場所のコンクリートの床に施設する三相 200〔V〕（対地電圧 200〔V〕）誘導電動機の鉄台． ハ．乾燥した木製の床の上で取り扱うように施設する三相 200〔V〕（対地電圧 200〔V〕）空気圧縮機の金属製外箱部分． ニ．乾燥した場所に施設する単相 3 線式 100/200〔V〕（対地電圧 100〔V〕）配線の電線を収めた長さ 7〔m〕の金属管．
3	D 種接地工事を省略できないものは．ただし，電路には定格感度電流 30〔mA〕，動作時間 0.1 秒以下の電流動作型の漏電遮断器が取り付けられているものとする．	イ．乾燥した場所に施設する三相 200〔V〕動力配線を収めた長さ 4〔m〕の金属管． ロ．乾燥したコンクリートの床に施設する三相 200〔V〕ルームエアコンの金属製外箱部分． ハ．乾燥した木製の床の上で取り扱うように施設する三相 200〔V〕誘導電動機の鉄台． ニ．乾燥した場所に施設する単相 3 線式 100/200〔V〕配線を収めた長さ 8〔m〕の金属管．
4	直読式接地抵抗計を用いて，接地抵抗を測定する場合，被測定接地極 E に対する，2 つの補助接地極 P（電圧用）および C（電流用）の配置として，適切なものは．	イ．P—E—C を直線上に各 10m 間隔で配置．　ロ．E—C—P を直線上に各 10m 間隔で配置．　ハ．E—P—C を直線上に各 10m 間隔で配置．　ニ．E を端とし C と P を 10m 先に配置し，C と P は 2m 離す．
5	直読式接地抵抗計（アーステスタ）を使用して直読で接地抵抗を測定する場合，補助接地極（2 箇所）の配置として，適切なものは．	イ．被測定接地極を中央にして，左右一直線上に補助接地極を 5〔m〕程度離して配置する． ロ．被測定接地極を端とし，一直線上に 2 箇所の補助接地極を順次 10〔m〕程度離して配置する． ハ．被測定接地極と 2 箇所の補助接地極を相互に 5〔m〕程度離して正三角形に配置する． ニ．被測定接地極を端とし，一直線上に 2 箇所の補助接地極を順次 1〔m〕程度離して配置する．

1 電気工作物の検査にはどんなものがあるか.
2 検査の目的と使用される測定器は.

─── **スタディポイント** *電気工作物の検査* ───────────

　一般用電気工作物が設置されたり変更工事が完成したときに行われる「竣工検査」と4年に1回以上定期的に行われる「定期検査」とがある.

1　竣工検査

　竣工検査は，一般用電気工作物が新設され，または変更の工事が完成したとき，電気設備技術基準に適合しているかを使用開始前に検査することである.

　設備の目視点検→絶縁抵抗の測定→接地抵抗の測定→電路の導通試験

2　定期検査

　保守上で技術基準に適合しているかを4年に1回以上定期的に行う検査である.

3　検査項目と測定器

①	設備の点検	目視点検
②	絶縁抵抗測定	絶縁抵抗計（メガー）
③	接地抵抗測定	接地抵抗計（アーステスタ）
④	導通試験	回路計，マグネットベル
5	電動機等の機器に対する試験	電圧計，電流計，計器用変成器 組試験器，絶縁抵抗計，回転計
6	通電試験	電圧計，電流計，回路計

○は竣工検査の順序を示す.
ただし，②③は入れかえてもよい.

 導通試験

　配線の誤接続，断線，接続の不完全，電線と器具端子との接触不良などの回路の導通状態の良否を試験する.

マグネットベル　　仮短絡する

─── CHECK問題　低圧屋内配線工事の竣工検査を行ったところ，次のような箇所があった.正しいものは.

　イ．造営材の側面に沿って施設されていた使用電圧100Vのがいし引き工事の支持点間距離が2.5mであった.

　ロ．金属管工事による配線でワイヤラス張りの木造造営物を貫通する部分は，ワイヤラスを十分切り開き，耐久性のある絶縁管に収めてあった.

　ハ．単相3線式の引込口開閉器の各極（中性線を含む.）にヒューズが取り付けてあった.

　ニ．30Aの配線用遮断器で保護された分岐回路に15Aのコンセントが接続されていた.

（答　ロ）

[練習問題]（解答・解説は 183 ページ）
電気工作物の検査

	問　　い	答　　え
1	低圧屋内配線の竣工検査で，一般に行われている組合せは．	イ．点検 　絶縁抵抗測定 　接地抵抗測定 　負荷電流測定 ハ．点検 　導通試験 　絶縁抵抗測定 　接地抵抗測定	ロ．点検 　導通試験 　絶縁耐力試験 　温度上昇試験 ニ．点検 　導通試験 　接地抵抗測定 　絶縁耐力試験
2	低圧屋内配線工事の竣工検査を行う順序として，最も適切なものは．	イ．1．目視点検 　2．絶縁抵抗測定 　3．接地抵抗測定 　4．導通試験 ハ．1．導通試験 　2．絶縁抵抗測定 　3．目視点検 　4．接地抵抗測定	ロ．1．絶縁抵抗測定 　2．導通試験 　3．接地抵抗測定 　4．目視点検 ニ．1．導通試験 　2．絶縁抵抗測定 　3．接地抵抗測定 　4．目視点検
3	一般住宅の低圧屋内配線の新増設検査に際して，一般に行われていないものは．	イ．絶縁抵抗測定 ハ．接地抵抗測定	ロ．導通試験 ニ．絶縁耐力試験
4	一般用電気工作物の低圧屋内配線の竣工検査をする場合，一般に行われていないものは．	イ．目視点検 ハ．絶縁抵抗測定	ロ．接地抵抗測定 ニ．屋内配線の導体抵抗測定

検査項目と測定器

	問　　い	答　　え
5	100〔V〕低圧回路を試験する場合の試験項目「A」と測定器「B」の組合せとして，正しいものは．	イ．A：線間電圧の測定　　B：電位差計 ロ．A：導通試験　　　　　B：電力計 ハ．A：消費電力の測定　　B：回路計 ニ．A：力率の測定　　　　B：電流計，電圧計及び電力計
6	屋内配線の検査を行う場合，器具の使用方法で，正しいものは．	イ．検電器で充電の有無を検査する． ロ．回路計で絶縁抵抗を測定する． ハ．アーステスタで絶縁抵抗を測定する． ニ．絶縁抵抗計で接地抵抗を測定する．
7	三相200〔V〕電動機の屋内配線工事の竣工検査に必要な測定器具の組合せとして，正しいものは．	イ．電圧計 　電流計 ハ．電流計 　接地抵抗計	ロ．電圧計 　絶縁抵抗計 ニ．絶縁抵抗計 　接地抵抗計

計器の測定範囲の拡大
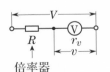

検 査 2

1 電圧計の測定範囲はどのように拡大するか.
2 電流計の測定範囲はどのように拡大するか.

スタディポイント　倍率器

電圧計の内部抵抗を r_v, これに直列につなぐ抵抗を R とすると, この抵抗をつなぐことで, 電圧計には小さな電圧しかかからなくなる.

$$v = V \times \frac{r_v}{R + r_v} \qquad (1)$$

V が v の何倍かを示すと

$$V = v \times \frac{R + r_v}{r_v} \qquad (2)$$

 　直列に接続する抵抗のことを倍率器という.

・V を v の 100 倍(倍率)にするには, 接続する抵抗 R は, (倍率 − 1)= 100 − 1 = 99 倍 にする. これは倍率 $\frac{R + r_v}{r_v}$ の(2)式で r_v を 1 とすると $\frac{99 + 1}{1} = 100$ で 100 倍となる. r_v が 2〔kΩ〕なら.

$R = 2 \times (100 - 1) = 2 \times 99 = 198$〔kΩ〕

スタディポイント　分流器

電流計に並列に, その内部抵抗より小さい別の抵抗を接続すると, 流れてきた電流の多くはそちらに流れる.

$$i : i_R = \frac{1}{r_a} : \frac{1}{R} = R : r_a$$

$$i = I \times \frac{R}{R + r_a} \qquad (3)$$

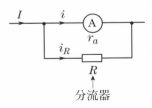

I が i の何倍になっているかを示すには　$I = i \times \frac{R + r_a}{R}$

 　並列に接続する抵抗のことを分流器という.

・倍率を 100 倍(たとえば 1〔A〕の電流計で 100〔A〕を測るとき)とすると, こちらは, 接続する抵抗 R は r_a の $\frac{1}{100 - 1}$ 倍, すなわち $\frac{1}{倍率 - 1}$ (倍)の大きさのものをつければよい. r_a を 1〔Ω〕とすると,

$R = \frac{1}{100 - 1} \times 1 = \frac{1}{99} \fallingdotseq 0.01$〔Ω〕となる.

－96－

倍率器

問　　　　い	答　　　え
1	内部抵抗 10〔kΩ〕，定格電圧 150〔V〕の電圧計を 450〔V〕まで測定できるようにしたい．適切な倍率器の結線方法は．	
2	内部抵抗 10〔kΩ〕，定格電圧 150〔V〕の電圧計を 450〔V〕まで測定できるようにしたい．正しい方法は．	

分流器

3	内部抵抗 0.03〔Ω〕，定格電流 10〔A〕の電流計を 40〔A〕まで測定できるようにしたい．適切な分流器の結線方法は．	
4	内部抵抗 0.03〔Ω〕，定格電流 10〔A〕の電流計を 40〔A〕まで測定できるようにしたい．正しいものは．	
5	次のうちで，正しいものは．	イ．20/5〔A〕変流器と最大目盛 5〔A〕電流計で，単相 100〔V〕，1.5〔kW〕電気湯沸かし器の電流を測定する． ロ．回路計で屋内配線の絶縁抵抗を測定する． ハ．電動機回路の電力量を測定するため，電流計，電圧計を使用する． ニ．住宅の低圧屋内配線を検査する場合，絶縁耐力試験は必ず行わなければならない．
6	検査方法で誤っているものは．	イ．金属製水道管を利用した簡易接地抵抗測定では，P 端子と C 端子を水道管に接続して接地抵抗を測定する． ロ．20/5〔A〕変流器と最大目盛 5〔A〕電流計で，単相 100〔V〕，3〔kW〕電気湯沸かし器の電流を測定する． ハ．回路計で導通試験をする． ニ．絶縁抵抗計の接地端子をリード線で金属製水道管に接続して，電路と大地間の絶縁抵抗を測定する．

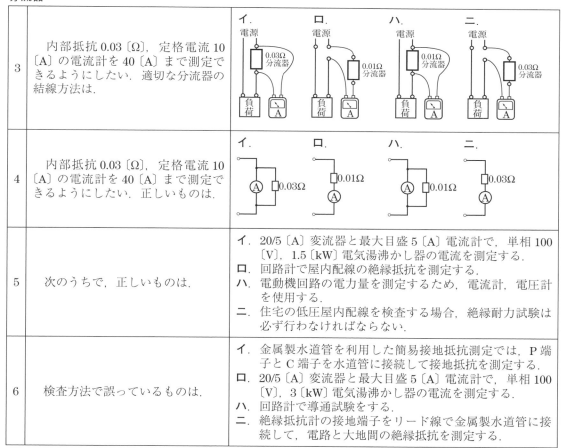

絶縁抵抗の測定　検　査　3

Q 1 絶縁抵抗の測定には何を用い，どの位の値がよいか.

スタディポイント　絶縁抵抗

1　測定器：絶縁抵抗計（メガー）

低圧回路の絶縁抵抗測定用の絶縁抵抗計には，定格測定電圧 100〔V〕, 125〔V〕, 250〔V〕, 500〔V〕のものがあり，竣工時の低圧電路の測定には 500〔V〕のもの を使用する．表示方法には指針形（アナログ形）とディジタル形がある．絶縁抵抗の測定は，測定回路に直流の定格測定電圧（出力電圧）を加えたときの測定電流により求められる．

例　500〔V〕定格測定電圧，測定電流 1〔mA〕の場合　500〔V〕/ 1〔mA〕= 0.5〔MΩ〕

2　測定手順

(1)　一般には定格測定電圧 500〔V〕を使用するが，測定電路に電子機器が接続されている場合は，機器を損傷させない適切な定格測定電圧を選定する.

(2)　テストリードの線路側（L）端子と接地側（E）端子を測定器に接続し，絶縁抵抗計の電池容量が正常であることを確認する.

(3)　テストリードの接地側（E）端子を測定箇所の接地端子，線路側（L）端子を接地端子に接続する．このときテストリードが正常（断線確認）であれば, 0〔MΩ〕を示す.

(4)　測定電路に電圧が加わっていないことを確認し，テストリードの線路側（L）端子を測定箇所に接続して測定する．（対地静電容量が大きい電路では，測定値が安定するまで時間がかかるので，測定値が安定した時点の値を測定値にする.）

(5)　測定後は，電路に直流電荷が残留しているので，電荷の放電を行う.

3　測定値（電技省令第 58 条）

分岐開閉器等を開放して負荷を電源から完全に分離し，電路の電線相互間および電路と大地との間の絶縁抵抗値は下記の値以上でなければならない.

回路の電圧区分	回路のどの部分か	絶縁抵抗値
対地電圧(非接地式は線間電圧) 150 V以下	電線相互間（分岐開閉器を開放）〔電気機械器具を取りはずし点滅器を「入」にして線間を測る.〕	0.1 MΩ 以上
使用電圧 300 V以下	電路と大地間（分岐開閉器を開放）〔電気機械器具を接続し点滅器を「入」にして電路と大地間を測る.〕	0.2 MΩ 以上
使用電圧 300 Vを超える		0.4 MΩ 以上

（左：2倍に　右：2倍，2倍）

上記の絶縁抵抗測定が困難な場合には，電路に電圧が加わった状態における漏えい電流が 1〔mA〕以下であればよい．（低圧電路の絶縁性能　電技解釈第 14 条）

ドリル　絶縁抵抗計の端子につく記号は，次の通りで，接続はそれに従って行う.

L……Line（ライン）線路側　　E……Earth（アース）接地側

絶縁抵抗

	問　　　い	答　　　え
1	絶縁抵抗計（電池内蔵）に関する記述として，誤っているものは．	イ．絶縁抵抗計にはディジタル形と指針形がある． ロ．絶縁抵抗計の定格測定電圧は，交流電圧である． ハ．絶縁抵抗測定の前には，絶縁抵抗計の電池容量が正常であることを確認する． ニ．電子機器が接続された回路の絶縁抵抗測定を行う場合は，機器等を損傷させない適正な定格測定電圧を選定する．
2	分岐開閉器を開放して負荷を電源から完全に分離し，その負荷側の低圧屋内電路と大地間の絶縁抵抗を一括測定する方法として，適切なものは．	イ．負荷側の点滅器をすべて「切」にして，常時配線に接続されている負荷は，使用状態にしたままで測定する． ロ．負荷側の点滅器をすべて「入」にして，常時配線に接続されている負荷は，使用状態にしたままで測定する． ハ．負荷側の点滅器をすべて「切」にして，常時配線に接続されている負荷は，すべて取り外して測定する． ニ．負荷側の点滅器をすべて「入」にして，常時配線に接続されている負荷は，すべて取り外して測定する．
3	次表は，電気使用場所の開閉器または過電流遮断器で区切られる低圧電路の使用電圧と電線相互間および電路と大地との間の絶縁抵抗の最小値についての表である． 　A・B・Cの空欄に当てはまる数値の組合せとして，正しいものは． 	電路の使用電圧の区分		絶縁抵抗値
300〔V〕以下	対地電圧150〔V〕以下	A 〔MΩ〕
	その他の場合	B 〔MΩ〕
300〔V〕を超えるもの		C 〔MΩ〕		イ．A　0.1　　ロ．A　0.1　　ハ．A　0.2　　ニ．A　0.2 　　B　0.2　　　　B　0.3　　　　B　0.3　　　　B　0.4 　　C　0.4　　　　C　0.5　　　　C　0.4　　　　C　0.6
4	低圧屋内配線の電路と大地間の絶縁抵抗を測定した．「電気設備に関する技術基準を定める省令」に適合していないものは．	イ．単相3線式 100/200〔V〕の使用電圧 200〔V〕電動機回路の絶縁抵抗の測定値が，0.12〔MΩ〕であった． ロ．三相3線式 使用電圧 200〔V〕（対地電圧 200〔V〕）電動機回路の絶縁抵抗の測定値が，0.18〔MΩ〕であった． ハ．単相2線式 使用電圧 100〔V〕低圧屋内配線の絶縁抵抗を，分電盤で各回路を一括して測定したところ，1.2〔MΩ〕であったので個別分岐回路の測定を省略した． ニ．単相2線式 使用電圧 100〔V〕電灯分岐回路の絶縁抵抗を測定したところ，2.1〔MΩ〕であった．
5	絶縁抵抗計を用いて，低圧三相誘導電動機と大地間の絶縁抵抗を測定する方法として，適切なものは． 　ただし，絶縁抵抗計のLは線路端子（ライン），Eは接地端子（アース）を示す．	イ．　　ロ．　　ハ．　　ニ． 電動機　電動機　電動機　電動機 E L　　E L　　E L　　E L
6	使用電圧が低圧の電路において，絶縁抵抗測定が困難であったため，使用電圧が加わった状態で漏えい電流により絶縁性能を確認した．「電気設備の技術基準の解釈」に定める絶縁性能を有していると判断できる漏えい電流の最大値〔mA〕は．	イ．0.1　　　ロ．0.2　　　ハ．1　　　ニ．2

1 電力・力率の測定方法は.
2 電気計器の記号にはどんなものがあり，その意味は.

─ スタディポイント　*電圧・電流・電力の測定* ─

負荷に直列に接続するもの…………電流計Ⓐと電力計の電流コイル
負荷に並列に接続するもの…………電圧計Ⓥと電力計の電圧コイル

電力は「$P = VI \cos \theta$」で表されるが，電力計は一つの計器でこの値を指示するものである.

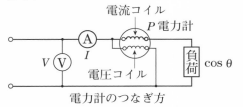

力率の測定は力率計によるか，
または，左の回路から

$$\cos \theta = \frac{P}{VI} \text{ として求める.}$$

電力計のつなぎ方

─ スタディポイント　*クランプ形電流計* ─

この計器は，CTと電流計を組み合わせて一体としたもので，負荷電流，漏れ電流，零相電流などの測定に使用される.

1　負荷電流の測定
図のように，磁心の中に測定する
電線を通して測定する.

2　漏れ電流，零相電流の測定
図のように，3本の線を磁心の中に通す
ことにより，単相2線式の場合は漏れ電流，
三相3線式の場合は零相電流を測定できる.

電線を流れる電流の測定
交流の電流を測定できる.

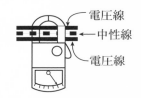

単相3線式での漏れ電流の測定
単相2線式や三相3線式で負荷が平衡し漏れ
電流がない場合には，磁心中を流れる電流による磁束が打ち消し合って電流計の指示は0になる.

─ スタディポイント　*計器の種類と記号* ─

動作原理の記号						置き方の記号	
動作の形	回　路	記　号	動作の形	回　路	記　号	種　類	記　号
可動コイル形	直	 ⌒	熱電形	交・直	✕	鉛直	 ⊥
可動鉄片形	交(直)	 ⚡	静電形	交・直	⌁	水平	▭
電流力計形（空心）	交・直	 ⊟	誘導形	交	⊙	傾斜	╱
電流力計形（鉄心）	交・直	 ⊜	振動片形	交	⊻		

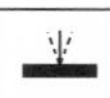

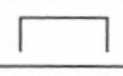

交直別記号	
直流	=
交流	∼

[練習問題]（解答・解説は 185 ページ）

	問　　い	答　　え
1	電圧計，電流計及び電力計の結線方法で正しいものは.	イ.　ロ.　ハ.　ニ. 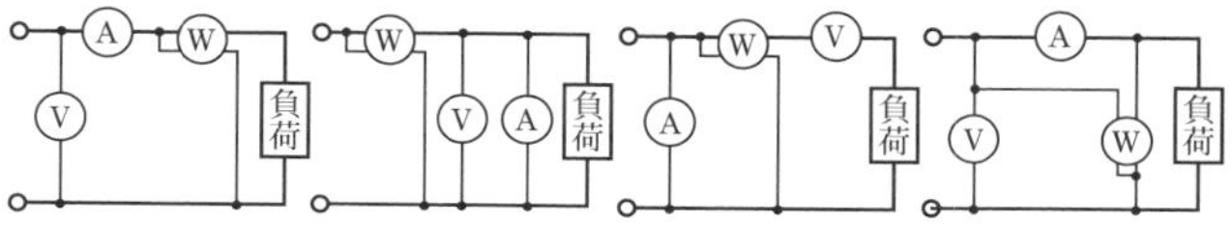
2	単相電力計の正しい接続は. ただし，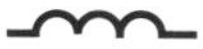は電流コイル，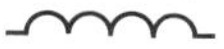は電圧コイルとする.	イ.　ロ.　ハ.　ニ. 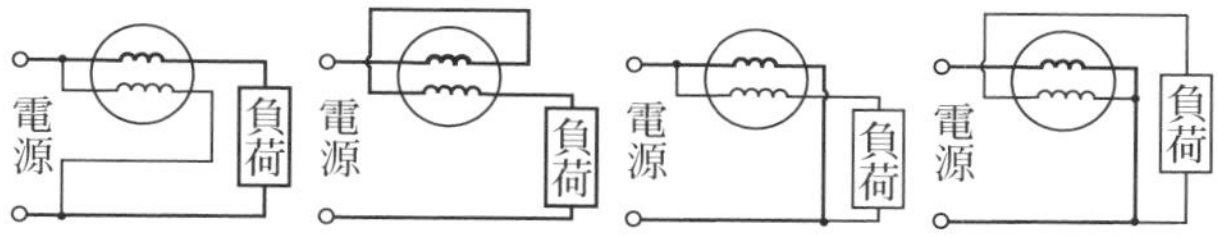
3	電流計の使用方法で誤っているものは.	イ．負荷と直列に接続して使用した. ロ．交流の大電流を測定するときに，変流器と組み合わせて使用した. ハ．目盛板（文字盤）に ≃ の表示のある計器で交流電流を測定した. ニ．目盛板（文字盤）に ⊥ の表示のある計器を水平に置いて使用した.
4	単相3線式回路の漏れ電流の有無をクランプ形漏れ電流計を用いて測定する場合の測定方法で正しいものは. なお，▪▪▪▪ は中性線を示す.	イ.　ロ.　ハ.　ニ. 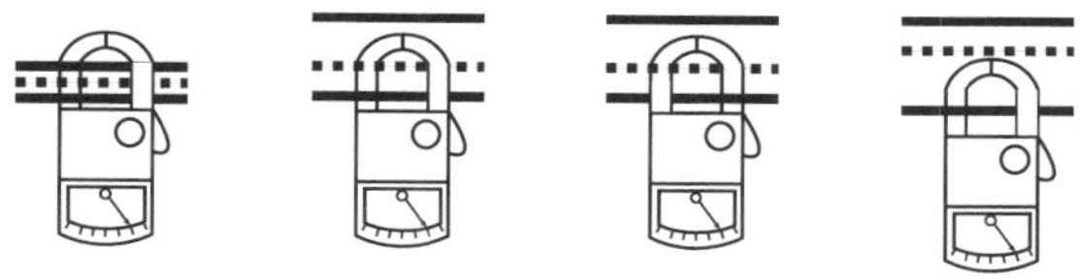
5	クランプ形電流計で単相2線式の負荷電流を測定する方法は.	イ.　ロ.　ハ.　ニ. 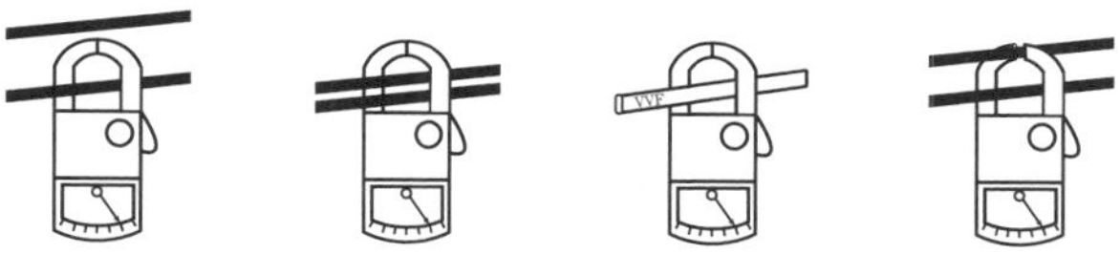
6	計器の目盛板に図のような記号があった. この計器の種類と用い方で，正しいものは. 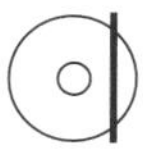	イ．熱電形で直流回路に用いる. ロ．整流形で直流回路に用いる. ハ．可動鉄片形で交流回路に用いる. ニ．誘導形で交流回路に用いる.
7	計器の目盛板に図のような記号がある. これらの記号の意味するもので，正しいものは. 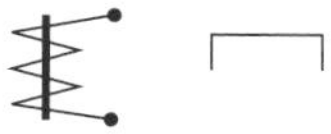	イ．誘導形で垂直に立てて用いる. ロ．誘導形で水平に置いて用いる. ハ．整流形で垂直に立てて用いる. ニ．可動鉄片形で水平に置いて用いる.

電気工事士法（1）　　法　令　1

1 第二種電気工事士の資格，義務は.

スタディポイント　電気工事士法と第二種電気工事士

1　電気工事士法とは，目的は，またその範囲は

(1)　電気工事士法でいう電気工事とは，一般用電気工作物等または自家用電気工作物を設置したり，または変更したりする作業をいう．政令で定める軽微な工事は除かれる．

(2)　この法律の目的は，電気工事の作業に従事する者の資格及び義務を定め，もって電気工事の欠陥による災害の発生を防止することである．

(3)　電気工事士免状

上記の手続きをとり免状交付を受けなければ，工事士試験に合格しただけでは電気工事には従事できない．

2　電気工事士の種別

第二種電気工事士……一般用電気工作物等の工事.
第一種電気工事士……特殊電気工事（ネオン工事，非常用予備発電装置工事）を除いた最大電力500〔kW〕未満の自家用電気工作物，一般用電気工作物等の工事.

＊「一般用電気工作物等」とは，一般用電気工作物及び小規模事業用電気工作物をいう.

特種電気工事資格者……最大電力500〔kW〕未満の自家用工事のうち，特殊電気工事にそれぞれ認定を受けて従事できる.

認定電気工事従事者……最大電力500〔kW〕未満の自家用のうち特殊電気工事を除く600V以下で使用する簡易電気工事.ただし，構外にわたる電線路工事は除く.

4　電気工事士の義務は

(イ) 免状の種類，氏名の変更		都道府県知事	電気工事士法施行令第5条
(ロ) 電気設備技術基準の遵守			電気工事士法第5条
(ハ) 電気工事士免状携帯	作業現場		電気工事士法第5条
(ニ) 報　告	必要に応じ	都道府県知事	電気工事士法第9条

4　電気工事士免状の記載事項

免状には，次に掲げる事項を記載する（電気工事士法施行令第3条）.

・免状の種類

・免状の交付番号及び交付年月日

・氏名及び生年月日

[練習問題] （解答・解説は 186 ページ）
電気工事士法と第二種電気工事士

	問　　　い	答　　　え
1	電気工事士法の主な目的は.	イ．電気工事に従事する主任電気工事士の資格を定める. ロ．電気工事の欠陥による災害の発生の防止に寄与する. ハ．電気工事士の身分を明らかにする. ニ．電気工作物の保安調査の義務を明らかにする.
2	電気工事士免状に関する記述として，誤っているものは.	イ．免状を汚し再交付の申請をするときは，申請書に当該免状を添えて交付した都道府県知事に提出する. ロ．免状の返納を命じられた者は，返納を命じた都道府県知事に返納しなければならない. ハ．免状の交付を受けようとする者は，必要な書類を添えて居住地の市町村長に申請する. ニ．免状の記載事項とは免状の種類，交付番号及び交付年月日並びに氏名及び生年月日である.
3	電気工事士に課せられた義務または制限に関する記述として，誤っているものは.	イ．一般用電気工作物を対象とした電気工事の作業を行う場合には，電気工事士免状を携帯しなければならない. ロ．電気工事の施工に当たっては電気設備の技術基準を守らなければならない. ハ．第二種電気工事士のみの免状で需要設備の最大電力が 500〔kW〕未満の自家用電気工作物の低圧部分の工事ができる. ニ．電気工事の施工に関して，施工場所を管轄する都道府県知事から報告を求められたら報告しなければならない.
4	電気工事士に課せられた義務または制限に関する記述で誤っているものは.	イ．一般用電気工作物の電気工事の作業を行うにあたっては，電気用品安全法に定められた表示のある電気用品を使用しなければならない. ロ．一般用電気工作物の電気工事の作業を行う場合は，電気設備の技術基準に適合するように行わなければならない. ハ．電気工事士が住所を変更した場合は，免状を交付した都道府県知事に申請して免状の書換えをしてもらわなければならない. ニ．一般用電気工作物の電気工事の作業に従事するときは，電気工事士免状を携帯しなければならない.
5	電気工事士法に基づいて，電気工事士が免状の書換えの申請をしなければならない事項は.	イ．住所が変わった場合 ロ．氏名が変わった場合 ハ．勤務先が変わった場合 ニ．主任電気工事士になった場合

1 電気工事士以外の人ができる工事とは.

― スタディポイント　**電気工事士のできる仕事** ―

電気工事士でないとできない作業

電気工事士法施行規則 第 2 条（軽微な作業）
一般用電気工作物
1. 電線相互を接続する作業
2. がいしに電線を取り付け，又はこれを取り外す作業
3. 電線を直接造営材その他の物件（がいしを除く.）に取り付け，又はこれを取り外す作業
4. 電線管，線ぴ，ダクトその他これらに類する物に電線を収める作業
5. 配線器具を造営材その他の物件に取り付け，若しくはこれを取り外し，又はこれに電線を接続する作業（露出型点滅器又は露出型コンセントを取り換える作業を除く.）
6. 電線管を曲げ，若しくはねじ切りし，又は電線管相互若しくは電線管とボックスその他の附属品とを接続する作業
7. 金属製のボックスを造営材その他の物件に取り付け，又はこれを取り外す作業
8. 電線，電線管，線ぴ，ダクトその他これらに類する物が造営材を貫通する部分に金属製の防護装置を取り付け，又はこれを取り外す作業
9. 金属製の電線管，線ぴ，ダクトその他これらに類する物又はこれらの附属品を，建造物のメタルラス張り，ワイヤラス張り又は金属板張りの部分に取り付け，又はこれらを取り外す作業
10. 配電盤を造営材に取り付け，又はこれを取り外す作業
11. 接地線を一般用電気工作物等（電圧 600V 以下で使用する電気機器を除く.）に取り付け，若しくはこれを取り外し，接地線相互若しくは接地線と接地極とを接続し，又は接地極を地面に埋設する作業
12. 電圧 600V を超えて使用する電気機器に電線を接続する作業

自家用電気工作物
　上記 1〜10 まで及び 12 の作業と右段上記の作業

・接地線を自家用電気工作物（自家用電気工作物のうち最大電力 500kW 未満の需要設備において設置される電気機器であって電圧 600V 以下で使用するものを除く.）に取り付け，若しくはこれを取り外し，接地線相互若しくは接地線と接地極とを接続し，又は接地極を地面に埋設する作業

以上が電気工事士でないとできない作業で，これら以外の作業や補助する作業が軽微な作業になる.

電気工事士でなくてもできる軽微な工事

電気工事士法施行法令 第 2 条（軽微な工事）
1. 電圧 600V 以下で使用する差込み接続器，ねじ込み接続器，ソケット，ローゼットその他の接続器又は電圧 600V 以下で使用するナイフスイッチ，カットアウトスイッチ，スナップスイッチその他の開閉器にコード又はキャブタイヤケーブルを接続する工事
2. 電圧 600V 以下で使用する電気機器（配線器具を除く. 以下同じ.）又は電圧 600V 以下で使用する蓄電池の端子に電線（コード，キャブタイヤケーブル及びケーブルを含む. 以下同じ.）をねじ止めする工事
3. 電圧 600V 以下で使用する電力量計若しくは電流制限器又はヒューズを取り付け，又は取り外す工事
4. 電鈴，インターホーン，火災感知器，豆電球その他これらに類する施設に使用する小型変圧器（二次電圧が 36V 以下のものに限る.）の二次側の配線工事
5. 電線を支持する柱，腕木その他これらに類する工作物を設置し，又は変更する工事
6. 地中電線用の暗きょ又は管を設置し，又は変更する工事

[練習問題]（解答・解説は 186 ページ）
電気工事士のできる仕事

問 い	答 え
1 「電気工事士法」において，一般用電気工作物に係る工事の作業で，a，b ともに電気工事士でなければ従事できないものは．	イ．a：配電盤を造営材に取り付ける． 　　b：電線管を曲げる． ロ．a：地中電線用の管を設置する． 　　b：定格電圧 100V の電力量計を取り付ける． ハ．a：電線を支持する柱を設置する． 　　b：電線管に電線を収める． ニ．a：接地線を地面に埋設する． 　　b：定格電圧 125V の差し込み接続器にコードを接続する．
2 一般用電気工作物の工事において，電気工事士法で a，b ともに電気工事士でなければできない作業は．	イ．a：電力量計を取り付ける． 　　b：電動機の端子にキャブタイヤケーブルをねじ止めする． ロ．a：ベルに使用する小型変圧器の二次側配線（24〔V〕）を施工する． 　　b：配電盤を造営材に取り付ける． ハ．a：電線管のねじを切る． 　　b：接地極に接地線を接続する． ニ．a：金属管の電線管をワイヤラス張り壁の貫通部分に取り付ける． 　　b：地中電線用の暗きょを設置する．
3 一般用電気工作物の工事または作業で，a，b とも電気工事士でなければできないものは．	イ．a：電線管にねじを切る． 　　b：開閉器にコードを接続する． ロ．a：電線相互を接続する． 　　b：開閉器のヒューズを取り替える． ハ．a：露出形コンセントを取り替える． 　　b：配電盤を造営材に取り付ける． ニ．a：がいしに電線を取り付ける． 　　b：電線管に電線を収める．
4 電気工事士免状の交付を受けている者でなければ，従事できない一般用電気工作物の作業は．	イ．火災感知器用の小形変圧器（二次電圧 36〔V〕以下）の二次側配線工事の作業． ロ．電力量計又はヒューズを取り付け，取り外す作業． ハ．電線を支持する柱，腕木を設置し変更する作業． ニ．電線管をねじ切りし，電線管とボックスを接続する作業．
5 電気工事士法において，第二種電気工事士の資格があってもできない工事は．	イ．一般用電気工作物のネオン工事 ロ．一般用電気工作物の接地工事 ハ．自家用電気工作物（500〔kW〕未満の需要設備）の地中電線用管路設置工事 ニ．自家用電気工作物（500〔kW〕未満の需要設備）の非常用予備発電装置の工事

電気事業法　　　　　　　　法　令　3

Q 1 自家用電気工作物と一般用電気工作物の違いは.

スタディポイント 電気工作物とは

1　電気事業法でいう電気工作物

　電気事業法は電気を供給する事業に関することや電気工作物の工事や保安等について規定している. 電気工作物には, 事業用電気工作物と一般用電気工作物があり, 保安責任, 工事や維持, 運用にあたる資格者の関係は次のようになっている.

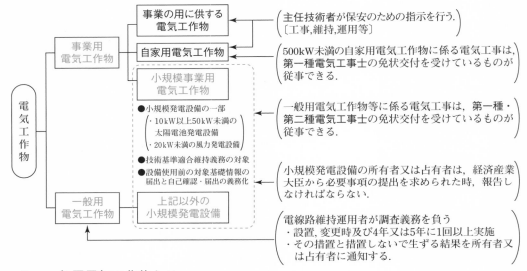

2　一般用電気工作物とは

　600V 以下の電圧で受電（低圧受電電線路）し, 受電の場所と同一の構内で使用するための電気工作物（同一の構内で, 連系して設置する出力が経済産業省令で定める出力未満の小規模発電設備*を含む）. ただし, 次のものは自家用電気工作物となる.

　・低圧受電電線路以外の電線路によりその構内以外の場所にある電気工作物と電気的に接続されているもの

　・小規模発電設備以外の発電用の電気工作物と同一の構内に設置されているもの

　・爆発性若しくは引火性の物が存在する場所に設置するもの

*一般用電気工作物となる小規模発電設備……発電電圧が 600V 以下で, 出力が下記のもの.

発電設備名	出　力
水力発電設備*	20kW 未満
太陽電池発電設備	10kW 未満
燃料電池発電設備	
内燃力発電設備	
スターリングエンジン発電設備	
上記設備の出力合計：50kW 未満	

　　　　　　　　　　　　　　　　*最大使用水量 1m³/s 未満

電気工作物とは

	問　　　い	答　　　え
1	新設の電気工作物で自家用電気工作物の適用を受けるものは．	イ．低圧受電で，受電電力の容量が 40〔kW〕の事務所ビル ロ．低圧受電で，受電電力の容量が 45〔kW〕の旅館 ハ．低圧受電で，受電電力の容量が 40〔kW〕，公道を隔てた構外の倉庫に 5〔kW〕の電力を送っている機械工場 ニ．低圧受電で，受電電力の容量が 40〔kW〕の映画館
2	自家用電気工作物に該当するものは．	イ．低圧受電で，受電電力の容量が 20〔kW〕，出力 15〔kW〕の太陽電池発電設備を有し，余剰電力を電力会社に販売する一般住宅 ロ．低圧受電で，受電電力の容量が 25〔kW〕のコンビニエンスストア ハ．低圧受電で，受電電力の容量が 40〔kW〕，出力 25〔kW〕の内燃力予備発電装置を有する映画館 ニ．低圧受電で，受電電力の容量が 45〔kW〕の住宅兼事務所
3	新設の電気工作物で，一般用電気工作物の適用を受けるものは．	イ．高圧受電で受電電力の容量が 100〔kW〕の店舗ビル ロ．高圧受電で受電電力の容量が 45〔kW〕のレストラン ハ．低圧受電で受電電力の容量が 40〔kW〕で 30〔kW〕の非常用予備発電装置を有する映画館 ニ．低圧受電で，受電電力の容量が 45〔kW〕の事務所
4	一般用電気工作物に該当するものは．	イ．低圧受電で，受電電力の容量が 30〔kW〕，出力 5〔kW〕の内燃力発電設備を有する病院 ロ．低圧受電で，受電電力の容量が 40〔kW〕，出力 55〔kW〕の太陽電池発電設備を有する観光植物園 ハ．高圧受電で，受電電力の容量が 45〔kW〕のファミリーレストラン ニ．高圧受電で，受電電力の容量が 60〔kW〕の事務所ビル

1 電気工事業法に定められていることは.
2 電気工事業者の義務は.

スタディポイント　電気工事業法

目　的：電気工事業者の登録と業務の規制を行い，業務の適正な実施により，一般用電気工作物等および自家用電気工作物の保安を確保する.

・登録電気工事業者：すべての電気工事
　　　都道府県知事への登録（2つ以上の都道府県の区域内に営業所を設置する場合は経済産業大臣）
　　　5年ごとに登録を更新
　　　営業所ごとに主任電気工事士（3年以上の実務経験をもつ第二種電気工事士または，第一種電気工事士）をおく.

・通知電気工事業者：自家用電気工作物の工事のみ.
　　　都道府県知事に開業10日前までに通知（2つ以上の都道府県の区域内に営業所を設置する場合は経済産業大臣）

・変更，廃止：30日以内に，登録した都道府県知事又は経済産業大臣

スタディポイント　電気工事業者

電気工事業者の義務

(1)　主任電気工事士の設置　　第一種電気工事士または，第二種電気工事士として3年以上の実務経験者を，営業所ごとにおく.

(2)　測定器具の備付　　営業所ごとに，①絶縁抵抗計　②回路計　③接地抵抗計を備える.

(3)　標識の掲示　　営業所および電気工事の施工場所ごとに標識を掲げる.

(4)　帳簿の備付　　営業所ごとに帳簿を備え，必要事項を記載し5年間保存する.

(5)　業務の登録，変更　　①5年ごとに更新の登録
　　　　　　　②変更，廃止は，30日以内に登録申請した都道府県知事

帳簿:営業所ごと.
　　5年間保存
帳簿記載事項
・注文者の氏名・名称・住所
・電気工事の種類と施工場所
・施工年月日
・主任電気工事士,作業者の氏名
・配線図
・検査結果

・登録電気工事業者:5年ごとに登録を更新する.
・通知電気工事業者:事業開始10日前までに都道府県知事に通知する.

○×電気工事店

（営業所,施工場所）

標識
・氏名または名称
・営業所の名称
・登録年月日
・登録番号
・主任電気工事士の氏名

・一般用電気工作物のみの業務を行う営業所
　絶縁抵抗計（メガー），接地抵抗計（アーステスタ），回路計（テスタ）を常備
・自家用電気工作物の業務を行う営業所
　上記の他に,低圧検電器,高圧検電器,継電器試験装置,絶縁耐力試験装置を備える.

[練習問題]（解答・解説は 187 ページ）

問　　い	答　　え
1　電気工事業の業務の適正化に関する法律に定める内容に，適合していないものは．	イ．一般用電気工事の業務を行う電気工事業者は，第一種電気工事士又は第二種電気工事士免状取得後電気工事に関し3年以上の実務経験を有する第二種電気工事士を，営業所ごとに主任電気工事士として置かなければならない． ロ．一般用電気工事の業務を行う電気工事業者は，営業所ごとに絶縁抵抗計，接地抵抗計及び回路計（抵抗と交流電圧を測定できるもの）を備えなければならない． ハ．電気工事業者は，営業所ごとに，所定の帳簿を備えなければならない． ニ．登録電気工事業者が引続き電気工事業を営もうとする場合，7年ごとに電気工事業の更新の登録を受けなければならない．
2　電気工事業の業務の適正化に関する法律において，登録電気工事業者が営業所等に掲げる標識に，記載することが義務づけられていない項目は．	イ．営業所の名称 ロ．登録番号 ハ．主任電気工事士等の氏名 ニ．電気工事の施工場所名
3　電気工事業の業務の適正化に関する法律の適用で，誤っているものは．	イ．帳簿は5年間保存する． ロ．標識は営業所又は電気工事の施工場所のいずれかの見やすい場所に掲げる． ハ．第二種電気工事士が主任電気工事士になるための必要実務経験は第二種電気工事士免状取得後3年以上である． ニ．登録電気工事業者の登録有効期間は5年である．
4　電気工事業の業務の適正化に関する法律において，登録電気工事業者が5年間保存しなければならない帳簿に，記載することが義務づけられていない項目は．	イ．施工年月日 ロ．主任電気工事士等及び作業者の氏名 ハ．施工金額 ニ．配線図及び検査結果

1 電圧の分類，過電流・地絡に対する保護は？
2 接触防護措置，簡易接触防護措置とは？

── スタディポイント *電圧の種別，保護対策，防護措置* ──

1　電圧の種別

「電圧の種別」電圧は下表のように，低圧，高圧，特別高圧の3種に分けられている．

	低　圧	高　圧	特別高圧
交　流	600〔V〕以下	600〔V〕を超え7 000〔V〕以下	7 000〔V〕を超過
直　流	750〔V〕以下	750〔V〕を超え7 000〔V〕以下	

使用電圧：電路を代表する線間電圧.
公称電圧ともいう.

対地電圧：接地式電路では，電線と大地との間の電圧
非接地式電路では，電路とその電路中の任意の他の電線との間の電圧

住宅の屋内電路の対地電圧は150 V 以下だが，定格消費電力2 kW 以上の電気機械器具への屋内配線を86 ページの内容で施工する場合，対地電圧を300 V 以下にできる．

2　過電流，地絡に対する保護対策

電路の必要な箇所には，過電流による過熱焼損から電線及び電気機械器具を保護し，かつ，火災の発生を防止できるよう，過電流遮断器を施設しなければならない．

電路には，地絡が生じた場合に，電線若しくは電気機械器具の損傷，感電又は火災のおそれがないよう，地絡遮断器の施設その他の適切な措置を講じなければならない．

ただし，電気機械器具を乾燥した場所に施設する等地絡による危険のおそれがない場合は，地絡遮断器の施設を省略できる．

3　接触防護措置と簡易接触防護措置

接触防護措置，簡易接触防護措置ともに設備に人が接触しないように講じる措置で，次の①，②のいずれかに適合するように施設する．

措　置　名		①		②
		施設する高さ	施設する範囲	施設方法
接触防護措置	屋内	床上2.3 m 以上	人が通る場所から手を伸ばしても触れることのない範囲に施設する．	設備に人が接近又は接触しないよう，さく，へい等を設け，又は設備を金属管に収める等の防護措置を施す*．
	屋外	地表上2.5 m 以上		
簡易接触防護措置	屋内	床上1.8 m 以上	人が通る場所から容易に触れることのない範囲に施設する．	
	屋外	地表上2.0 m 以上		

*例）設備を施設している箇所を立入禁止にする．／さく，へい，手すり，壁などを設ける．
金属管，合成樹脂管，トラフ，ダクト，金属ボックスなどに収める．

[練習問題]（解答・解説は 187 ページ）

電圧の種別

	問 い	答 え
1	電気設備の技術基準による電圧の低圧区分の組合せで，正しいものは.	イ． 直流 600〔V〕以下　交流 750〔V〕以下　　ロ． 直流 750〔V〕以下　交流 600〔V〕以下 ハ． 直流 600〔V〕以下　交流 600〔V〕以下　　ニ． 直流 750〔V〕以下　交流 300〔V〕以下
2	電気設備の技術基準で定められている交流の電圧区分で正しいものは.	イ． 低圧は 600〔V〕以下，高圧は 600〔V〕を超え 10 000〔V〕以下 ロ． 低圧は 600〔V〕以下，高圧は 600〔V〕を超え 7 000〔V〕以下 ハ． 低圧は 750〔V〕以下，高圧は 750〔V〕を超え 10 000〔V〕以下 ニ． 低圧は 750〔V〕以下，高圧は 750〔V〕を超え 7 000〔V〕以下
3	電気設備の技術基準で定められている電圧の区分で，低圧の最高限度〔V〕は.	イ． 交流 150　直流 300　　ロ． 交流 300　直流 600 ハ． 交流 600　直流 750　　ニ． 交流 750　直流 1 000

屋内電路の対地電圧

	問 い	答 え
4	原則として，住宅の屋内に施設する蛍光灯に至る電路に使用できる対地電圧の最高値〔V〕は.	イ． 150　　ロ． 173　　ハ． 200　　ニ． 400
5	住宅の屋内電路に定格消費電力が 2〔kW〕未満の電気機械器具を施設する場合，この電路の対地電圧の最大値〔V〕は.	イ． 100　　ロ． 150　　ハ． 200　　ニ． 250

過電流，地絡に対する保護対策

	問 い	答 え
6	「電気設備に関する技術基準を定める省令」における電路の保護対策について記述したものである．次の空欄(A)及び(B)の組合せとして，正しいものは. 電路の　(A)　には，過電流による過熱焼損から電線及び電気機械器具を保護し，かつ，火災の発生を防止できるよう，過電流遮断器を施設しなければならない．また，電路には，　(B)　が生じた場合に，電線若しくは電気機械器具の損傷，感電又は火災のおそれがないよう，　(B)　遮断器の施設その他の適切な措置を講じなければならない．ただし，電気機械器具を乾燥した場所に施設する等　(B)　による危険のおそれがない場合は，この限りでない.	イ． (A)必要な箇所　　　　　(B)地絡 ロ． (A)すべての分岐回路　(B)過電流 ハ． (A)必要な箇所　　　　　(B)過電流 ニ． (A)すべての分岐回路　(B)地絡

接触防護措置と簡易接触防護措置

	問 い	答 え
7	電気設備の簡易接触防護措置としての最小高さの組合せとして，正しいものは．ただし，人が通る場所から容易に触れることのない範囲に施設する. <table><tr><td>屋内での床面からの最小高さ〔m〕</td><td>屋外での地表面からの最小高さ〔m〕</td></tr><tr><td>a　1.6</td><td>e　2</td></tr><tr><td>b　1.7</td><td>f　2.1</td></tr><tr><td>c　1.8</td><td>g　2.2</td></tr><tr><td>d　1.9</td><td>h　2.3</td></tr></table>	イ． a，h ロ． b，g ハ． c，e ニ． d，f

電気用品安全法

1 電気用品安全法の目的は.
2 電気用品の規制内容は.

― スタディポイント　電気用品安全法 ―

1　電気用品安全法の目的は
　電気用品の製造・販売等を
　規制するとともに ⎬→

> 電気用品の安全性の確保につき民間事業者の
> 自主的な活動を促進することにより，電気用
> 品による危険及び障害の発生を防止する.

2　事業の届出

届　　出
⇩
適合性検査
⇩
表　　示

　電気用品の製造又は輸入事業を行う者は，電気用品の区分に従って経済産業大臣に届け出なければならない.

　届出事業者は製造し又は輸入する場合においては，省令で定める技術上の基準に適合するようにしなければならない.

特定電気用品 〈PS〉E	特定電気用品以外の電気用品 (PS)E
製造上・使用上から比較的危険度の高いもの 届出事業者：届出 表示：〈PS〉Eまたは〈PS〉Eの記号， 　　　届出事業者名（検査機関名），定格	届出事業者：届出制 表示：(PS)Eまたは(PS)Eの記号， 　　　届出事業者名，定格

― スタディポイント　特定電気用品と特定電気用品以外の電気用品 ―

1　特定電気用品　（抜粋）
　工事材料　（1）　絶縁電線（100V～600V，公称断面積100mm² 以下）
　　　　　　　　　　ゴム絶縁電線，合成樹脂絶縁電線
　　　　　　（2）　ケーブル（100V～600V，公称断面積22mm² 以下，線心7本以下）
　　　　　　　　　　外装がゴム又は合成樹脂　例）600Vビニル絶縁ビニルシースケーブル（心線2.0mm，3心）
　　　　　　（3）　コード
　　　　　　（4）　キャブタイヤケーブル（公称断面積100mm² 以下，線心7本以下）
　　配線器具　（1）　ヒューズ（定格1A～200A），糸ヒューズ，温度ヒューズ
　　　　　　（2）　タンブラスイッチ，タイムスイッチ，その他の点滅器（定格30A以下），
　　　　　　　　　　箱開閉器,フロートスイッチ,圧力スイッチ,配線用遮断器,漏電遮断器（定格100A以下），
　　　　　　　　　　差込み接続器（極数5以下，定格50A以下）
　　電気機械器具
　　　　　　（1）　小型単相変圧器（定格500V·A以下）：家庭機器用
　　　　　　（2）　放電灯用安定器（定格500W以下）：蛍光灯用，水銀灯用，オゾン発生器用
　　　　　　（3）　携帯発電機（30V以上300V以下）
　　　　　　（4）　電気便座，電気温蔵庫，水道凍結防止器，ガラス曇り防止器
　　　　　　（5）　電気ポンプ，冷蔵用ショーケース，電気マッサージ器，自動販売機
　　　　　　（6）　電撃殺虫器
2　特定電気用品以外の電気用品　（抜粋）
　　　　　　（1）　ケーブル(100V～600V,公称断面積22mm²を超え100mm²以下,線心7本以下)
　　　　　　（2）　金属製電線管・合成樹脂可とう電線管（PF管）（内径が120mm以下），
　　　　　　　　　　ケーブル配線用スイッチボックス
　　　　　　（3）　リモートコントロールリレー，カバー付ナイフスイッチ，電磁開閉器.
　　　　　　　　　　ライティングダクト
　　　　　　（3）　電気ストーブ（定格消費電力10kW以下),換気扇（定格消費電力300W以下），
　　　　　　　　　　蛍光ランプ（定格消費電力40W以下）

[練習問題]（解答・解説は 188 ページ）
電気用品安全法

	問　　い	答　　え
1	電気用品安全法の主な目的は.	イ．電気用品による危険及び障害の発生を防止するため. ロ．電気用品の規格等を統一し，用品の互換性を高めるため. ハ．電気用品の種類を制限し，使用者の選択を容易にするため. ニ．電気用品を適正な価格で販売させ，消費者の保護を図るため.
2	電気用品安全法に関する記述で，誤っているものは.	イ．電気用品製造事業者は，特定電気用品に定格を表示しなければならない. ロ．所定の表示のない特定電気用品は，販売してはならない. ハ．輸入した特定電気用品については，JIS マークを付けなければならない. ニ．電気工事士は，所定の表示のない特定電気用品を使用してはならない.
3	電気用品安全法により，電気工事に使用する特定電気用品に付すことが要求されていない表示は.	イ．製造年月　　　　　ロ．届出事業者名 ハ．検査機関名　　　　ニ．◇ または＜PS＞E の記号

特定電気用品とそれ以外の電気用品

	問　　い	答　　え
4	電気用品安全法で，特定電気用品の所定の表示が付いていなければ使用できないものの組合わせで，正しいものは. A：定格電圧 125〔V〕，定格電流 10〔A〕のタンブラスイッチ B：定格電圧 600〔V〕で導体の公称断面積 150〔mm²〕のビニル絶縁電線 C：定格電圧 220〔V〕，定格電流 30〔A〕の配線用遮断器 D：定格電圧 100〔V〕の電気ドリル	イ．A・B　　ロ．B・C ハ．C・D　　ニ．A・C
5	電気用品安全法により特定電気用品以外の適用を受ける電気用品は.	イ．250〔V〕，100〔A〕の配線用遮断器 ロ．200〔A〕のつめ付ヒューズ ハ．外径 25〔mm〕の金属製電線管 ニ．5.5〔kW〕のかご形三相誘導電動機
6	電気用品安全法により特定電気用品の適用を受けるものは.	イ．消費電力 40〔W〕の蛍光ランプ ロ．外径 25〔mm〕の金属製電線管 ハ．定格電流 60〔A〕の配線用遮断器 ニ．ケーブル配線用スイッチボックス
7	次の品物のうち電気用品安全法の適用を受ける特定電気用品は.	イ．がいし引き工事に使用されるがいし ロ．地中電線路用ヒューム管（内径 150〔mm〕） ハ．22〔mm²〕用ボルト形コネクタ ニ．600V ビニル絶縁電線（38〔mm²〕）
8	電気用品安全法に基づく，特定電気用品の表示が付いていなければ使用できないものは.	イ．D 種接地工事の接地極に使用される接地棒 ロ．直径 1.6〔mm〕の 600V ビニルシースケーブル ハ．アウトレットボックスに使用するゴムブッシング ニ．リングスリーブ（E 形）

屋内配線図用の図記号(1)

電灯，コンセント，点滅器などの図記号は.
（構内電気設備の配線用図記号 JIS C 0303：2000）

1. 一般用照明

(1) 器具の種類

(a) 白熱灯・HID灯：図記号 ◯

⊖	CL	CH	DL	( )
ペンダント	シーリング（天井直付）	シャンデリヤ	埋込器具	引掛シーリング（角形）

( )	⊗	◯H	高輝度放電灯（HIDランプ）は，水銀灯：H メタルハライド灯：M ナトリウム灯：N の総称.
引掛シーリング（丸形）	屋外灯	水銀灯	

(b) 蛍光灯

▭◯▭	▭	▭◯▭ ◻◯◻
蛍光灯ボックス付	蛍光灯ボックスなし	蛍光灯 器具の大きさ，形状による表示

(c) 誘導灯

⊗	⊗
白熱灯	蛍光灯

(2) 器具の取付

◐ ▭◯▭	◯W ▭◯▭W	◯F ▭◯▭F	
壁付 壁側を塗る	壁付 Wを記入	床付 Fを記入	過去には出題されていない

(3) 器具の容量表示

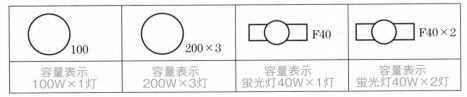

◯100	◯200×3	▭◯▭ F40	▭◯▭ F40×2
容量表示 100W×1灯	容量表示 200W×3灯	容量表示 蛍光灯40W×1灯	容量表示 蛍光灯40W×2灯

(4) その他

▭◯▭ F40-2	▭◯▭ F40-3
蛍光灯40W×2灯	蛍光灯40W×3灯
器具内配線のつながり方の表示	

2. コンセント　　　一般形図記号

（1）取付位置の表示

壁付 壁側を塗る	天井取付	床面取付

（2）定格等の表示

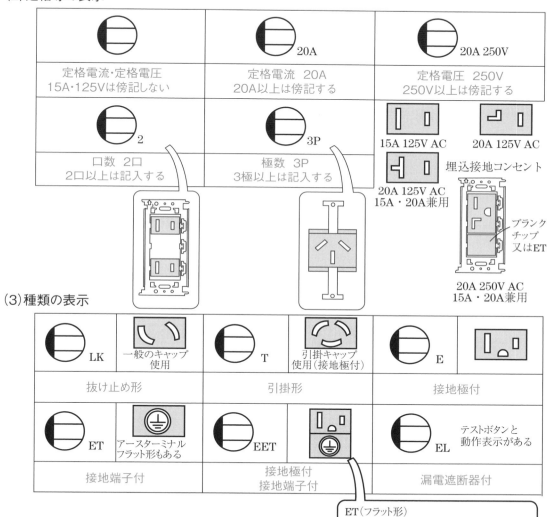

定格電流・定格電圧 15A・125Vは傍記しない	定格電流　20A 20A以上は傍記する	定格電圧　250V 250V以上は傍記する
口数　2口 2口以上は記入する	極数　3P 3極以上は記入する	15A 125V AC　　20A 125V AC 20A 125V AC 15A・20A兼用 埋込接地コンセント ブランクチップ又はET 20A 250V AC 15A・20A兼用

（3）種類の表示

LK	一般のキャップ使用	T	引掛キャップ使用（接地極付）	E	
抜け止め形		引掛形		接地極付	
ET	アースターミナルフラット形もある	EET		EL	テストボタンと動作表示がある
接地端子付		接地極付 接地端子付		漏電遮断器付	

ET（フラット形）
ネジで接地線を　締め付けるためドライバーで結線する.

（4）その他

WP	EX	H
防雨形	防爆形	医用

3. 点滅器　　　一般形図記号　●

（1）定格の表示

●	●20A
定格電流 15Aは傍記しない	定格電流 15A以外は傍記する

・一般形点滅器の定格電圧は，交流300Vになるが，位置又は確認表示灯内蔵のものは，電圧形（※1）は使用する回路電圧が交流100V又は200Vとなる．

（2）種類の表示

●		●3		●4	
単極 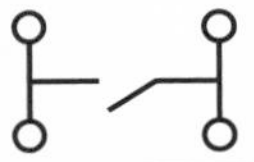		3路 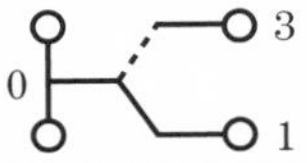		4路 	
●2P		●P		●H	
2極 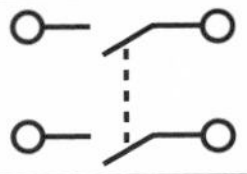		プルスイッチ		位置表示灯内蔵 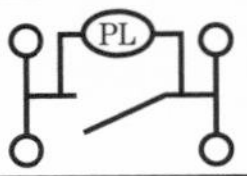	
●L		○●			
確認表示灯内蔵 電圧形・電流形		確認表示灯別置　○			

確認表示灯内蔵
※1（電圧形）　　　（電流形）

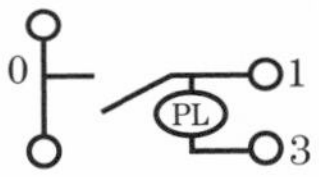

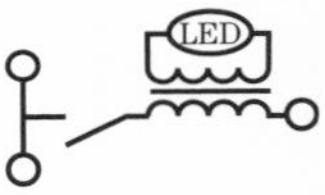

（3）種類の表示（その他）

●WP	●EX	●A(3A)
防雨形	防爆形	自動点滅器 屋外灯用　電流値を傍記
●T	●D	●DF
タイマ付	遅延スイッチ 動作例 　スイッチOFF後，約30秒 　遅れて消灯する．	遅延スイッチ（照明・換気扇用） 動作例 スイッチOFF後，照明は同時に消灯 し，換気扇は約3分遅れて切れる．
 ⬈	◆	 ⬈500W
調光器 一般形	調光器 ワイド形	調光器 定格容量を表示
●R	⊗	▲，◤◤◤10
リモコンスイッチ	リモコンセレクタスイッチ	リモコンリレー 集合取付リレー数

	問　　　　い	答　　　え			
1	照明器具としてシャンデリヤを取り付けたい．図記号は．	イ．Ⓒ︎H	ロ．⊖	ハ．Ⓓ︎L	ニ．Ⓒ︎L
2	図記号 ⊕WP の傍記「WP」の意味は．	イ．接地極付	ロ．埋込形	ハ．防雨形	ニ．露出形
3	屋外灯用の自動点滅器の図記号は．	イ．●P(3A)	ロ．◉A(3A)	ハ．◉L(3A)	ニ．●A(3A)
4	図記号 ◉ の名称は．	イ．ペンダント	ロ．引掛シーリング（角型）アダプタ	ハ．引掛シーリング（丸型）	ニ．埋込器具
5	図記号 ⊖ の器具は．	イ．埋込器具	ロ．シャンデリヤ	ハ．ペンダント	ニ．引掛シーリング
6	図記号 ⊖T の種類は．	イ．抜け止め形	ロ．引掛形	ハ．防雨形	ニ．防爆形
7	図記号 ●P が示す器具の名称は．	イ．ペンダントスイッチ	ロ．プルスイッチ	ハ．パイロットランプ	ニ．リモコンスイッチ
8	図記号 ⊖3 の器具の名称は．	イ．3極コンセント	ロ．防水形3口コンセント	ハ．壁付3極コンセント	ニ．壁付3口コンセント
9	図記号 ⊗●A(3A) の外灯は 100〔W〕の水銀灯である．傍記 ▭ の表示として正しいものは．	イ．N100	ロ．F100	ハ．H100	ニ．M100
10	電灯を埋込器具にしたい図記号は．	イ．⊖	ロ．Ⓒ︎L	ハ．Ⓓ︎L	ニ．Ⓒ︎H
11	接地極付コンセントを取り付ける．正しい図記号は．	イ．⊖EL	ロ．⊖ET	ハ．⊖E	ニ．⊖T
12	防雨形コンセント（2口，接地極，接地端子付）を取り付ける．正しい図記号は．	イ．⊖2EWP	ロ．⊖2EET	ハ．⊖2EETWP	ニ．⊖EETWP
13	屋外灯を取り付ける．正しい図記号は．	イ．Ⓒ︎H	ロ．Ⓓ︎L	ハ．⊗	ニ．◉
14	図記号 ⊖ の名称は．	イ．ペンダント	ロ．ダウンライト	ハ．シャンデリヤ	ニ．シーリング・直付
15	図記号 ◀⊗▶ の器具は．	イ．不滅灯	ロ．天井埋込器具	ハ．非常用照明	ニ．誘導灯（蛍光灯）

問い	答え			
16	パイロットランプ内蔵（確認表示灯）の点滅器を取り付ける正しい図記号は.	イ. ●H	ロ. ●P	ハ. ●L	ニ. ●R
17	接地端子付コンセントを取り付ける．正しい図記号は.	イ. ⊖EL	ロ. ⊖ET	ハ. ⊖EX	ニ. ⊖E
18	図記号  ●✦ の名称は.	イ. 非常用照明灯	ロ. リモコンスイッチ	ハ. 調光器	ニ. 立上り
19	リモコンリレー（リレー数3）を取り付ける正しい図記号は.	イ. TS	ロ. ⊗3	ハ. 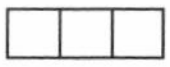 □□□	ニ.  ▲▲▲3
20	漏電遮断器付コンセントを取り付ける．正しい図記号は.	イ. ⊖ET	ロ. ⊖EL	ハ. ⊖EX	ニ. ⊖E

配線の図記号は.
（構内電気設備の配線用図記号 JIS C 0303：2000）

1. 配線の種類　線の書き方により，配線を施設場所のどの部位を通すかを示す.

———	— — — —	·········	— — — —	—·—·—·
天井隠ぺい配線	床隠ぺい配線	露出配線	床面露出配線 （二重床内配線）	地中配線

> —·—·—· は，JIS C 0303-2000では，天井隠ぺい配線のうち天井ふところ内配線を区別する場合に用いているが，試験問題の配線図では地中配線（JIS C 0303 8.屋外設備）に用いられている.

2. 電線の種類

IV	HIV	VVF	VVR
600Vビニル 絶縁電線	600V二種ビニル 絶縁電線	600Vビニル絶縁ビニル シースケーブル （平形）	600Vビニル絶縁ビニル シースケーブル （丸形）
EM - IE	**EM - EEF**	**DV**	**OW**
600V耐燃性 ポリエチレン 絶縁電線	600Vポリエチレン絶縁 耐燃性ポリエチレン シースケーブル平形	引込用ビニル 絶縁電線	屋外用ビニル 絶縁電線

3. 絶縁電線・ケーブルの太さ及び電線数・線心数

/// 1.6	// 2.0	// 2	/// 8	1.6 - 3C ケーブルの種類を記入
太さ（単線）1.6mm 電線数　3本	太さ（単線）2.0mm 電線数　2本	太さ（より線）2mm² 電線数　2本	太さ（より線）8mm² 電線数　3本	太さ　1.6mm 線心数　3心

4. 電線管の種類

// 1.6 （E19）	// 1.6 （PF16）	// 1.6 （F217）	// 1.6 （VE16）
鋼製電線管 （ねじなし電線管）外径19mm	合成樹脂製可とう電線管 （PF管）内径16mm	2種金属製可とう電線管 呼び 17 最小内径16.6mm	硬質ポリ塩化ビニル 電線管
C （PF16）	// 1.6 （19）		
電線の入っていない （PF管）の場合	鋼製電線管 呼び　19　外径19mm		

> 金属線ぴ工事は，メタルモールディングと呼ばれ，種類にはA型（1種），B型（2種）がある.

5. その他の表示

— — — （F7） — — — （FC6）	□ - - - LD LD 125V 2P 15A	- - - - - - - - MM1	/// 2.0　E2.0（PF22）	♂
フロアダクト	ライティングダクト 電圧，極数，容量	金属線ぴ （メタルモールディング）	接地線　太さ2.0mm 同一管内に入れる場合	立上り

CR	⚲	⚲↗	□	⊘
ケーブルラック	引下げ	素通し	ジョイントボックス	VVF用 ジョイントボックス
MD	⏚	⏚ E_D	⚡	
金属ダクト	接地端子	接地極 (D種)	受電点	

[練習問題]（解答・解説は 189 〜 190 ページ）

	問　　い	答　　え			
1	図記号 IV1.6(19) の工事種類は.	イ. 合成樹脂管工事	ロ. ライティングダクト	ハ. 金属管工事	ニ. 金属線ぴ工事
2	受電点として正しい図記号は.	イ. ⚡	ロ. ⚡	ハ. ⚡	ニ. ⚡
3	図記号 LD の名称は.	イ. 金属ダクト	ロ. 金属線ぴ	ハ. ライティングダクト	ニ. フロアダクト
4	図記号（洋室内）の配線の名称は.	イ. 天井隠ぺい配線	ロ. 露出配線	ハ. 天井ふところ内配線	ニ. 床隠ぺい配線
5	合成樹脂製可とう電線管を使用して工事を行う. 正しい図記号は.	イ. 2.0 E2.0(E19)	ロ. 2.0 E2.0(VE16)	ハ. 2.0 E2.0(PF16)	ニ. 2.0 E2.0(MM1)
6	図記号 ⚲↗ の名称は.	イ. 素通し	ロ. 立上がり	ハ. リモコンスイッチ	ニ. 調光器
7	図記号 ⊘（和室）イロ の配線の名称は.	イ. 地中埋設配線	ロ. 床隠ぺい配線	ハ. 露出配線	ニ. 天井隠ぺい配線
8	2階を素通しする配線をしたい. この場合の図記号は.	イ. ●	ロ. ⚲↗	ハ. ⚲↗	ニ. ⚲↗
9	金属管工事による露出配線としたい. この場合の図記号は.	イ. 1.6(F217)	ロ. 1.6(VE16)	ハ. 1.6(PF16)	ニ. 1.6(19)
10	図記号 1.6(VE22) (VE22) とあるのは.	イ. 内径22〔mm〕の硬質ポリ塩化ビニル電線管である	ロ. 内径22〔mm〕の厚鋼電線管である	ハ. 外径22〔mm〕の合成樹脂可とう電線管である	ニ. 断面積22〔mm²〕のビニルシースケーブルである

問　い	答　え			
11	地中埋設配線をしたい. この場合の図記号は.	イ. ‐‐‐‐‐‐‐‐	ロ. ‐‐・‐‐・‐	ハ. ‐・‐・‐	ニ. ━━━━
12	図記号‐‐‐‐‐‐‐‐‐ 8-3C で示すケーブル工事である. 正しいものは.	イ. 床隠ぺい配線 太さ 8mm 3 対	ロ. 天井ふところ内配線 太さ 8mm² 3 心	ハ. 天井隠ぺい配線 太さ 8mm 3 対	ニ. 露出配線 太さ 8mm² 3 心
13	将来使用として合成樹脂製可とう電線管のみ配管したい. 正しい図記号は. (コンクリート埋込配管専用)	イ.  ⫽ 1.6(E19)	ロ.  ⊂ (PF16)	ハ.  ⫽ 1.6(CD)	ニ.  ⊂ (CD16)
14	ジョイントボックスとしてアウトレットボックスを使用する. 正しい図記号は.	イ.  ⊠	ロ.  ◉	ハ. 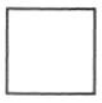 ☐	ニ. ⊘
15	電線 IV, ケーブル VVF には塩化ビニルが使用されているので, ポリエチレンに代えた電線・ケーブルを使用したい. 正しい組合せは. (ケーブルの JIS 記号は 600V EEF/F ですが実際のケーブルには EM600V EEF/F と表示されている. また配線用図記号では, EM-EEF が使用されている.)	イ. IV→EM-IC VVF→EM-CEE	ロ. IV→EM-IE VVF→EM-CEE	ハ. IV→EM-IE VVF→EM-EEF	ニ. IV→EM-EE VVF→EM-EEF

1 機器・警報呼出等の図記号は.
2 開閉器・計器の図記号は.
3 配電盤・分電盤等の図記号は.
（構内電気設備の配線用図記号 JIS C 0303：2000）

1. 機器・警報呼出等の種類

例 ⓂⓂ 3φ200V 3.7kW	÷	例 ⒽⒽ 電気温水器 1φ2W 200V 5.4kW	∞ ⊡ （天井付き）
電動機	コンデンサ	電熱器	換気扇
●	⬛	📐	♩
押しボタン	ベル	ブザー	チャイム
RC O 1φ200V 3kV·A	RC I	Ⓣ	Ⓣ B ベル変圧器 Ⓣ R リモコン変圧器 Ⓣ N ネオン変圧器 Ⓣ F 蛍光灯用安定器 Ⓣ H HID灯用安定器
ルームエアコン 屋外ユニット	ルームエアコン 屋内ユニット	小形変圧器	

2. 開閉器・計器の種類

S 2P30A f30A	Ⓢ 3P30A f30A A5	B 3P 225AF 150A	B , B M
開閉器	開閉器 電流計付	配線用遮断器	モータブレーカ
E 2P 30A 30mA	BE , E 2P 30AF 15A 30mA	Ⓦⓗ	Ⓦⓗ
漏電遮断器 過負荷保護なし	漏電遮断器 過負荷保護付	電力量計	電力量計 （箱入り又はフード付）
● B	● P	例 ● LF ● LF3	Ⓛ
電磁開閉器用 押しボタン	圧力スイッチ	フロートレススイッチ 電極(例:電極数3本)	電流制限器
TS	CT	⊘ G	⊘ F
タイムスイッチ	変流器 （箱入り）	漏電警報	漏電火災警報 （消防法によるもの）

3. 配電盤・分電盤等の種類　　図記号 ☐

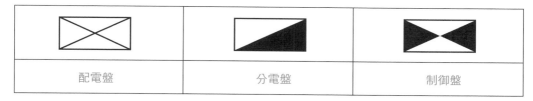

配電盤	分電盤	制御盤

4. 分電盤結線図

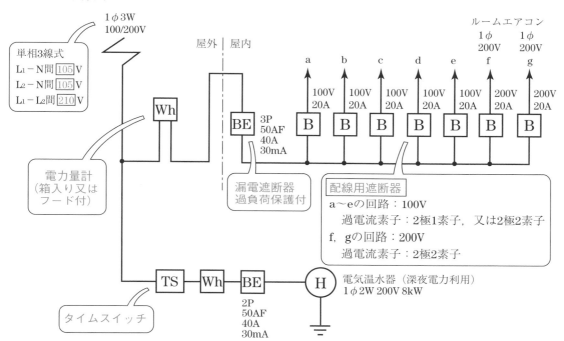

5. 動力制御盤結線図

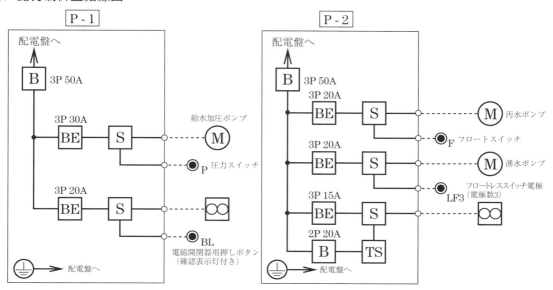

[練習問題]（解答・解説は 190 ～ 191 ページ）

	問　い	答　え			
1	図記号 BE 3P 50AF 40A 30mA の配線器具は.	イ．漏電遮断器（過負荷保護付）	ロ．カットアウトスイッチ	ハ．モータブレーカ	ニ．配線用遮断器
2	図記号 ♪ の器具は.	イ．スピーカ	ロ．ブザー	ハ．チャイム	ニ．ベル
3	分電盤を取り付ける図記号は.	イ．▱	ロ．◤◥	ハ．◿	ニ．⊠
4	図記号 Wh の名称は.	イ．変流器	ロ．電力量計	ハ．開閉器	ニ．漏電警報器
5	図記号 B の器具を用いる目的は.	イ．過電流と地絡電流とを遮断する.	ロ．過電流を遮断する.	ハ．地絡電流を遮断する.	ニ．不平衡電圧を遮断する.
6	図記号 B の配線器具は.	イ．モータブレーカ	ロ．漏電遮断器	ハ．配線用遮断器	ニ．カットアウトスイッチ
7	図記号 ∞ の器具は.	イ．地震感知器	ロ．換気扇	ハ．ヒータ	ニ．握り押しボタン
8	過電流素子付き漏電遮断器を取り付ける. 正しい図記号は.	イ．S	ロ．BE	ハ．B	ニ．Ⓑ
9	図記号 RC において屋内ユニットを傍記する記号は.	イ．I	ロ．B	ハ．O	ニ．R
10	ベル変圧器を取り付ける. 図記号は.	イ．Ⓣ R	ロ．Ⓣ F	ハ．Ⓣ B	ニ．Ⓣ N
11	1φ3W 100/200V の負荷 1φ200V ルームエアコン用として使用できない過電流遮断装置は.	イ．2極2素子の過電流素子付漏電遮断器	ロ．2極にヒューズを取り付けたカバー付ナイフスイッチ	ハ．2極1素子の配線用遮断器	ニ．2極2素子の配線用遮断器
12	図記号 BE を用いる目的は.	イ．地絡電流のみ遮断する	ロ．短絡電流のみ遮断する	ハ．不平衡電流を遮断する	ニ．過電流と地絡電流を遮断する
13	チャイムを取り付ける. 正しい図記号は.	イ．Ⓐ	ロ．Ⓣ	ハ．Ⓐ○	ニ．♪
14	図記号 ▱ の器具は.	イ．チャイム	ロ．ブザー	ハ．壁付押しボタン	ニ．表示スイッチ
15	図記号 Ⓑ の名称は.	イ．電磁開閉器	ロ．漏電遮断器	ハ．箱開閉器	ニ．モータブレーカ
16	押しボタンを取り付ける. 図記号は.	イ．⊠	ロ．●	ハ．⊖	ニ．○
17	天井に換気扇を取り付ける. 図記号は.	イ．S	ロ．Ⓣ	ハ．∞	ニ．Ⓜ

	問　　い	答　　　　え			
18	箱入電力量計を取り付ける. 図記号は.	イ. $\boxed{\text{CT}}$	ロ. $\boxed{\text{Wh}}$	ハ. Ⓛ	ニ. Ⓦ_h
19	タイムスイッチを取り付ける. 図記号は.	イ. Ⓣ_B	ロ. Ⓣ_F	ハ. Ⓣ	ニ. $\boxed{\text{TS}}$
20	図記号 $\boxed{\text{S}}^{\text{3P30A}}_{\substack{\text{f15A}\\\text{A10}}}$ の配線器具は.	イ. 電磁開閉器	ロ. 電流計付 電磁開閉器	ハ. 金属箱 開閉器	ニ. 電流計付 箱開閉器

複線図の書き方と配線条数

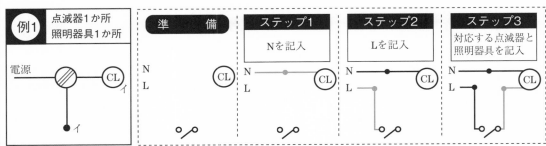

N：接地側電線　L：非接地側電線

準備　単線図用図記号を示された配置に記入する

- ⊖や □ CL DL CH ─ 等（照明器具）は示された位置に記入.
- ●，●₃ 等（点滅器）は，●片切は ○ᜎ ●₃ 3路は ○ᜎ³₁ を示された位置に記入.
- ○（別置のパイロットランプ）は □PL□ を示された位置に記入.

ステップ 1　接地側電線 N を記入する

- ⊖や □ CL DL CH ─ 等（照明器具）と電源 N間を記入.
- ○（別置のパイロットランプ）同時点滅と常時点灯の場合，電源 N間を記入.
- その他の負荷がある場合，その他の負荷 Nと電源 N間を記入.

ステップ 2　非接地側電線 L を記入する

- ⊖や ●，●₃ ，その他の負荷L側と電源のL間を記入.
- ● 2個以上は器具間で渡り配線にする．（器具に送り端子がある）
- ●₃：電源側点滅器と照明器具側点滅器を最少条数にするための配置にする.
  （●，⊖ と同じ配置になっている ●₃ が電源側）

ステップ 3　指定された点滅器と照明器具間を記入する

- ●ᵢと CLᵢ，●ᵣと □□ᵣで対応する点滅器と照明器具間を記入.
- ●ᵢと ⊖ᵢ（換気扇用）もあるので，コンセントの場合はステップ2のL側に注意.

ステップ 3プラス　3路・4路点滅器の場合　点滅器の間を記入する

- ●₃ の場合：

1−1，3−3端子間を記入
（1−3，3−1でもよい）

- ●₃と●₄の場合：

1−3，3−1，及び2−3，4−1でもよい

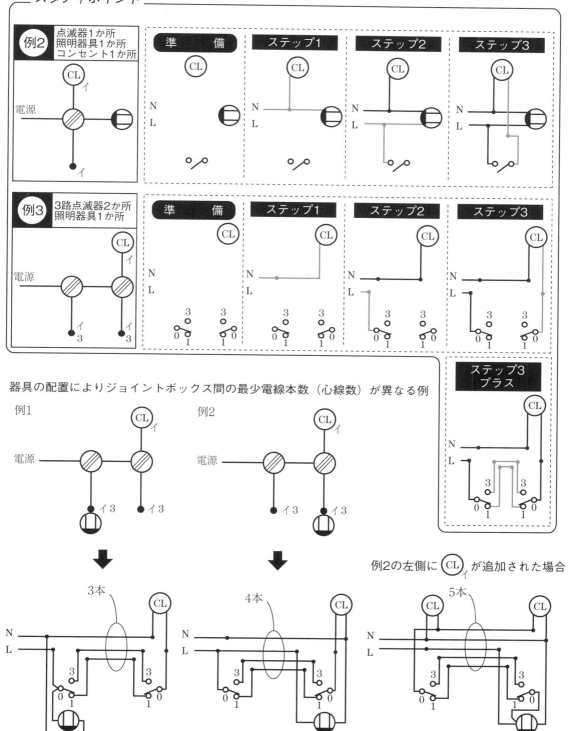

器具の配置によりジョイントボックス間の最少電線本数（心線数）が異なる例

[練習問題・複線図・配線条数]

練習問題	複線図	配線条数
1	下記の分岐回路の複線結線図と配線条数は. 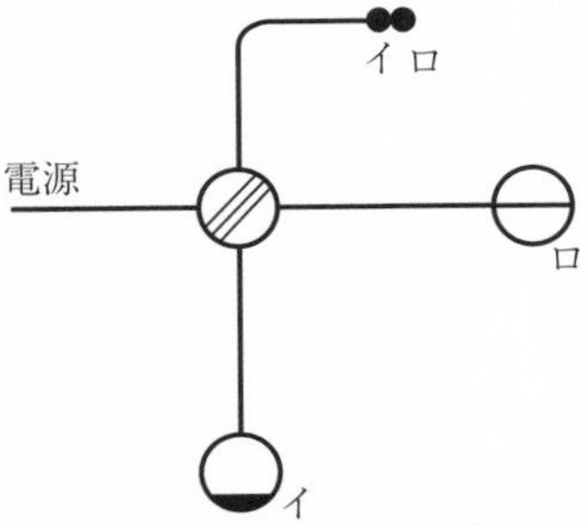	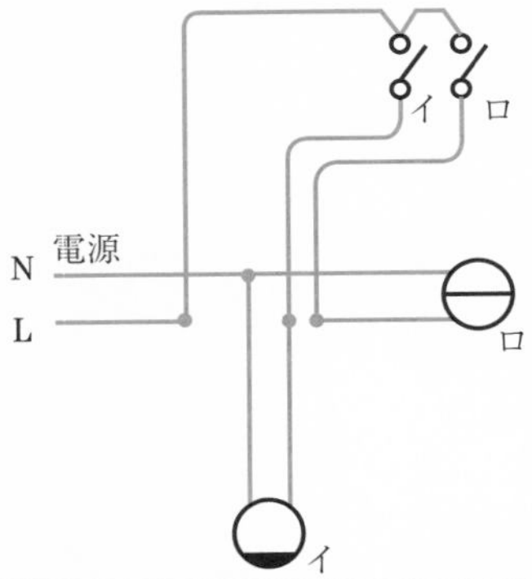	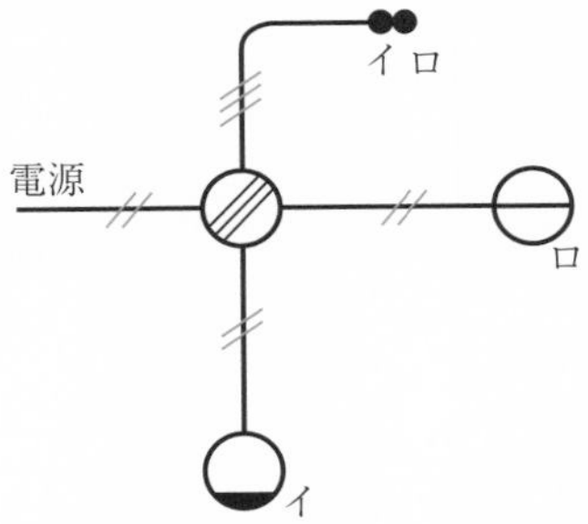
2	下記の分岐回路の複線結線図と配線条数は. 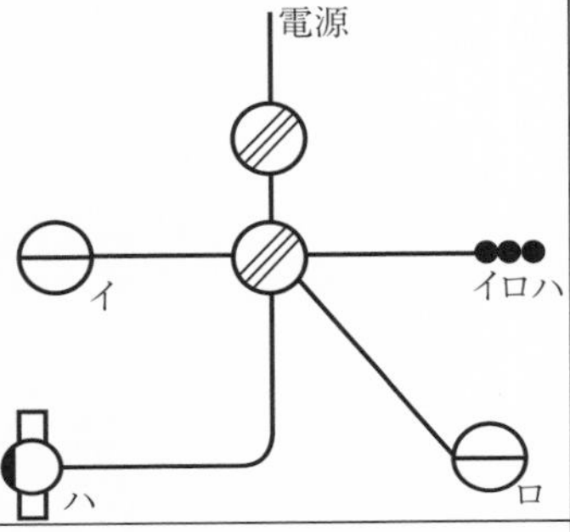	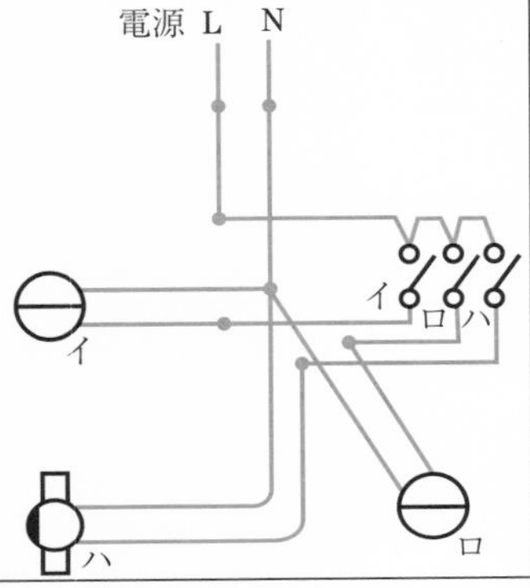	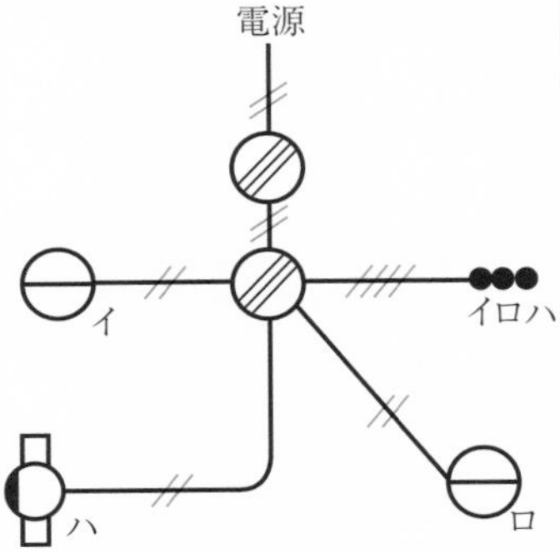
3	下記の分岐回路の複線結線図と配線条数は. 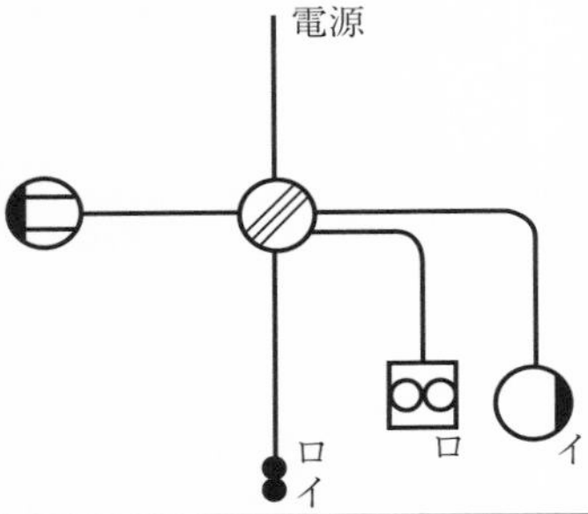	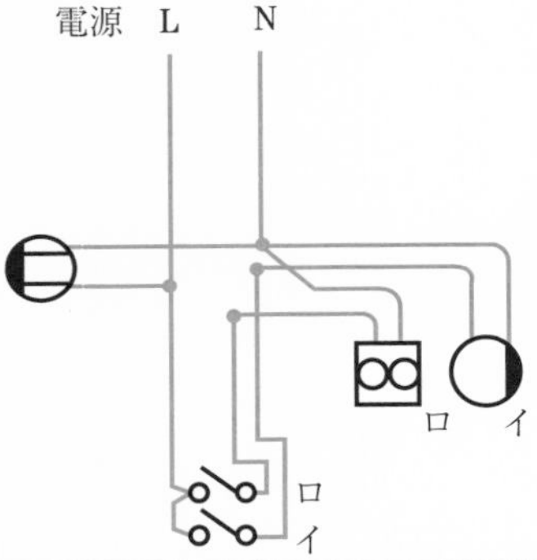	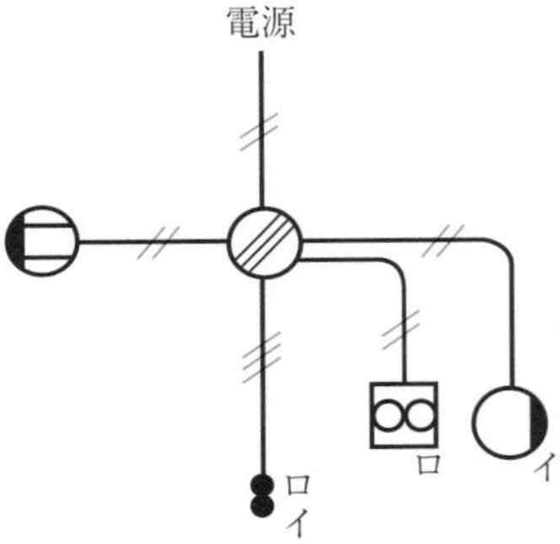
4	下記の分岐回路の複線結線図と配線条数は. 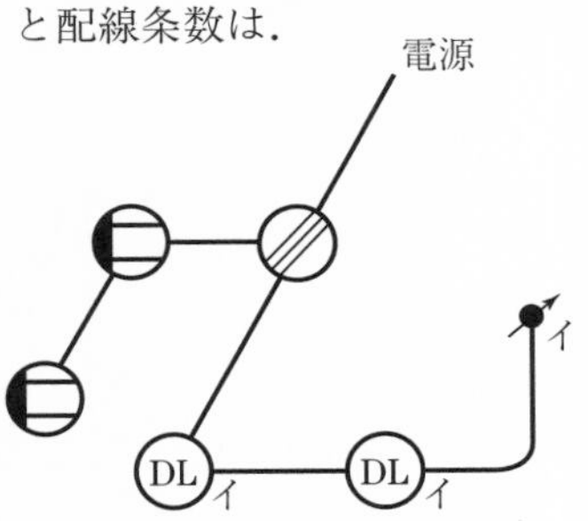 各 DL 部にはジョイントボックスがある	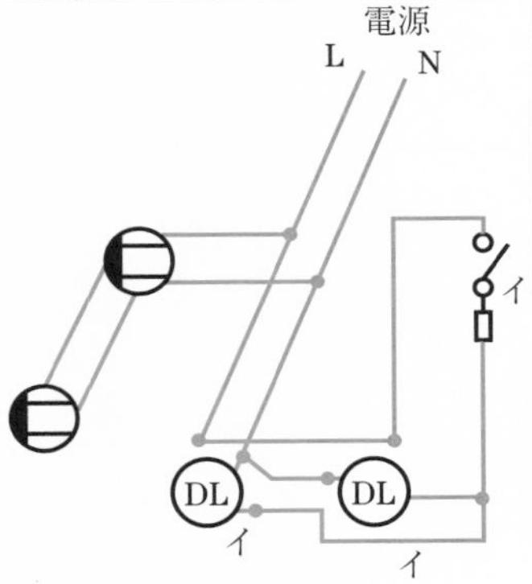	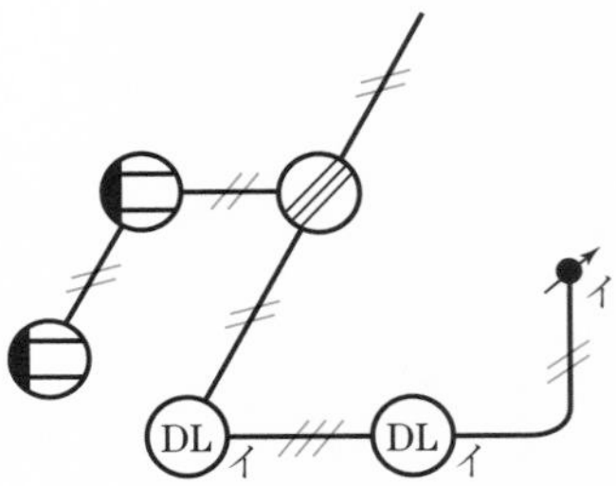

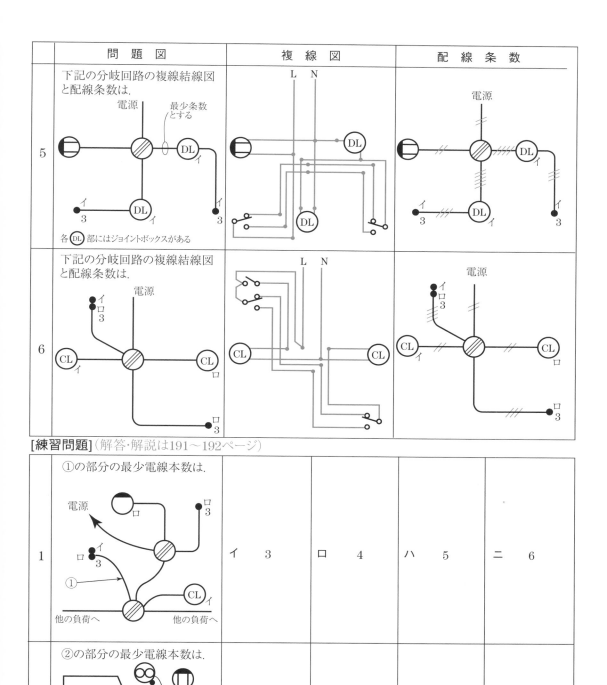

問　題　図	複　線　図	配　線　条　数
5 下記の分岐回路の複線結線図と配線条数は. 電源 最少条数とする DL イ DL イ イ 3 イ 3 各 DL 部にはジョイントボックスがある	L　N	電源
6 下記の分岐回路の複線結線図と配線条数は. イ ロ 3 電源 CL イ　CL ロ ロ 3	L　N	電源

[練習問題]（解答・解説は191〜192ページ）

1 ①の部分の最少電線本数は. 電源 ロ ロ 3 ロ イ 3 ① CL イ 他の負荷へ　　他の負荷へ	イ　　　3	ロ　　　4	ハ　　　5	ニ　　　6
2 ②の部分の最少電線本数は. P CL イ ロ CL ハ 電源 ② イロハ 他の負荷へ	イ　　　3	ロ　　　4	ハ　　　5	ニ　　　6

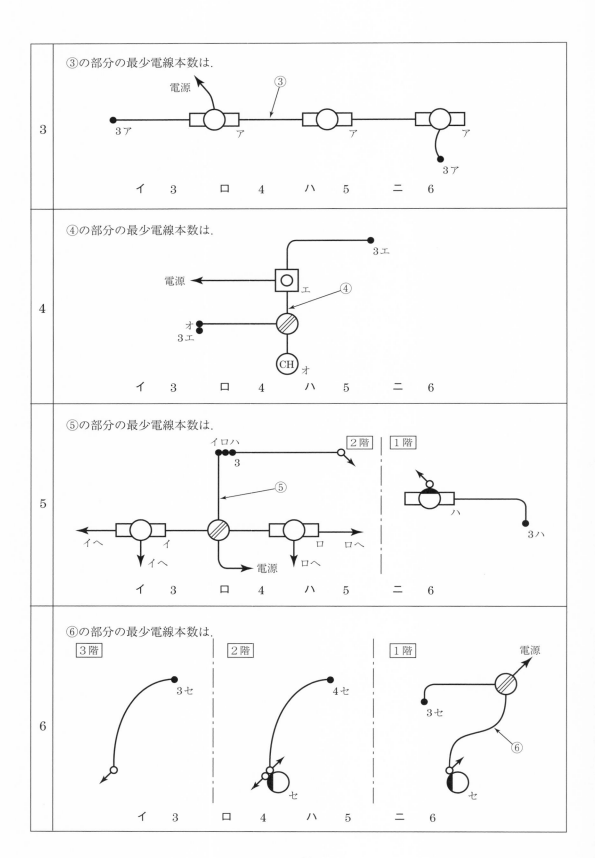

3	③の部分の最少電線本数は. イ　3　　　ロ　4　　　ハ　5　　　ニ　6
4	④の部分の最少電線本数は. イ　3　　　ロ　4　　　ハ　5　　　ニ　6
5	⑤の部分の最少電線本数は. イ　3　　　ロ　4　　　ハ　5　　　ニ　6
6	⑥の部分の最少電線本数は. イ　3　　　ロ　4　　　ハ　5　　　ニ　6

⑦の部分の最少電線本数は.

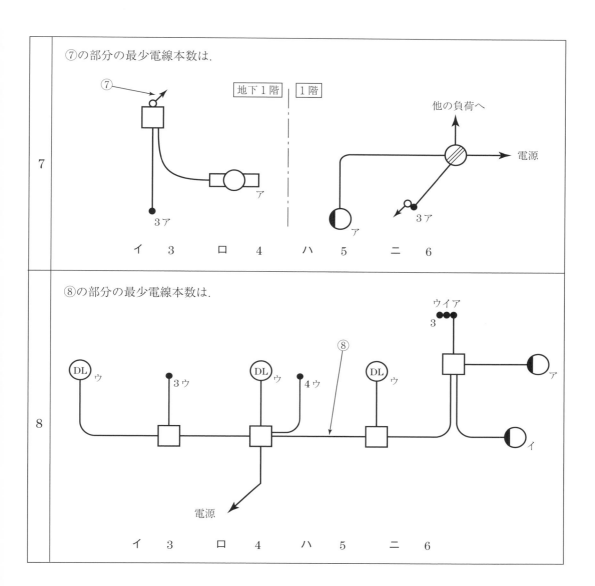

7

地下1階 | 1階

⑦

ア

3ア

他の負荷へ

電源

ア

3ア

イ　3　　ロ　4　　ハ　5　　ニ　6

⑧の部分の最少電線本数は.

8

ウイア
3●●●

DL ウ

3ウ

DL ウ

4ウ

⑧

DL ウ

ア

イ

電源

イ　3　　ロ　4　　ハ　5　　ニ　6

— スタディポイント 低圧引込線と屋外配線 —

1. 低圧架空引込線（電技解釈 第116条）

   (1) 電線は2.6mm以上の硬銅線

      径間が15m以下の場合に限り，直径2mm以上の硬銅線.

   (2) 電線の高さ

      イ．道路を横断する場合

         技術上やむを得ない場合において，交通に支障がないとき 路面上3m以上

         その他の場合 路面上5m以上

      ロ．鉄道又は軌道を横断する場合 レール面上5.5m以上

      ハ．横断歩道橋の上に施設する場合 横断歩道橋の路面上3m以上

      ニ．上記以外の場合

         技術上やむを得ない場合において，交通に支障のないとき 地表上2.5m以上

         その他の場合 地表上4m以上

2. 低圧屋側電線路（電技解釈 第110条）

   (1) 工事の種類

      イ．がいし引き工事（展開した場所に限る）

      ロ．合成樹脂管工事

      ハ．金属管工事（木造以外の造営物に施設する場合に限る）

      ニ．バスダクト工事（木造以外の造営物,展開した場所又は点検できる隠ぺい場所に施設する）

      ホ．ケーブル工事（鉛被・アルミ被・MIケーブルは木造以外の造営物に限る）

3. 低圧屋内電路の引込口における開閉器（電技解釈 第147条）

   (1) 低圧屋内電路には，引込口に近い箇所であって，容易に開閉することができる箇所に開閉器を施設すること.

   (2) 別棟の引込開閉器が省略できる場合

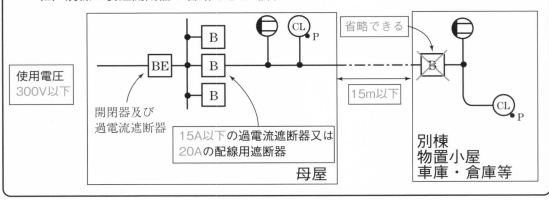

4. 低圧屋側配線又は屋外配線（電技解釈 第166条）

(1) 開閉器及び過電流遮断器は屋内電路用のものと兼用しないこと.

(2) 省略できる場合

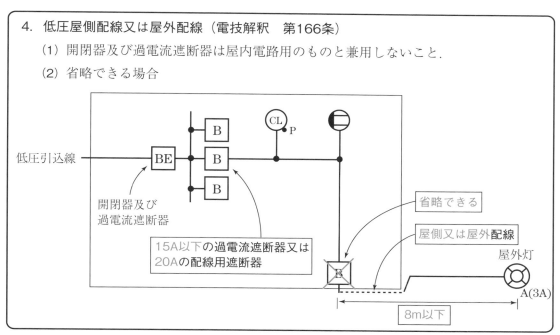

[練習問題] （解答・解説は192～193ページ）

1	①の部分の工事方法で施工できない工事方法は. ① → Wh 木造住宅	イ	がいし引き工事	ロ	金属管工事	ハ	ビニルシースケーブル工事	ニ	合成樹脂管工事
2	②の部分の引込口開閉器が省略できる場合の, 住宅と車庫との間の電路の長さの最大値〔m〕は. ② → B 車庫　電路の長さ　母屋 a：配線用遮断器100V, 20A a	イ	5	ロ	10	ハ	15	ニ	20
3	③の部分の屋内電路の分岐点からの配線の長さ〔m〕の最大値は. a a：分岐回路は配線用遮断器20A ③ A(3A)	イ	4	ロ	8	ハ	12	ニ	16

4	④の部分の引込線取付点の地表上高さの最小値〔m〕は. ただし, 技術上やむを得ない場合で, 交通に支障がない場合とする. 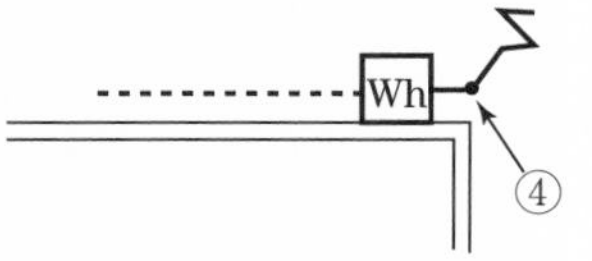 Wh ④	イ	2.0	ロ	2.5	ハ	3.5	ニ	4.0
5	⑤の部分の架空引込線取付点から, 引込口までの施工方法で適切なものは. 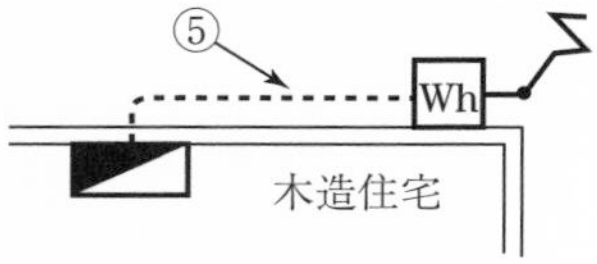 ⑤ Wh 木造住宅	イ	鉛被ケーブル工事	ロ	ポリエチレンシースケーブル	ハ	MIケーブル工事	ニ	金属管工事

6	⑥の部分の引込開閉器は. 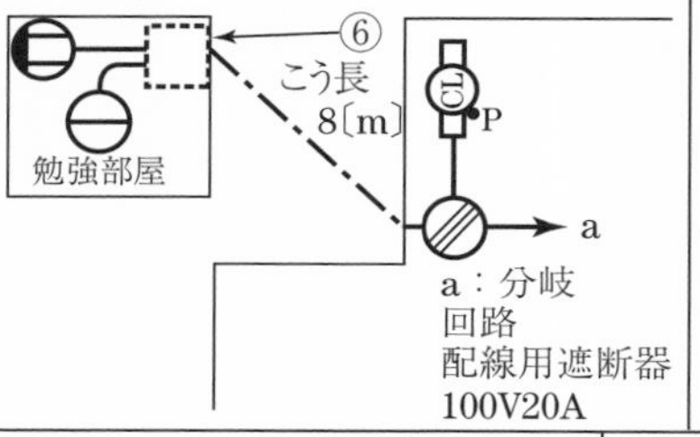 ⑥ こう長 8〔m〕 勉強部屋 P a a:分岐回路 配線用遮断器 100V20A イ. 屋内電路用配線用遮断器が定格20〔A〕なので省略できない. ロ. 屋外の電路のこう長が8〔m〕以上なので省略できない. ハ. 屋外の電路のこう長が15〔m〕以下なので省略できる. ニ. 屋外の電路が地中線であるから省略できない.

7	⑦の部分の配線方法は. 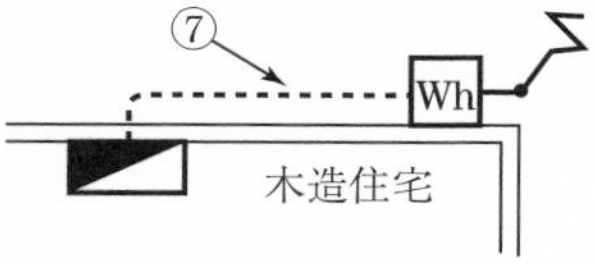 ⑦ Wh 木造住宅	イ	床隠ぺい配線	ロ	天井隠ぺい配線	ハ	露出配線	ニ	地中埋設配線

8	⑧の架空引込線取付点から引込口までの工事で, 誤っているものは. 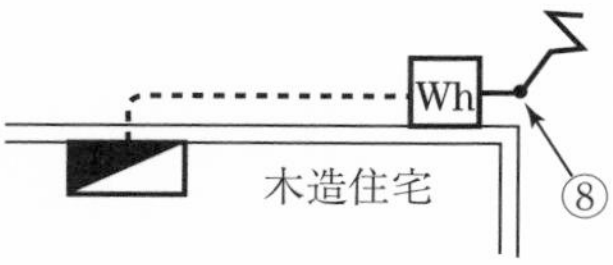 Wh ⑧ 木造住宅 イ. 電線は, VVRケーブルを使用する. ロ. 架空引込線取付点の高さを2.0〔m〕とする. ハ. 電線は, CVケーブルを使用する. ニ. 架空引込線取付点の高さを4.0〔m〕とする. (道路を横断しない)

9	前々問の⑦の部分の配線はケーブル工事とする. 正しい図記号は.	イ 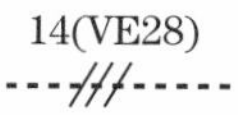	14(VE28) ---///---	ロ 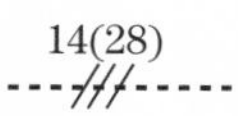	14(28) ---///---	ハ 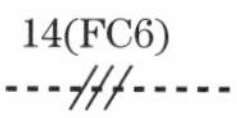	14(FC6) ---///---	ニ	600V VVR 14mm^2-3C ----------

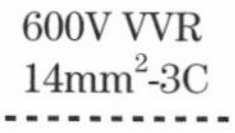

─ スタディポイント　絶縁抵抗と接地工事 ─

1. 電路の絶縁抵抗（電技省令　第58条）

（1）単相3線式

L_1，L_2は，対地電圧150V以下
Nは，変圧器二次端子にてB種
接地工事.

使用電圧　L_1-N，L_2-N間　105V
　　　　　L_1-L_2間　210V

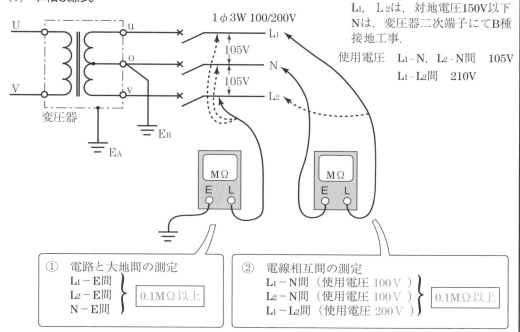

① 電路と大地間の測定
L_1－E間
L_2－E間　} 0.1MΩ以上
N－E間

② 電線相互間の測定
L_1－N間（使用電圧 100 V ）
L_2－N間（使用電圧 100 V ）} 0.1MΩ以上
L_1－L_2間（使用電圧 200 V ）

（2）三相3線式

使用電圧 200V （対地電圧150Vを超え300V以下） 0.2MΩ以上

使用電圧 400V （対地電圧300Vを超える場合） 0.4MΩ以上

2. 接地工事の種類（電技解釈　第17条）

接地工事の種類	接地抵抗値	接地線の太さ
A種接地工事	10Ω以下	直径2.6mm以上の軟銅線
B種接地工事	$\dfrac{150}{1線地絡電流}$ Ω以下　分子が300, 600の条件は別途17-1表を参照	直径2.6mm以上の軟銅線，その他
C種接地工事	10Ω以下（※1：500Ω 以下）	直径1.6mm以上の軟銅線
D種接地工事	100Ω以下（※1：500Ω 以下）	

※1： 低圧電路 において，電路に 地絡 を生じた場合
0.5秒以内 に自動的に電路を 遮断 する装置を施設するとき

スタディポイント　配線の太さと小勢力回路の施設・他

3.　低圧屋内配線の太さ　（電技解釈　第149条）

（低圧分岐回路）

分岐回路を保護する過電流遮断器の種類	軟銅線の太さ
定格電流が15A以下の過電流遮断器	直径 1.6 mm以上
定格電流が15Aを超え20A以下の配線用遮断器	直径 1.6 mm以上
定格電流が15Aを超え20A以下の過電流遮断器（配線用遮断器を除く）	直径 2.0 mm以上
定格電流が20Aを超え30A以下の過電流遮断器	直径 2.6 mm以上
定格電流が30Aを超え40A以下の過電流遮断器	断面積 8 mm^2以上
定格電流が40Aを超え50A以下の過電流遮断器	断面積 14 mm^2以上

4.　小勢力回路の施設　（電技解釈　第181条）

最大使用電圧　60V以下

過電流遮断器の定格電流　15V以下／5A

15Vを超え30V以下／3A

30Vを超え60V以下／1.5A

電気を供給するための変圧器は絶縁変圧器であること．$Ⓣ_B$　$Ⓣ_R$

使用電線は，ケーブルを除き，直径0.8mm以上の軟銅線．

5.　その他

（1）低圧屋内用の電球線の施設　（電技解釈　第170条）

使用電圧　300V以下

造営物に固定しない白熱電灯：ビニルコード以外のコード（断面積0.75mm^2）

（2）低圧配線と弱電流電線等又は管との接近又は交さ　（電技解釈　第167条）

弱電流電線等又は水管，ガス管等との離隔距離

がいし引き工事：10cm以上

その他の工事　：直接接触しなければよい

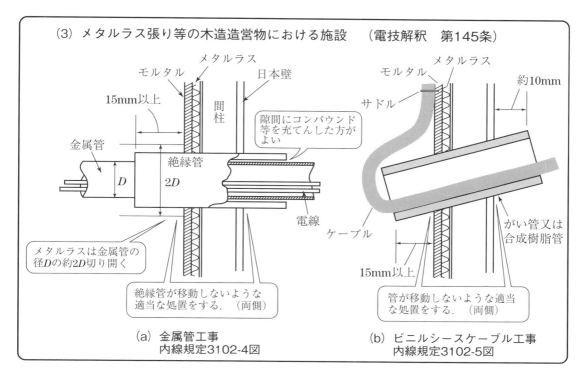

(3) メタルラス張り等の木造造営物における施設 （電技解釈 第145条）

15mm以上

金属管

絶縁管
2D

D

メタルラスは金属管の
径Dの約2D切り開く

絶縁管が移動しないような
適当な処置をする．（両側）

モルタル

メタルラス

日本壁

間柱

隙間にコンパウンド
等を充てんした方が
よい

電線

(a) 金属管工事
内線規定3102-4図

モルタル

メタルラス

サドル

約10mm

ケーブル

15mm以上

管が移動しないような適当
な処置をする．（両側）

がい管又は
合成樹脂管

(b) ビニルシースケーブル工事
内線規定3102-5図

［練習問題］（解答・解説は 193 〜 194 ページ）

問 い	答 え			
1 ①の部分に施す接地線（軟銅線）の最小太さ〔mm〕は． 1φ3W 100/200V 1φ200V [RC] [RC] ① I O	イ 1.2	ロ 1.6	ハ 2.0	ニ 2.6
2 配線用遮断器の定格電流の最大値〔A〕は． ② [B] ⊖ (CL) P [BE] [B] [B] ⊖ P	イ 15	ロ 20	ハ 30	ニ 40
3 ③の部分の電路と大地間との絶縁抵抗〔MΩ〕の最小限度の値は． 1φ3W 100/200Vより ③ 電気温水器 1φ2W200V [TS]-[Wh]-[BE] (H)	イ 0.1	ロ 0.2	ハ 0.4	ニ 1.0

問　い	答　え			
4　④の部分の接地工事の接地抵抗の最大値〔Ω〕は. 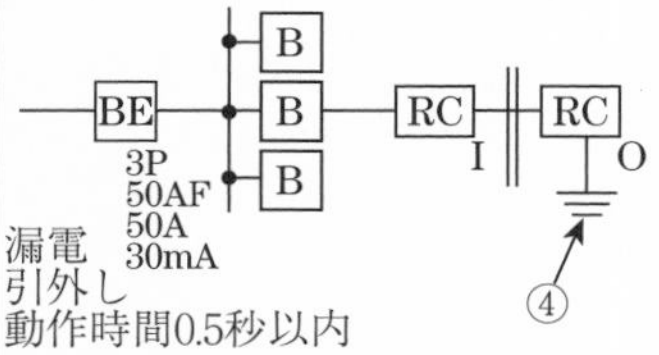 BE 3P 50AF 50A 30mA 漏電引外し 動作時間0.5秒以内　B B B　RC I　RC O　④	イ　10	ロ　100	ハ　300	ニ　500
5　⑤の部分に使用できる電線（軟銅線）の最小太さ〔mm〕は. 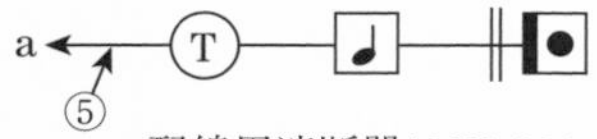 a ← T ♪ ●　⑤ a：配線用遮断器100V, 20A	イ　0.8	ロ　1.2	ハ　1.6	ニ　2.0
6　⑥の部分に白熱電球を取り付ける．電球線として使用できる電線とその最小太さの組合せで適切なものは. 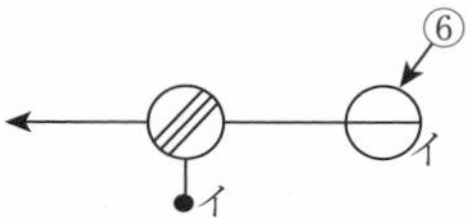 ⑥　イ	イ　ビニルコード 0.75〔mm〕	ロ　ビニル絶縁電線 1.6〔mm〕	ハ　ゴムキャブタイヤコード 0.5〔mm²〕	ニ　袋打コード 0.75〔mm²〕
7　⑦の部分に施す接地工事の種類は. 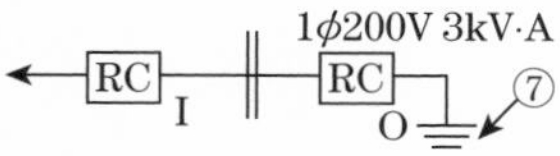 1φ200V 3kV·A　RC I　RC O　⑦	イ　A種接地工事	ロ　B種接地工事	ハ　C種接地工事	ニ　D種接地工事
8　⑧のメタルラス張りの壁を貫通する部分の防護管として適切なものは. 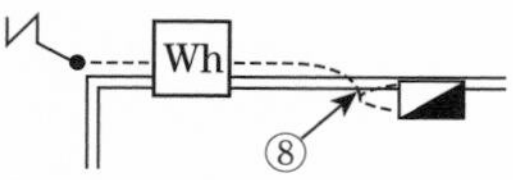 Wh　⑧	イ　金属管	ロ　合成樹脂管	ハ　金属製可とう電線管	ニ　金属線ぴ
9　⑨の部分の小勢力回路で使用できる軟銅線（ケーブルを除く）の最小太さ〔mm〕は. 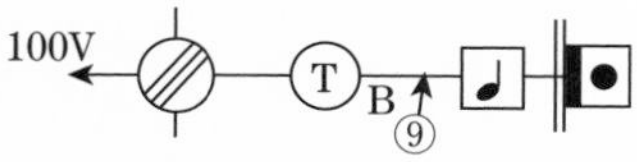 100V ← T B ♪ ●　⑨	イ　0.8	ロ　1.2	ハ　1.6	ニ　2.0

問　　い	答　　え			
10 ⑩の部分の深夜電力利用の温水器に至る電線（VVR）の過電流素子付き漏電遮断器の定格電流 40〔A〕から定まる最小太さは. 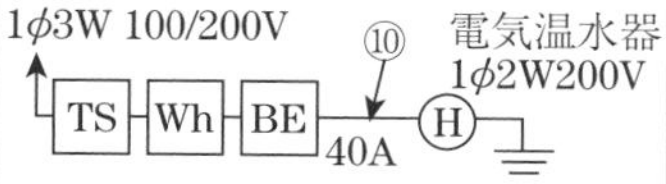　　1φ3W 100/200V　　⑩　電気温水器　　TS–Wh–BE–40A–(H) 1φ2W200V	イ 直径 1.6〔mm〕	ロ 直径 2.0〔mm〕	ハ 直径 2.6〔mm〕	ニ 断面積 8〔mm²〕
11 ⑪の部分に使用できる電線は. 　　⑪　A(3A)	イ ビニルコード	ロ ビニルキャブタイヤコード	ハ 屋外用ビニル絶縁電線	ニ ビニルシースケーブル
12 ⑫の部分の接地抵抗値が 500〔Ω〕であるとき電路に設置する漏電遮断器の動作時間の最大値〔秒〕は. 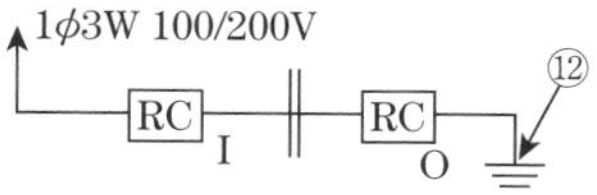　　1φ3W 100/200V　　RC–I–RC–O–⑫	イ 0.1	ロ 0.5	ハ 1	ニ 2
13 ⑬の照明器具をメタルラス張りの壁に取り付ける場合で適切な工事方法は. 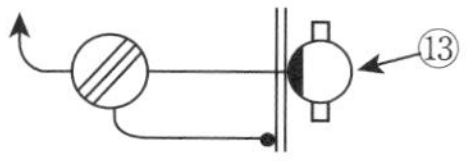　　⑬	イ. 器具の金属製部分とメタルラスが電気的に接続しているので，メタルラス部分に D 種接地工事を施す. ロ. 器具の金属製部分とメタルラスとを電気的に接続して取り付ける. ハ. 器具の金属製部分とメタルラスが電気的に接続しているので，金属製部分に D 種接地工事を施す. ニ. 器具の金属製部分とメタルラスとを電気的に接続しないように取り付ける.			
14 ⑭の部分の接地線（軟銅線）の太さと接地抵抗値との組合せとして不適切なものは. 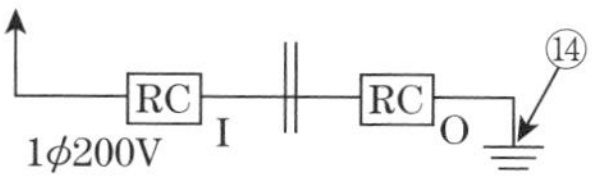　　RC–I–RC–O–⑭　1φ200V	イ 1.2〔mm〕 10〔Ω〕	ロ 1.6〔mm〕 10〔Ω〕	ハ 2.0〔mm〕 100〔Ω〕	ニ 1.6〔mm〕 100〔Ω〕
15 ⑮の部分の小勢力回路で使用できる電圧の最大値〔V〕は. 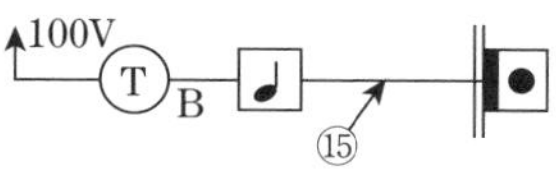　　100V　(T)B　♪　⑮	イ 12	ロ 24	ハ 48	ニ 60
16 ⑯の部分は弱電流電線・ガス管と接近している. 最小離隔距離は. 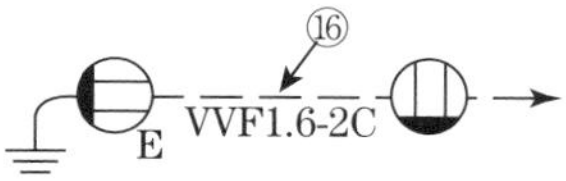　　⑯　E VVF1.6-2C	イ 直接接触しないようにする	ロ 6〔cm〕	ハ 10〔cm〕	ニ 30〔cm〕

	問　　　い		答　　　え		
17	⑰の部分の電路と大地間の絶縁抵抗〔MΩ〕の最小限度値は. 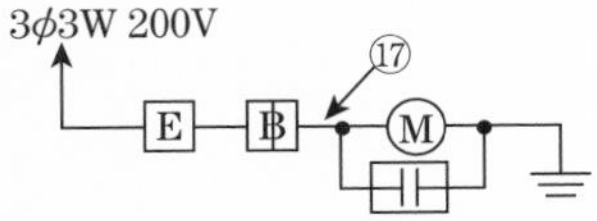 3φ3W 200V	イ 0.1	ロ 0.2	ハ 0.5	ニ 10
18	⑱の部分の (a)ルームエアコンと屋内配線との接続方法 (b)ルームエアコンの定格消費電力〔kW〕の最小値. の組み合わせで正しいものは. 住宅の屋内電路とする. 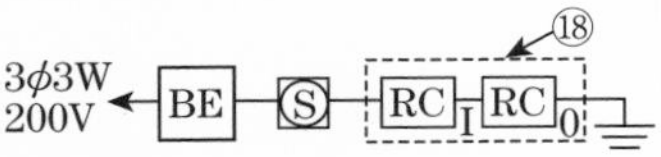 3φ3W 200V	イ (a)コンセントを使用して接続 (b)1.5	ロ (a)直接接続 (b)2	ハ (a)直接接続 (b)1.5	ニ (a)コンセントを使用して接続 (b)2

スタディポイント

（1）　コンセント

【埋込連用コンセント】

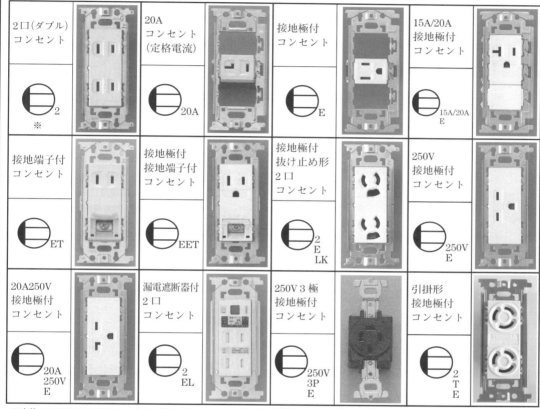

※定格15A125Vの1口コンセント（シングルコンセント）を1箇所に2つ取り付ける場合もこの図記号が使用される.

【防雨形コンセント　（傍記：WP）】

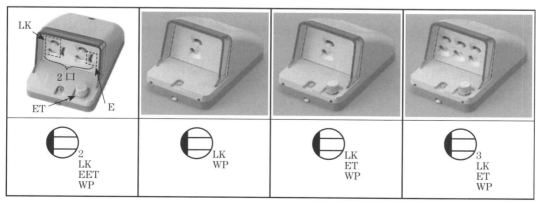

(2) 点滅器

【埋込連用タンブラスイッチ】

埋込連用タンブラスイッチは，表面の形状が同じでも内部の接点の構成が異なっていれば名称も異なる．

単極スイッチ（片切スイッチ）	●	3路スイッチ	●3	4路スイッチ	●4
接点の構成		接点の構成		接点の構成	
2極スイッチ（両切スイッチ）	●2P	位置表示灯内蔵スイッチ	●H	調光器	⌁
接点の構成		接点の構成※1			
確認表示灯内蔵スイッチ	●L	リモコンスイッチ	●R		
接点の構成※2					

※1 位置表示灯内蔵スイッチは，接点が「切」の状態で位置表示灯が点灯する．
※2 確認表示灯内蔵スイッチは，接点が「入」の状態で確認表示灯が点灯する．

【その他の点滅器】

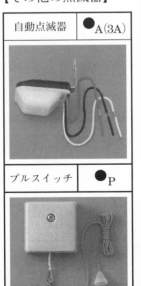

自動点滅器	●A(3A)
プルスイッチ	●P

(3) フラッシュプレート

フラッシュプレートは，埋込連用コンセントや埋込連用タンブラスイッチ類を取り付ける際に使用する．

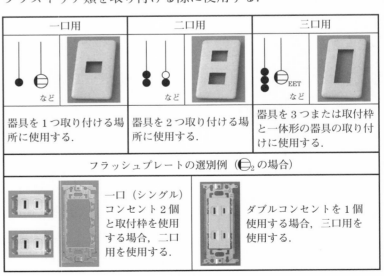

一口用	二口用	三口用
など	など	など
器具を1つ取り付ける場所に使用する．	器具を2つ取り付ける場所に使用する．	器具を3つまたは取付枠と一体形の器具の取り付けに使用する．

フラッシュプレートの選別例（⊖₂の場合）	
	一口（シングル）コンセント2個と取付枠を使用する場合，二口用を使用する．
	ダブルコンセントを1個使用する場合，三口用を使用する．

（4）　照明器具

チェーンペンダント		 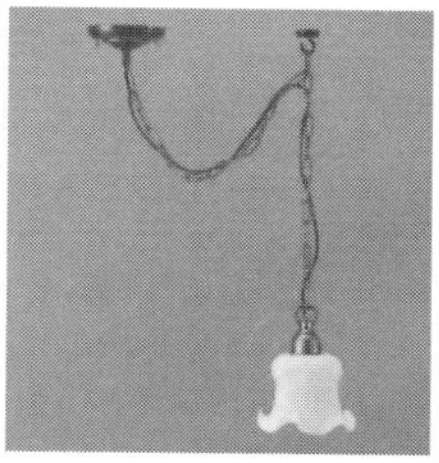 コードペンダント		 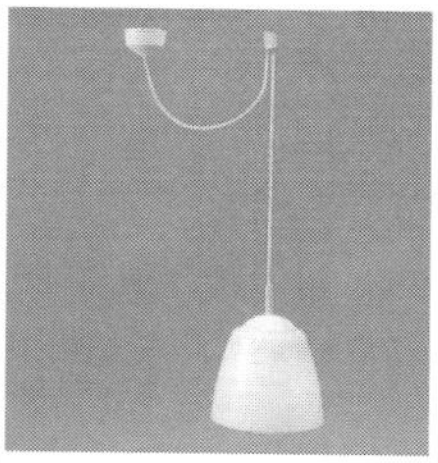 シーリング（天井直付）  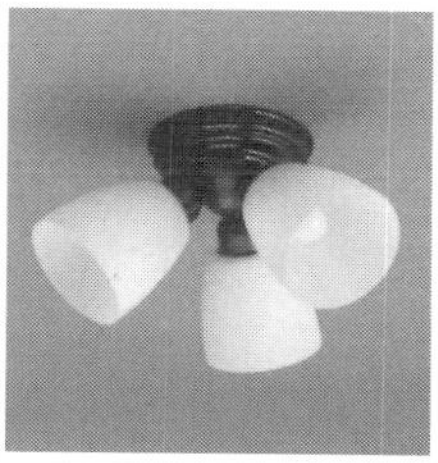	
⊖		⊖		Ⓒ🄻	
シャンデリヤ		  埋込器具		  埋込器具  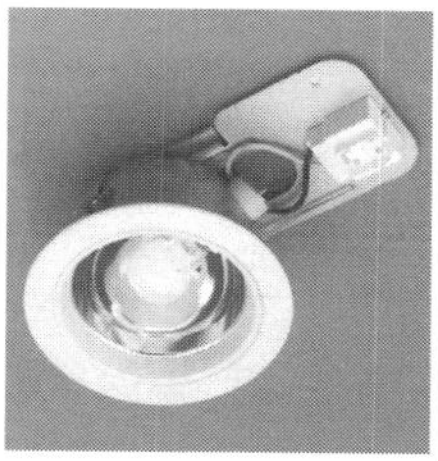	
Ⓒ🄷		Ⓓ🄻		Ⓓ🄻	
引掛シーリング（丸形）		  引掛シーリング（丸形）		  壁付灯  	
◖ ◗		◖ ◗		◖	
蛍光灯		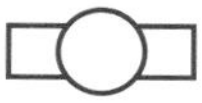 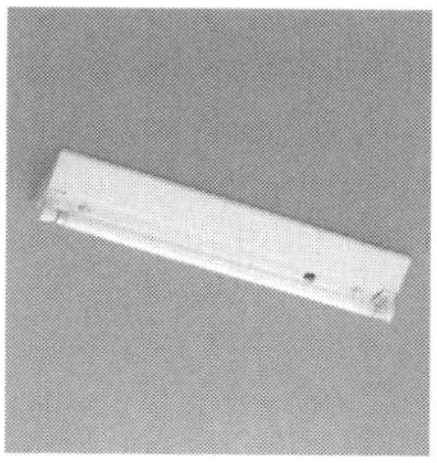 壁付蛍光灯		 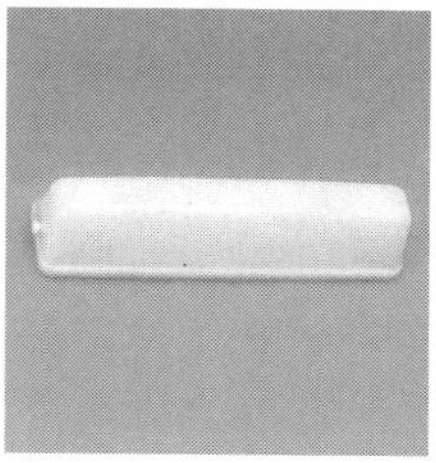 プルスイッチ付蛍光灯 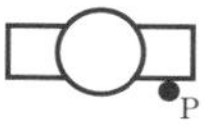 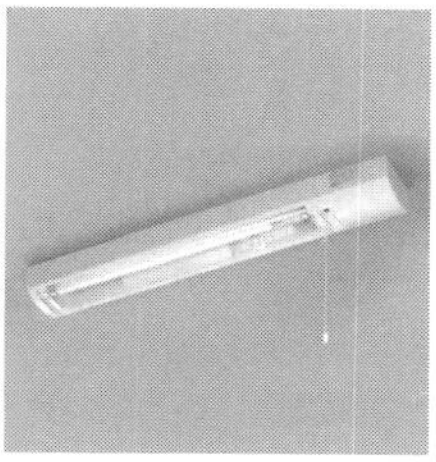	
▭◯▭		▭◐▭		▭◯▭•P	
水銀灯  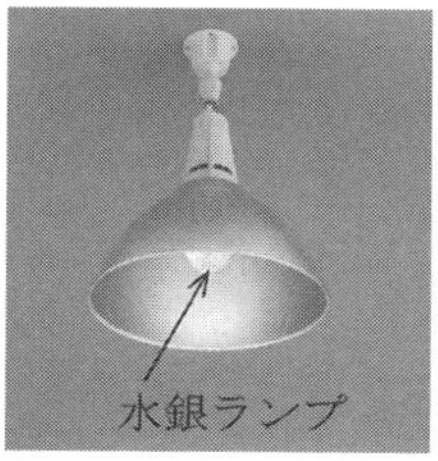	水銀ランプ				
◯H					

	問　い	答　え			
1	図記号 ⊖EET の器具は.	イ. 	ロ. 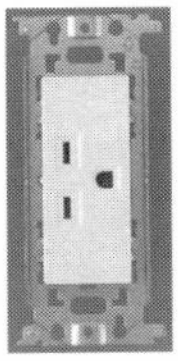	ハ. 	 二.
2	図記号 ⊖LK ET WP の器具は.	イ. 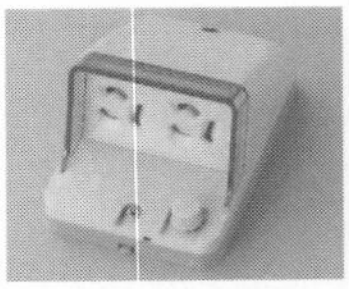	ロ. 	ハ. 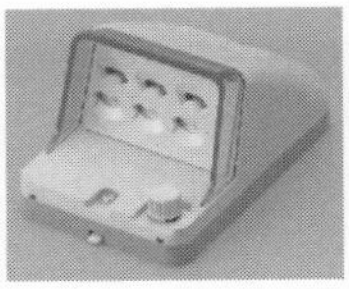	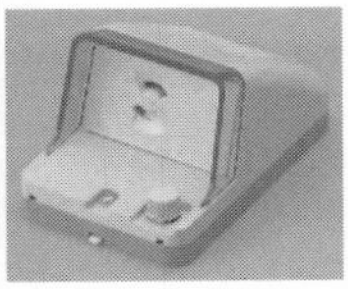 二.
3	図記号 ⊖20A 250V E の器具は.	イ. 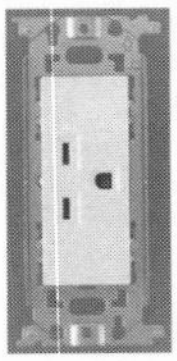	ロ. 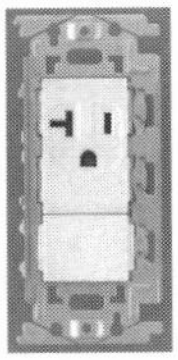	ハ. 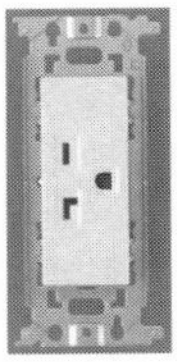	 二.
4	図記号 ⊖2 の器具は.	イ. 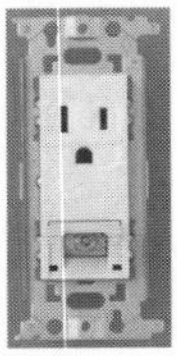	ロ. 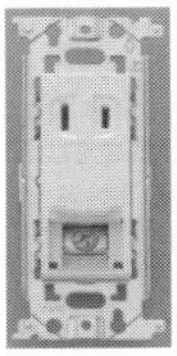	ハ. 	 二.
5	図記号 ⊖2 EL の器具は.	イ. 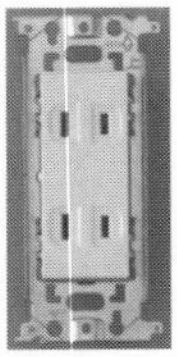	ロ. 	ハ. 	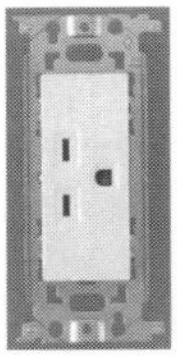 二.
6	図記号 ⊖2 E LK の器具は.	イ. 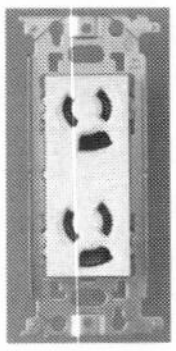	ロ. 	ハ. 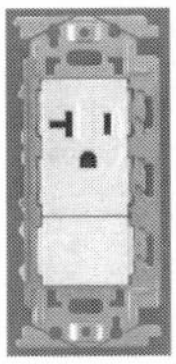	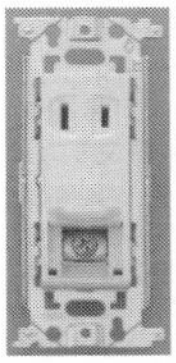 二.
7	図記号 ⊖2 LK EET WP の器具は.	イ. 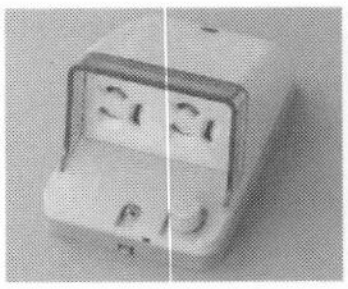	ロ. 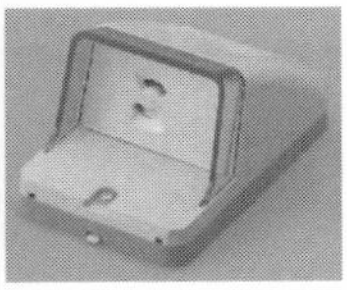	ハ. 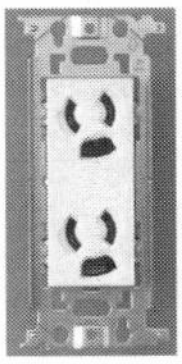	 二.

8	図記号 ●$_{\mathrm{L}}$ の器具は. ただし，写真の下の図は，接点の構成を示す.	イ. 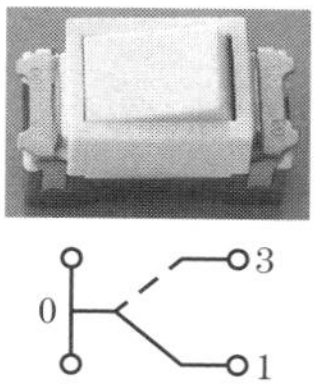	ロ. 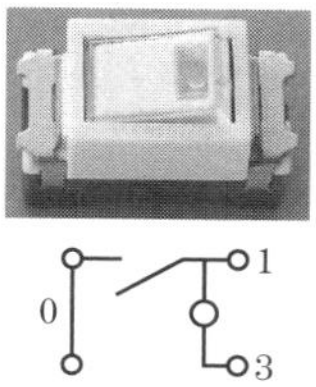	ハ. 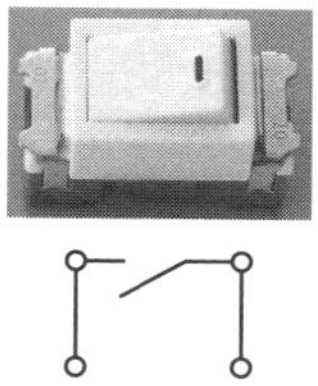	ニ. 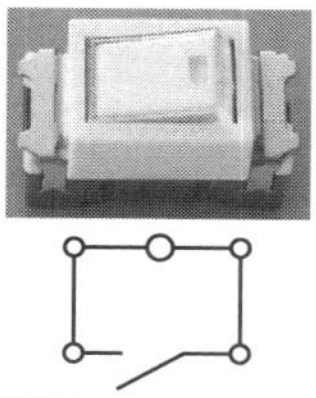
9	図記号 ●$_{4}$ の器具は. ただし，写真の下の図は，接点の構成を示す.	イ. 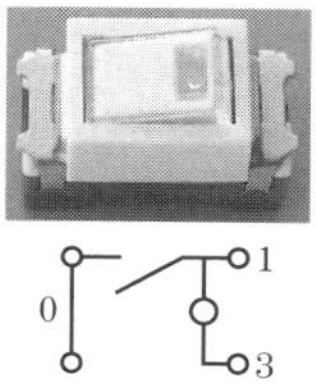	ロ. 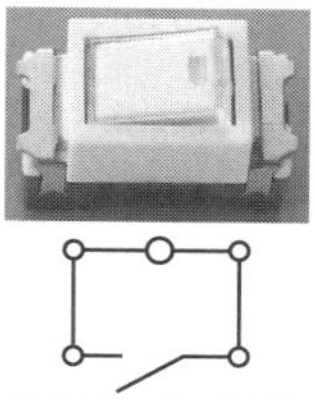	ハ. 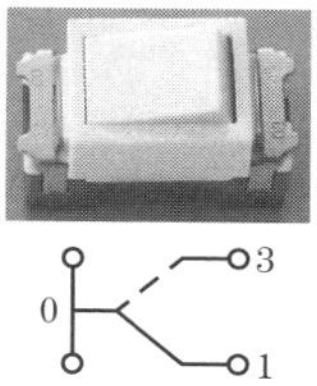	ニ. 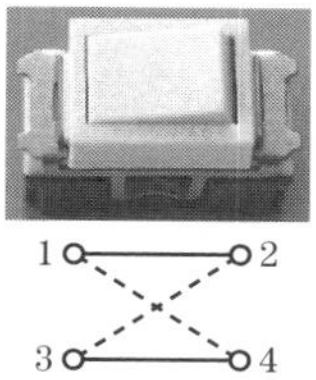
10	図記号 ●$_{\mathrm{H}}$ の器具は. ただし，写真の下の図は，接点の構成を示す.	イ. 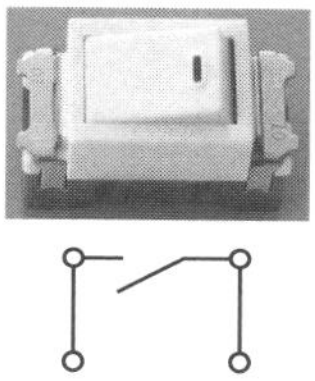	ロ. 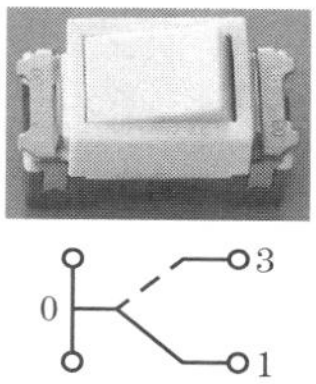	ハ. 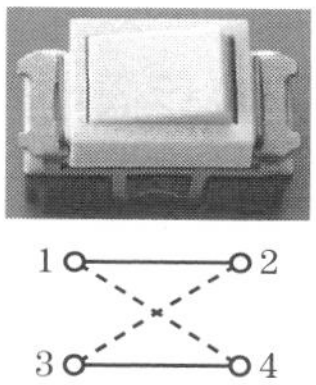	ニ. 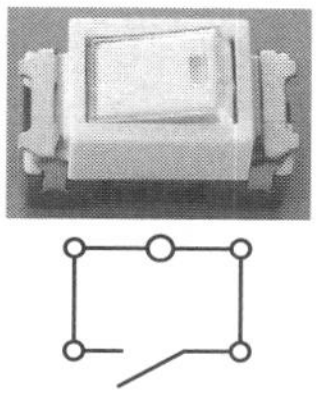
11	図記号 ●↗ の器具は.	イ. 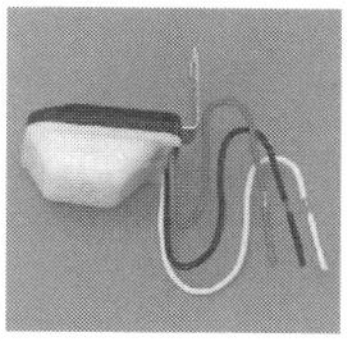	ロ. 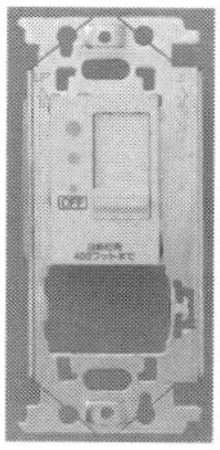	ハ. 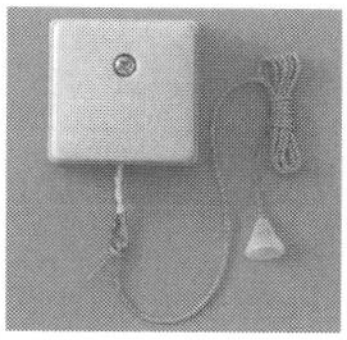	ニ. 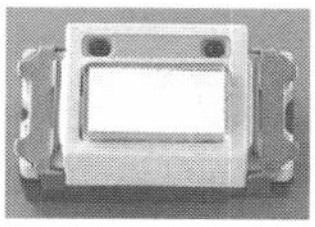
12	図記号 ●$_{3}$ の器具は. ただし，写真の下の図は，接点の構成を示す.	イ. 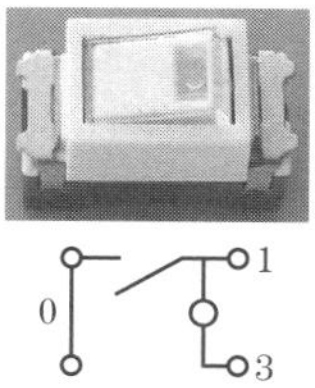	ロ. 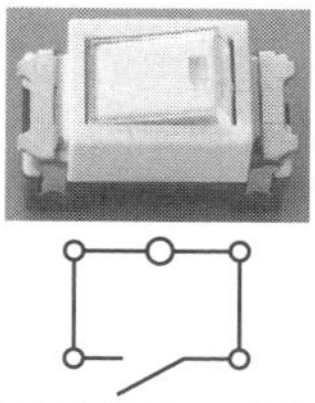	ハ. 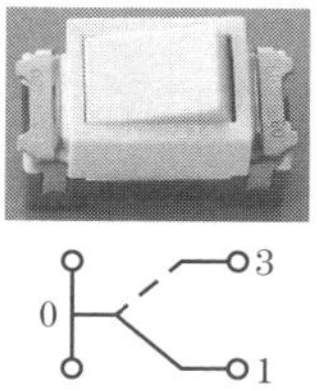	ニ. 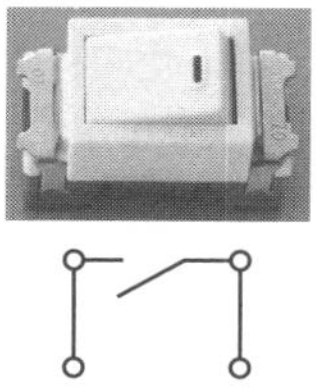
13	図記号 ●$_{\mathrm{A(3A)}}$ の器具は.	イ. 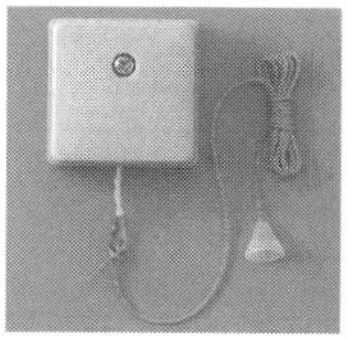	ロ. 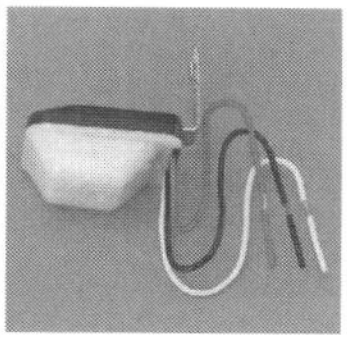	ハ. 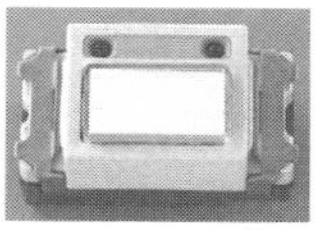	ニ. 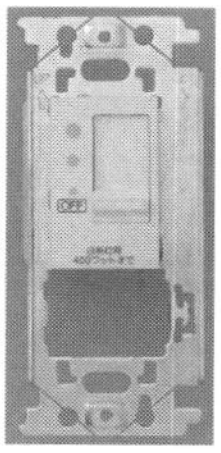

		イ.	ロ.	ハ.	ニ.
14	図記号 ●R の器具は.	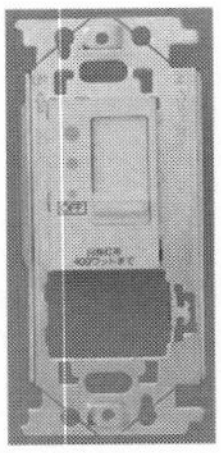	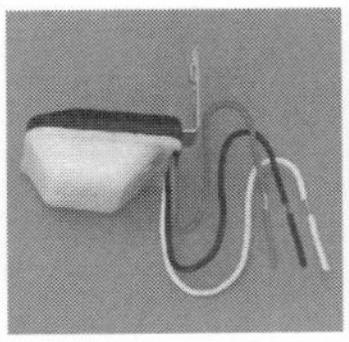		
15	下に示す配線図内のア，イ，ウ，エ，オの点滅器に使用するプレートの形状と最少枚数の組合せで，適切なものは. 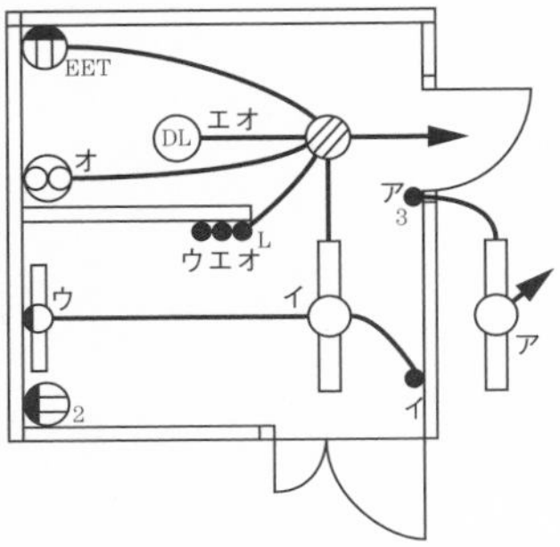	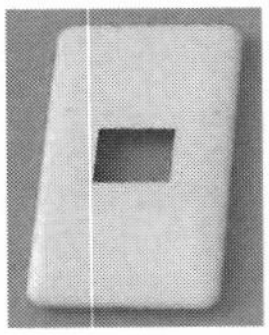 3枚 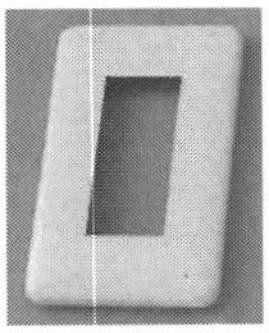 / 2枚	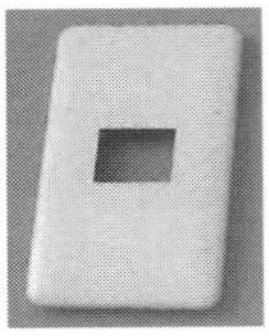 1枚  / 2枚	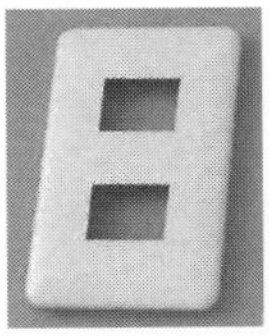 1枚  / 1枚	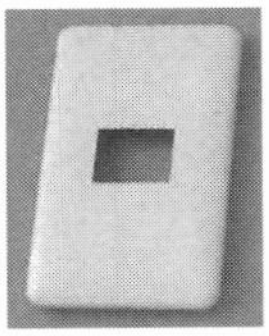 2枚  / 1枚
16	下に示す配線図内で使用するプレートの形状と最少枚数の組合せで，適切なものは. 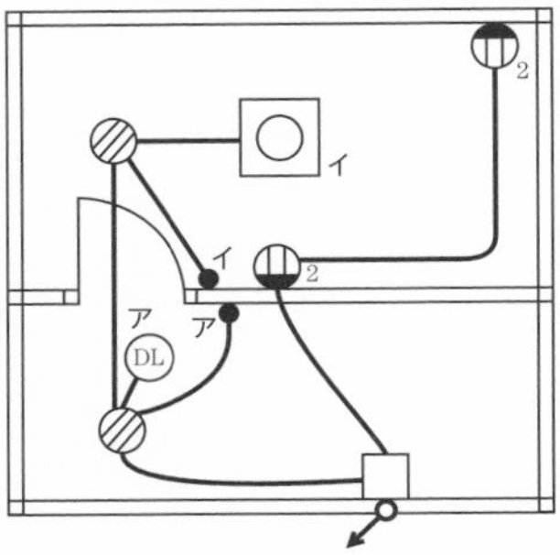	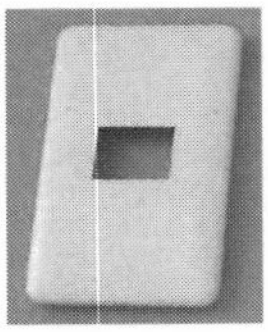 2枚 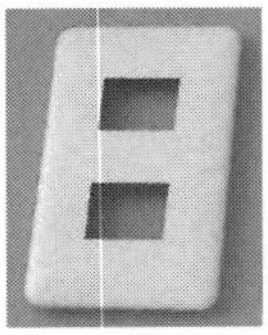 / 2枚	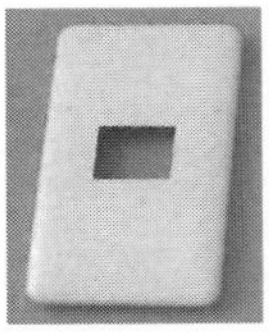 3枚  / 2枚	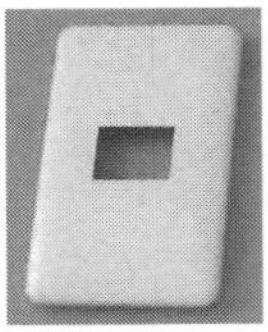 3枚  / 1枚	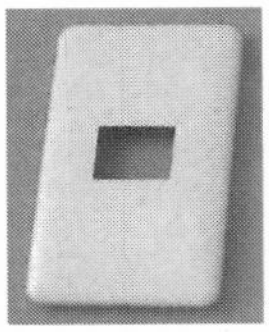 2枚  / 3枚
17	図記号 CH の器具は.	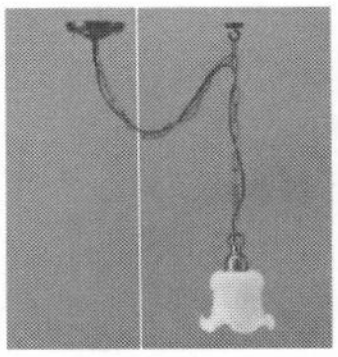		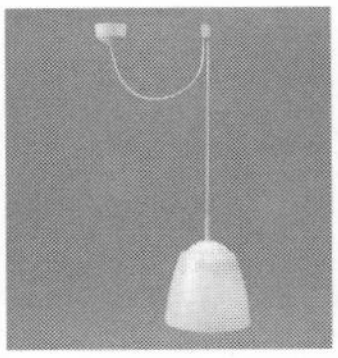	
18	図記号 DL の器具は.	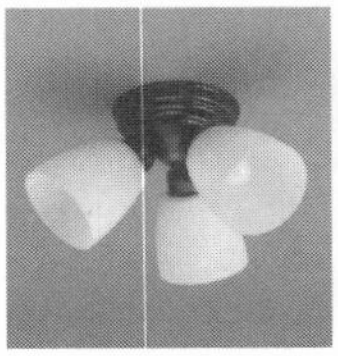		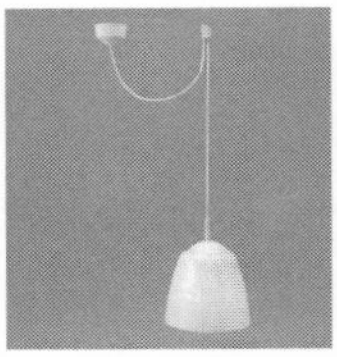	

		イ.	ロ.	ハ.	二.
19	図記号 ◯_{H200} の器具は.			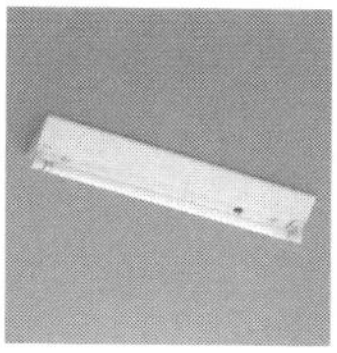	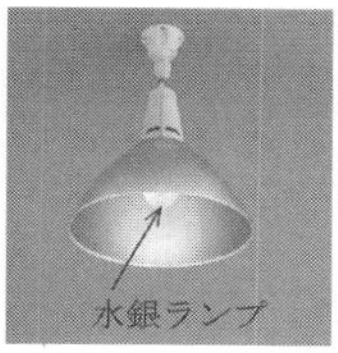 水銀ランプ
20	図記号 ▢◯▢ の器具は.	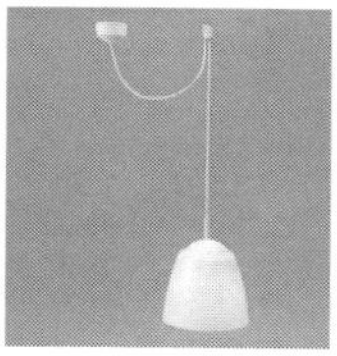			
21	図記号 ▢●▢ の器具は.	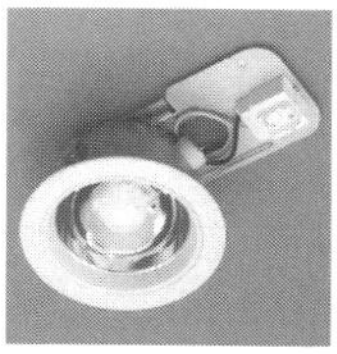	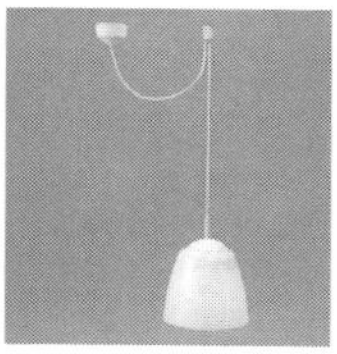	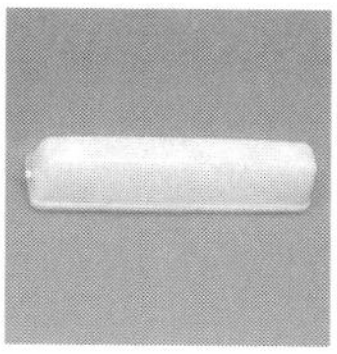	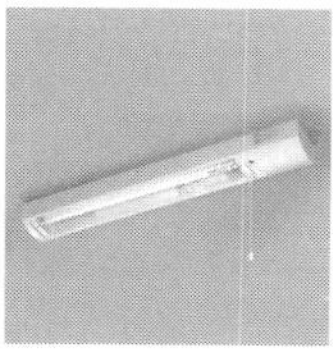
22	図記号 (DL) の器具は.	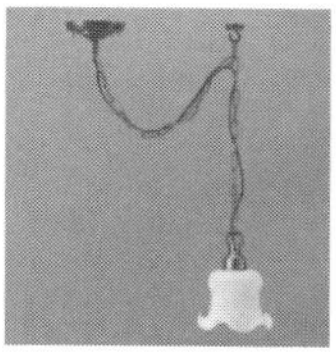		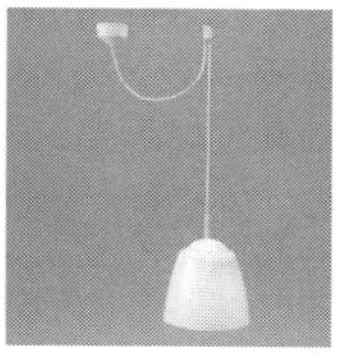	
23	図記号 ▢◯▢_P の器具は.		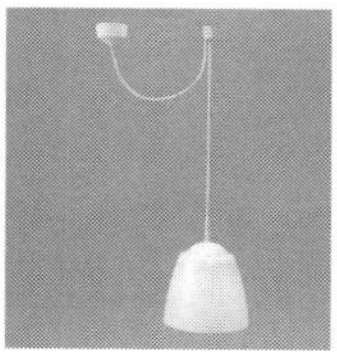	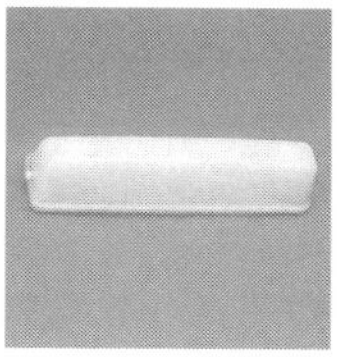	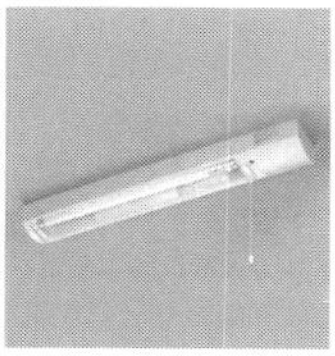
24	図記号 ◖ の器具は.	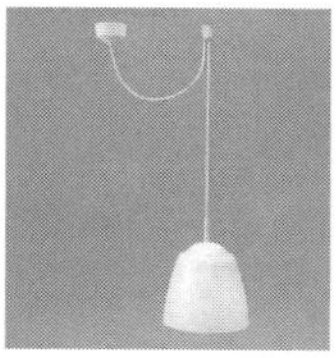			
25	図記号 屋側取付 ▢◯▢ 雨線内用 の器具は.				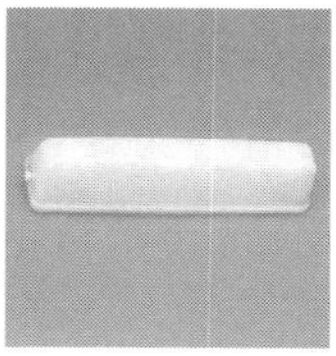

(5) 分電盤

分電盤内の配線は，分電盤結線図によって幹線の配線用遮断器と各分岐回路の配線用遮断器が示される．

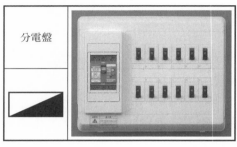

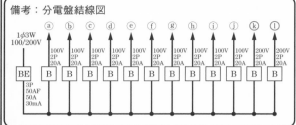

備考：分電盤結線図

(6) 漏電遮断器（過負荷保護付き）

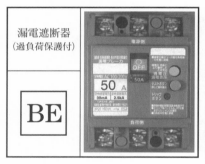

漏電遮断器
（過負荷保護付）

BE

備考：図記号の傍記

JIS C 0303：2000 では，漏電遮断器は $\boxed{E}$ の図記号を用いるが，過負荷保護付は，$\boxed{BE}$ を用いてもよいとされている．また，過負荷保護付の図記号には極数，フレームの大きさ，定格電流，定格感度電流などを傍記するとされている．

例

$\boxed{BE}$
3P ── 極数
50AF ── フレームの大きさ
50A ── 定格電流
30mA ── 定格感度電流

※フレームの大きさは最大定格電流（容器の大きさ）を FA の単位で傍記する．フレームの大きさは，形式で表示されることがある．

漏電時の動作表示ボタン（黄色）
動作確認用のテストボタン
トリップボタン

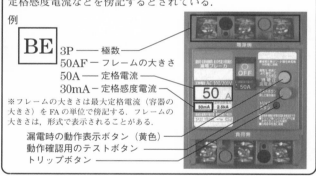

(7) 配線用遮断器

配線用遮断器
（2極1素子）
（2P1E）

$\boxed{B}$ 100V 2P 20A

回路図

配線用遮断器
（2極2素子）
（2P2E）

$\boxed{B}$ 200V 2P 20A

回路図

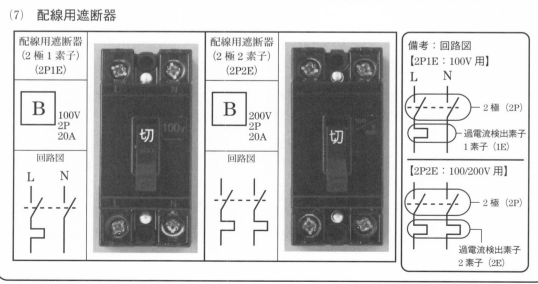

備考：回路図
【2P1E：100V 用】
L　N
2極（2P）
過電流検出素子 1素子（1E）

【2P2E：100/200V 用】
L　N
2極（2P）
過電流検出素子 2素子（2E）

	問　　　　い	答　　　　え

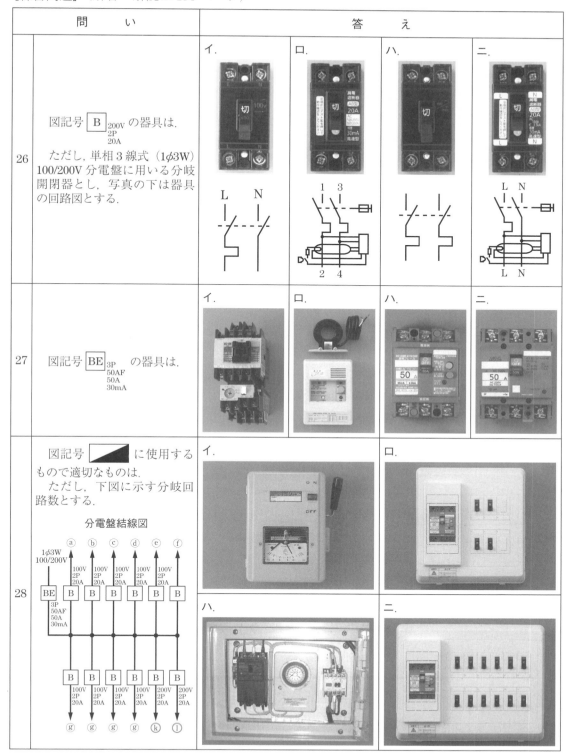

(8) 電線の接続

【リングスリーブ E 形の使用可能な電線組合せ】

リングスリーブのサイズ	電線の組合せ	圧着マーク（刻印）
小	1.6mm：2 本	○
	1.6mm：3 〜 4 本	小
	2.0mm：1 本と 1.6mm：1 〜 2 本	
	2.0mm：2 本	
中	2.0mm：1 本と 1.6mm：3 〜 5 本	中
	2.0mm：2 本と 1.6mm：1 〜 3 本	

【差込形コネクタ】

差込形コネクタの種類（電線の太さ 1.6mm，2.0mm の銅線で単線専用）		
2 本用	3 本用	4 本用
ジョイントボックス内において，電線を 2 本接続する箇所に使用する．	ジョイントボックス内において，電線を 3 本接続する箇所に使用する．	ジョイントボックス内において，電線を 4 本接続する箇所に使用する．

【接続に使用する材料の種類と最少個数の組合せ例】

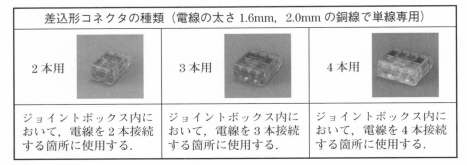

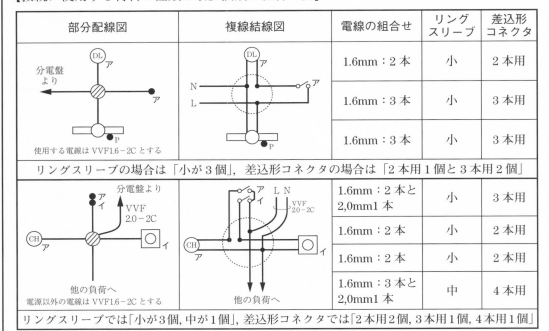

部分配線図	複線結線図	電線の組合せ	リングスリーブ	差込形コネクタ
分電盤より　VVF1.6−2C		1.6mm：2 本	小	2 本用
		1.6mm：3 本	小	3 本用
		1.6mm：3 本	小	3 本用
リングスリーブの場合は「小が 3 個」，差込形コネクタの場合は「2 本用 1 個と 3 本用 2 個」				
分電盤より　VVF2.0−2C		1.6mm：2 本と 2,0mm1 本	小	3 本用
		1.6mm：2 本	小	2 本用
		1.6mm：2 本	小	2 本用
		1.6mm：3 本と 2,0mm1 本	中	4 本用
リングスリーブでは「小が 3 個，中が 1 個」，差込形コネクタでは「2 本用 2 個，3 本用 1 個，4 本用 1 個」				

問　　い	答　　え			

| 29 | ①の VVF ジョイントボックス内の接続をすべて圧着接続で行う場合，リングスリーブの種類と最少個数の組合せで最適なものは．ただし，使用電線は VVF1.6 とする． 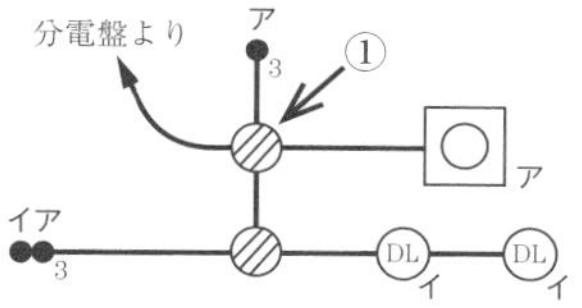

分電盤より　ア　3　①　ア　イ ア 3　DL イ　DL イ | イ. 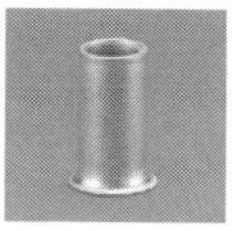
小 5 個 | ロ. 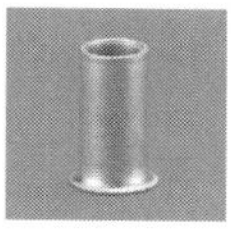
小 4 個 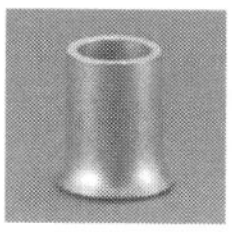
中 1 個 | ハ. 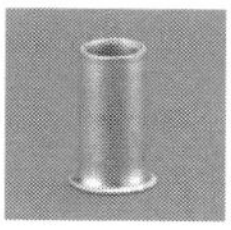
小 3 個 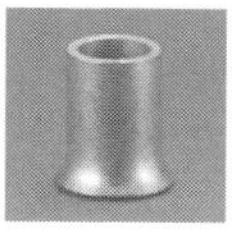
中 2 個 | ニ. 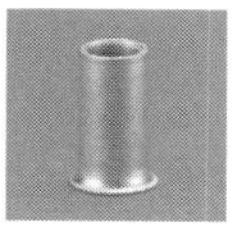
小 2 個 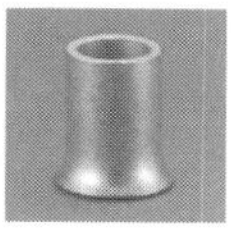
中 3 個 |

| 30 | ②の VVF ジョイントボックス内の接続をすべて差込形コネクタで行う場合，差込形コネクタの種類と最少個数の組合せで最適なものは．ただし，使用電線は VVF1.6 とする． 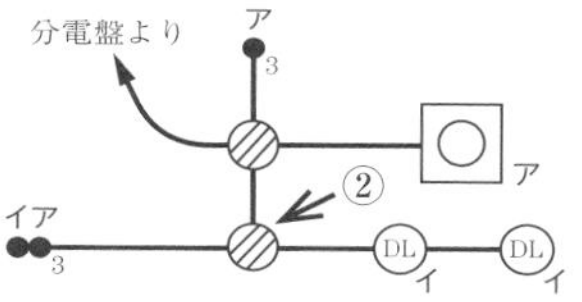

分電盤より　ア　3　ア　②　イ ア 3　DL イ　DL イ | イ. 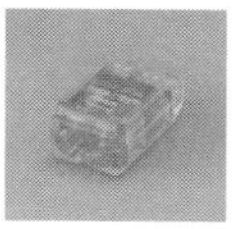
2 本用 3 個 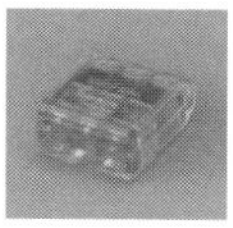
3 本用 1 個 | ロ. 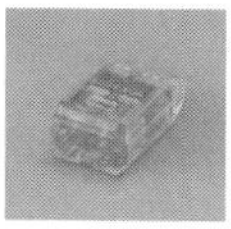
2 本用 2 個 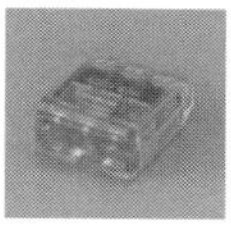
3 本用 2 個 | ハ. 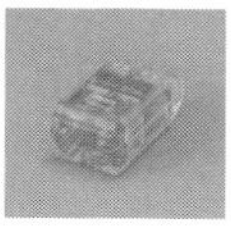
2 本用 4 個 | ニ. 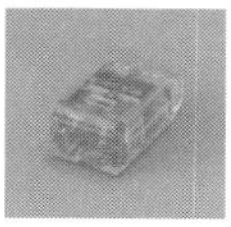
2 本用 5 個 |

| 31 | ③のジョイントボックス内の接続をすべて圧着接続で行う場合，リングスリーブの種類と最少個数の組合せで最適なものは．ただし，使用電線は VVF1.6 とする． 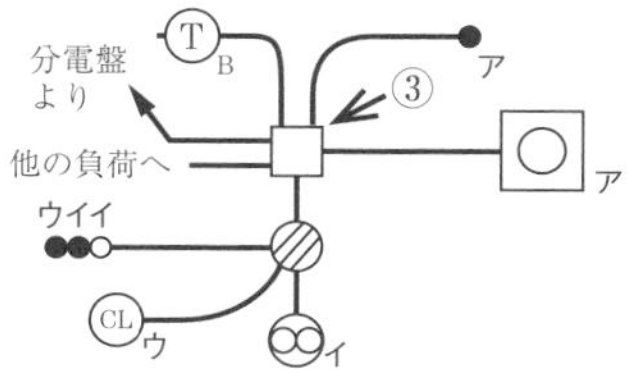

分電盤より　T B　③　ア　他の負荷へ　ウイイ　CL　ウ　イ | イ. 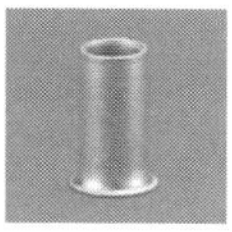
小 1 個 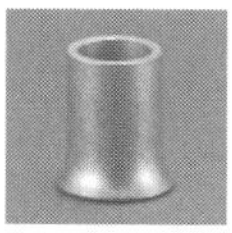
中 2 個 | ロ. 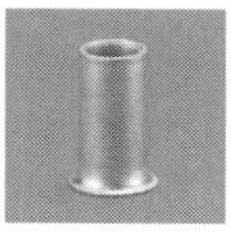
小 3 個 | ハ. 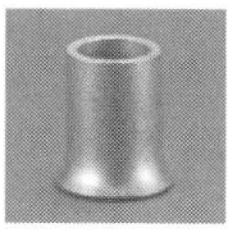
中 3 個 | ニ. 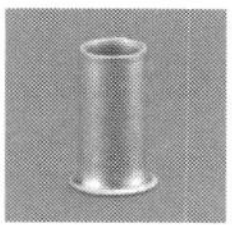
小 4 個 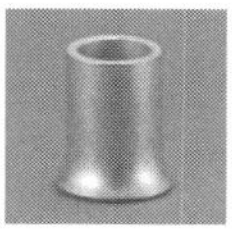
中 1 個 |

| 32 | ④の VVF ジョイントボックス内の接続をすべて差込形コネクタで行う場合，差込形コネクタの種類と最少個数の組合せで最適なものは．ただし，使用電線は VVF1.6 とする． 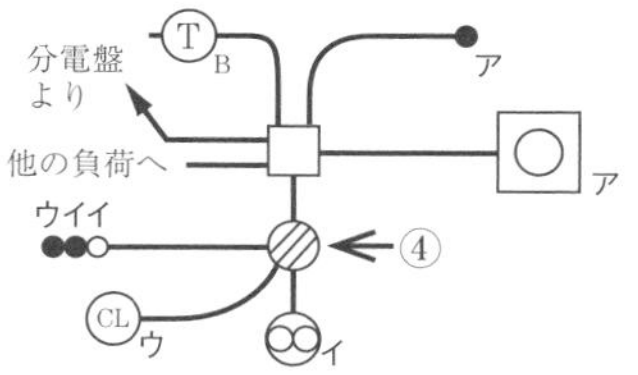

分電盤より　T B　ア　他の負荷へ　ウイイ　④　CL　ウ　イ | イ. 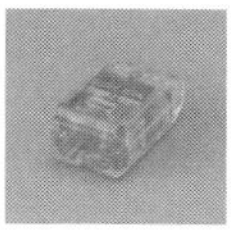
2 本用 1 個 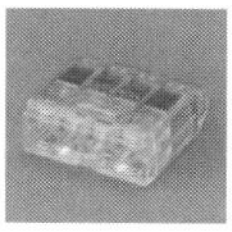
4 本用 1 個 | ロ. 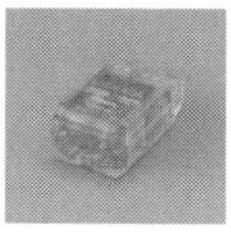
2 本用 2 個 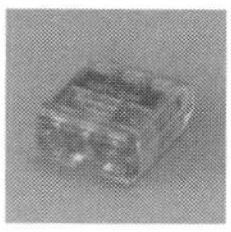
3 本用 2 個 | ハ. 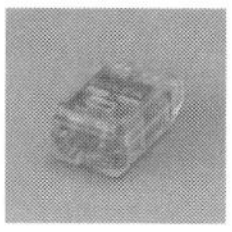
2 本用 3 個 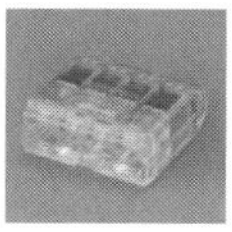
4 本用 1 個 | ニ. 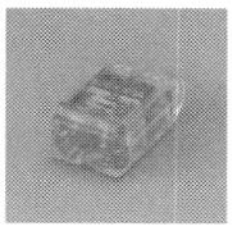
2 本用 3 個 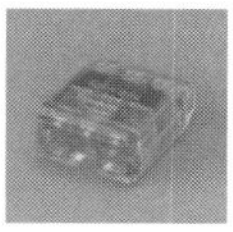
3 本用 1 個 |

(9) 計測器

回路計	絶縁抵抗計	接地抵抗計	クランプメータ(デジタル形)
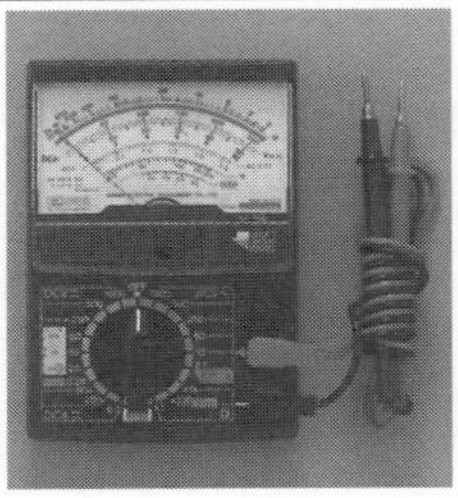	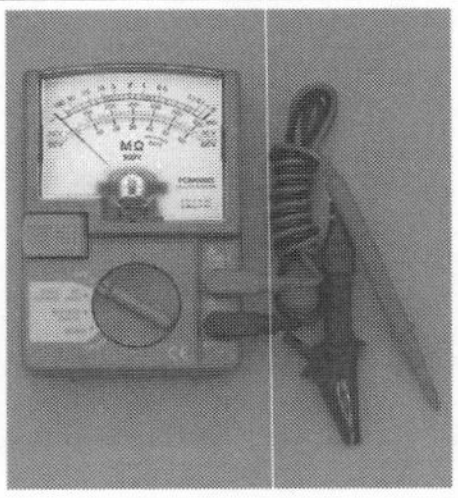	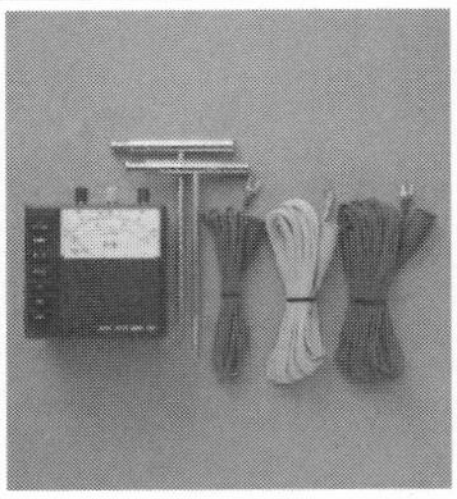	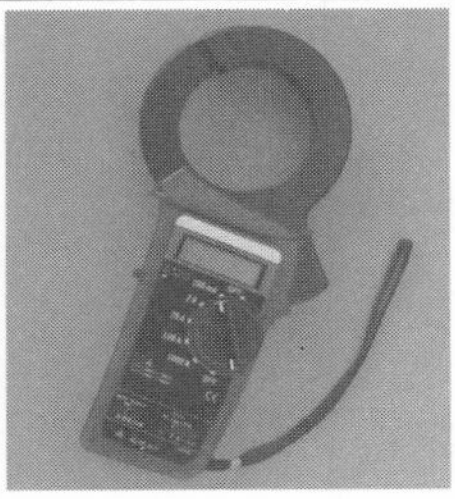
回路の電圧測定や接続, 結線状態を確認する導通試験に用いる.	絶縁抵抗の測定に用いる. 目盛板に MΩ の単位が表記されている.	補助極の接地棒2本と緑, 赤, 黄の3本のリード線で接地抵抗を測定する.	通電中の負荷に流れる電流や漏れ電流を測定する. 写真はデジタル形のものである.

クランプメータ(アナログ形)	検相器		照度計
	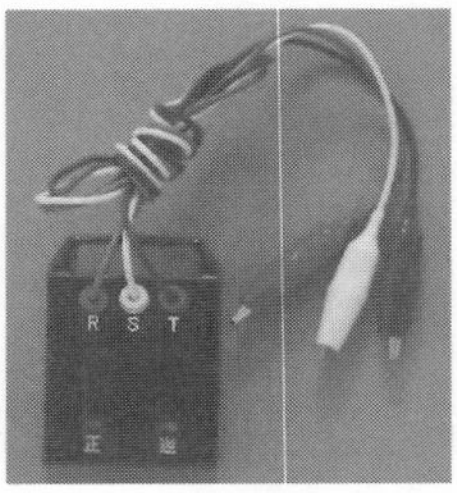	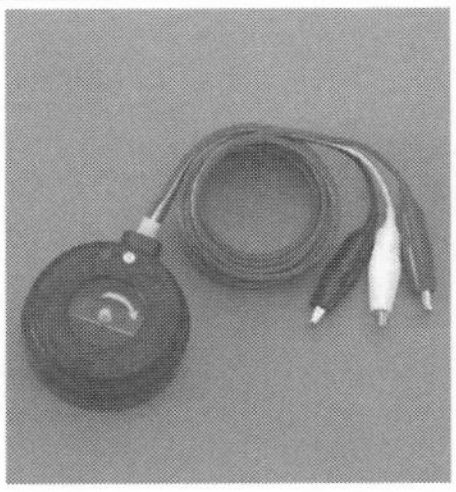	
写真はアナログ形のクランプメータである.	三相3線式回路の相順(相回転)を調べるもの. 写真は正回転, 逆回転をランプの点灯で示すタイプのものである.	三相3線式回路の相順(相回転)を調べるもの. 写真は正回転, 逆回転を円盤の回転で示すタイプのものである.	照度測定に用いる. 丸い受光部があり, 目盛板にはlxの単位が表記されている.

低圧用検電器	電力量計
低圧電気回路の充電の有無を調べるのに用いる. 写真の上のものはネオン式, 下のものは音響発光式である.	電力量を測定するもの. Wh, Wh の図記号で示される.

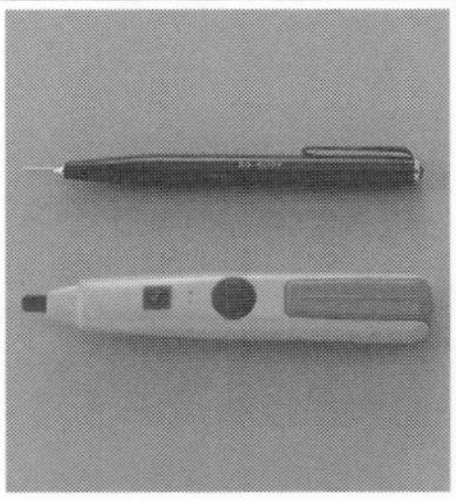

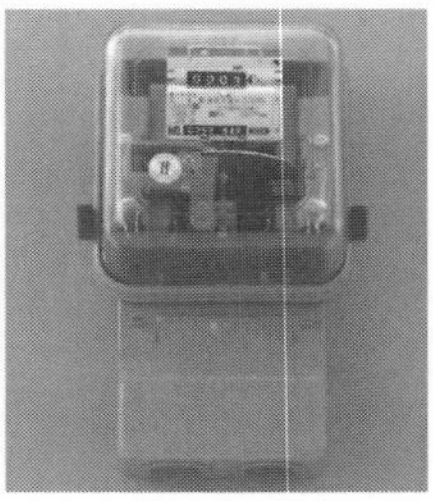

	問　い	答　え			
33	回路の負荷電流を測定するものは.	イ. 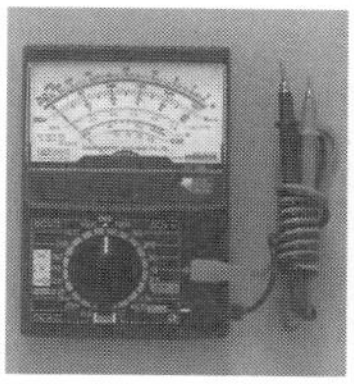	ロ. 	ハ. 	ニ. 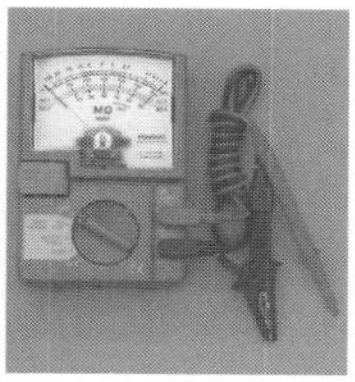
34	定格 250V コンセントの電圧を測定する場合に使用するものは.	イ. 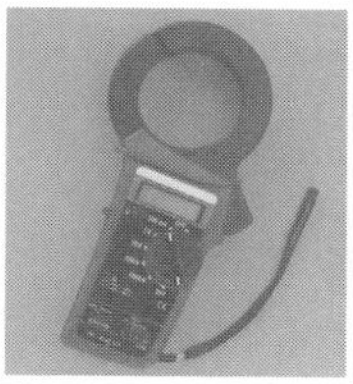	ロ. 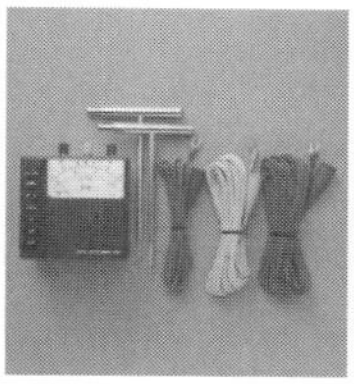	ハ. 	ニ. 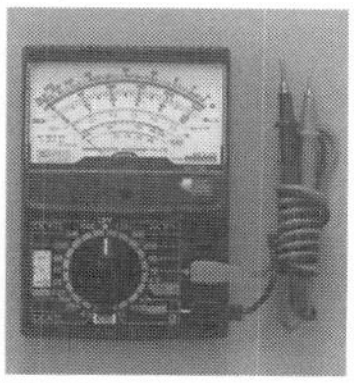
35	回路の絶縁抵抗を測定するものは.	イ. 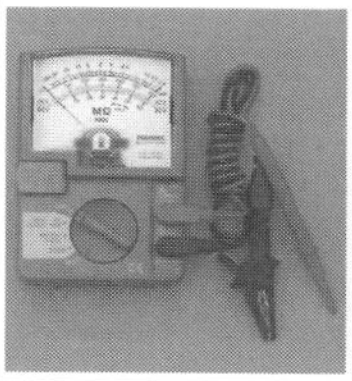	ロ. 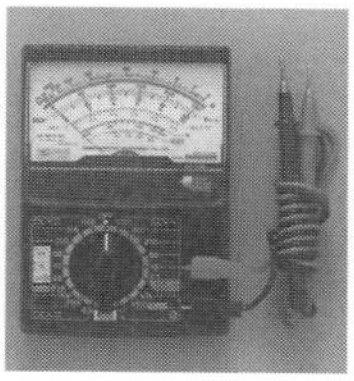	ハ. 	ニ. 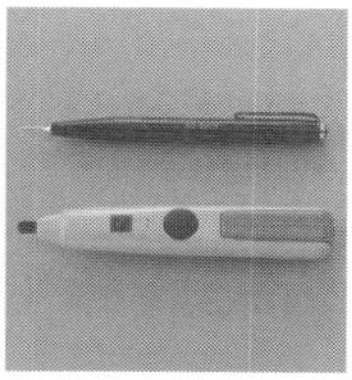
36	三相 3 線式回路の相順（相回転）を調べるものは.	イ. 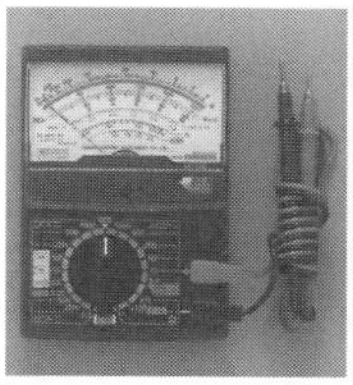	ロ. 	ハ. 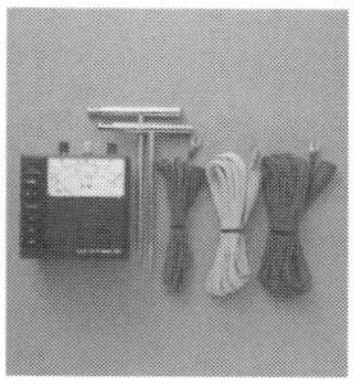	ニ. 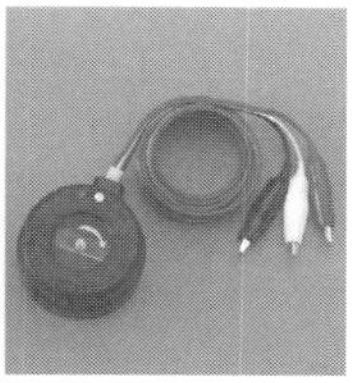
37	接地抵抗を測定するものは.	イ. 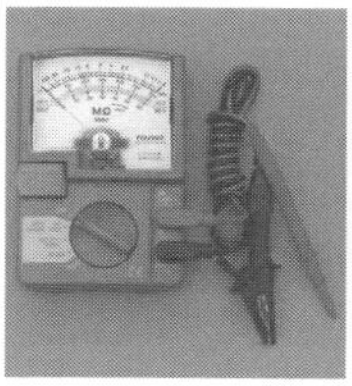	ロ. 	ハ. 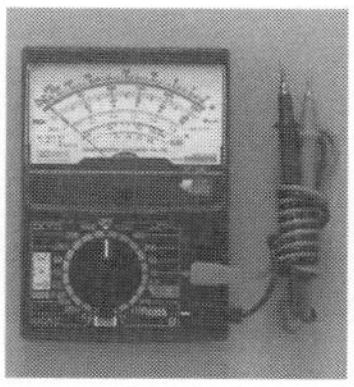	ニ. 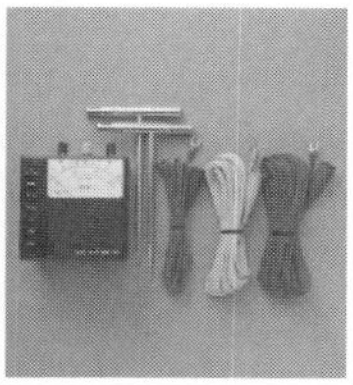
38	動力回路（三相 3 線式汚水ポンプ）の漏れ電流を測定できるものは.	イ. 	ロ. 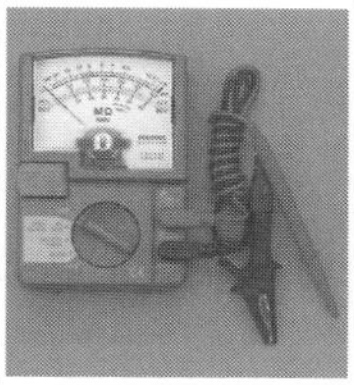	ハ. 	ニ. 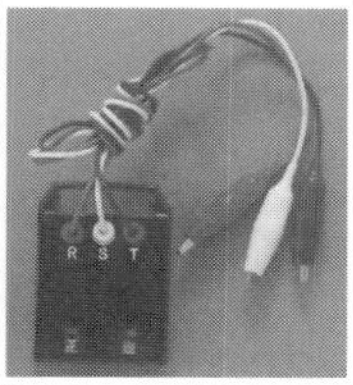

⑽　施工に用いる工具とその用途

【穴加工に用いる工具】

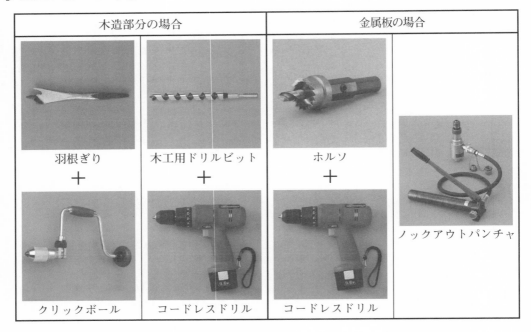

木造部分の場合			金属板の場合	
羽根ぎり +	木工用ドリルビット +	ホルソ +		ノックアウトパンチャ
クリックボール	コードレスドリル	コードレスドリル		

【切断に用いる工具】

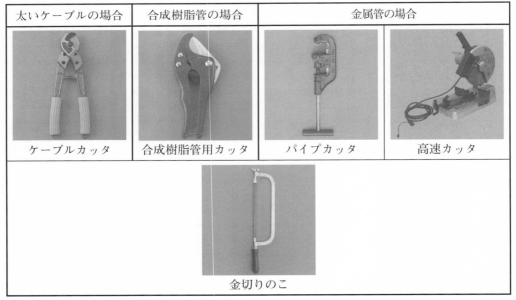

太いケーブルの場合	合成樹脂管の場合	金属管の場合	
ケーブルカッタ	合成樹脂管用カッタ	パイプカッタ	高速カッタ
	金切りのこ		

※ケーブルカッタはCVケーブルなどの太い電線の切断に用いられる.

【電線管の加工や固定に用いる工具】

	合成樹脂管の場合	金属管の場合
曲げ加工に使用	 ガストーチランプ	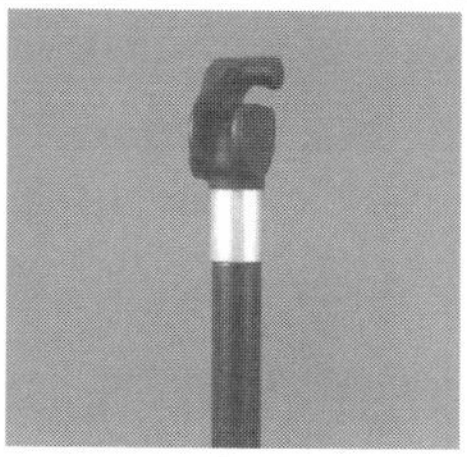 パイプベンダ
固定に使用		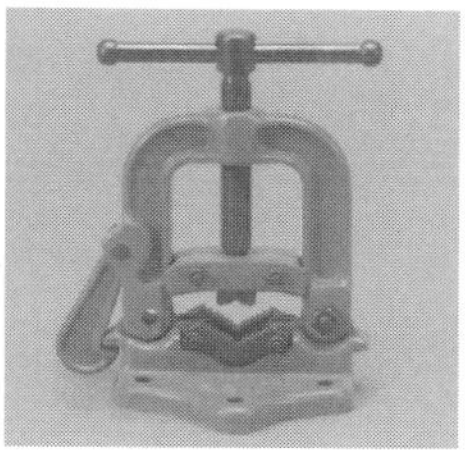 パイプバイス
切断面の仕上げ (バリ取りに)	 面取器	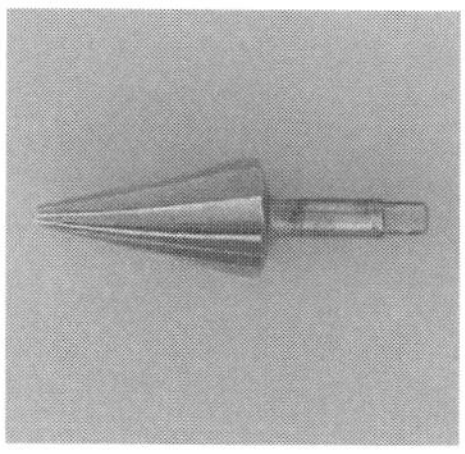 リーマ 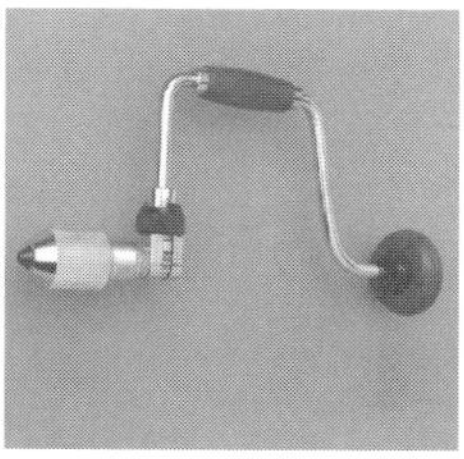 ＋ クリックボール 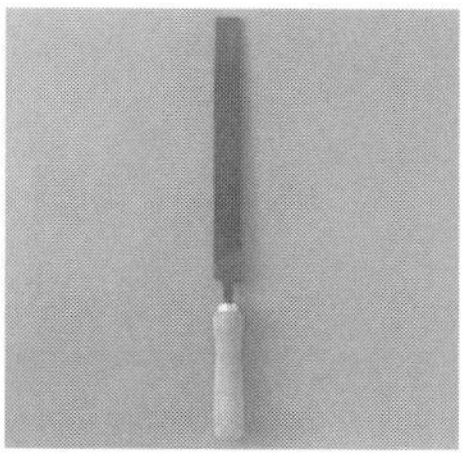 ＋ 平やすり

【ケーブル・電線の接続に用いる工具】

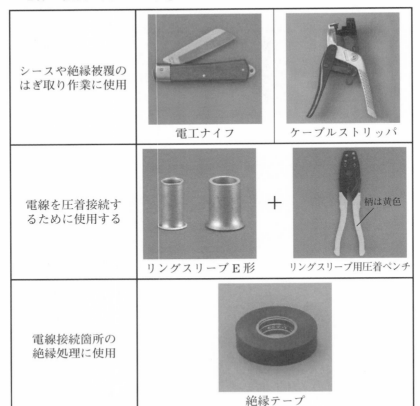

シースや絶縁被覆のはぎ取り作業に使用	電工ナイフ	ケーブルストリッパ
電線を圧着接続するために使用する	リングスリーブE形 ＋	リングスリーブ用圧着ペンチ（柄は黄色）
電線接続箇所の絶縁処理に使用	絶縁テープ	

【接地極の施工に用いる工具】

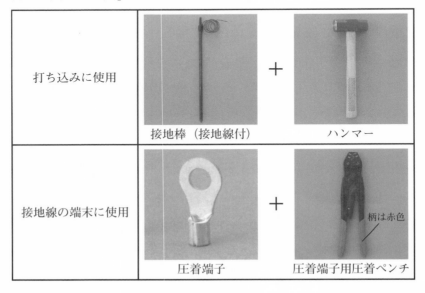

打ち込みに使用	接地棒（接地線付） ＋	ハンマー
接地線の端末に使用	圧着端子 ＋	圧着端子用圧着ペンチ（柄は赤色）

[練習問題]（解答・解説は 198 ページ）

問 い	答 え			
39 木造部分の配線用の穴をあけるための工具として，適切なものは．	イ. 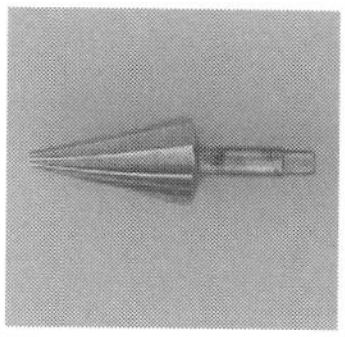	ロ. 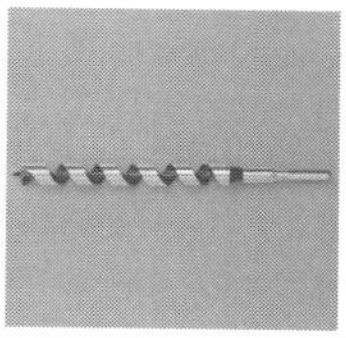	ハ. 	ニ. 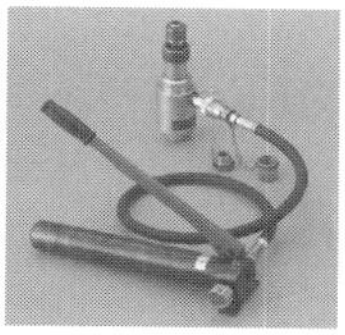
40 VVF ジョイントボックス内の接続をリングスリーブによる圧着接続で行う場合に用いるものとして，不適切なものは．	イ. 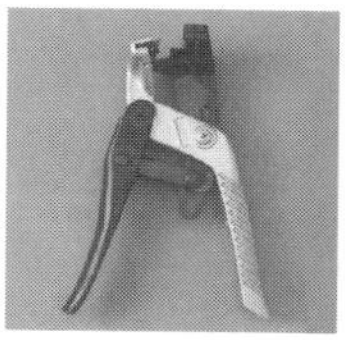	ロ. 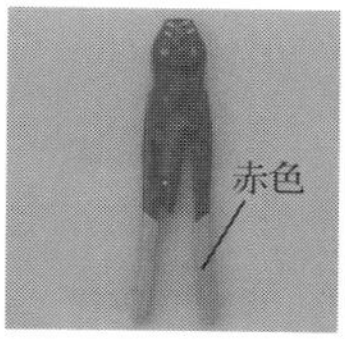 赤色	ハ. 	ニ. 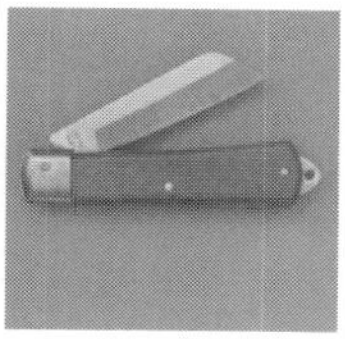
41 ねじなし金属管（E19）を鉄骨軽量コンクリート造の工場の露出部分に施工する配線工事で，使用されることのないものは．	イ. 	ロ. 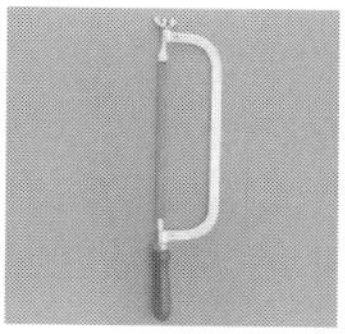	ハ. 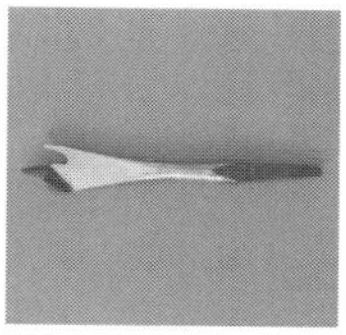	ニ. 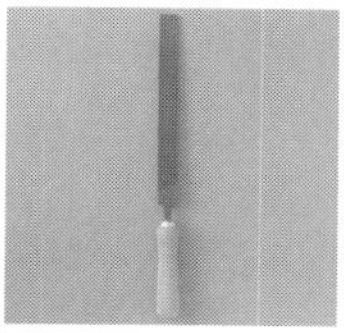
42 屋外灯の配線を CV5.5 - 2C と FEP による地中配線として施工する工事において，電線の切断に使用する工具として，適切なものは．	イ. 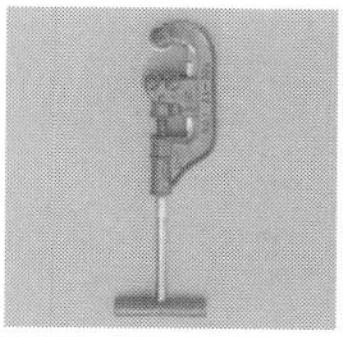	ロ. 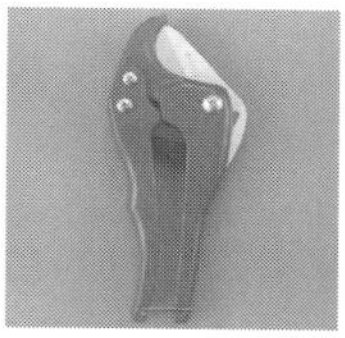	ハ. 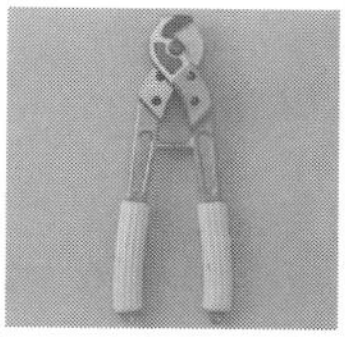	ニ. 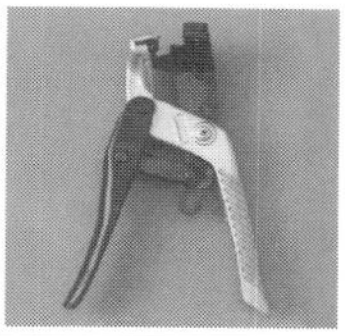
43 ルームエアコンの屋外ユニットに接地工事を施すとき，使用されることのないものは．	イ. 	ロ. 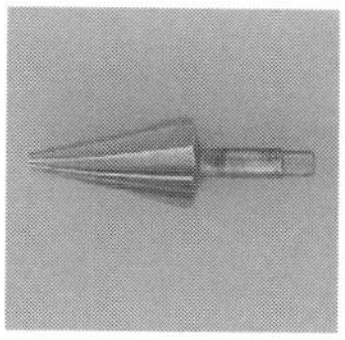	ハ. 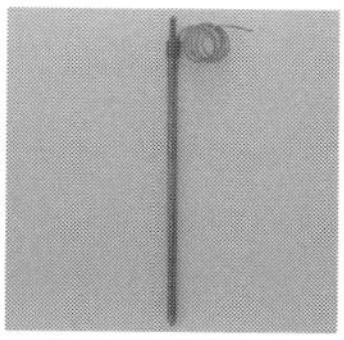	ニ. 
44 電灯用分電盤（金属製）の穴あけに使用されることのないものは．	イ. 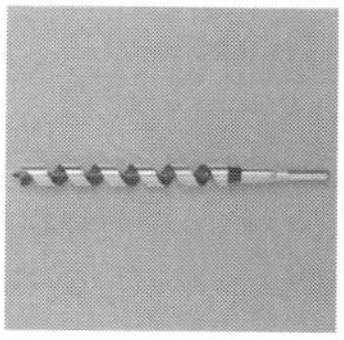	ロ. 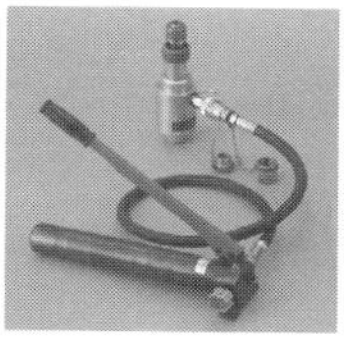	ハ. 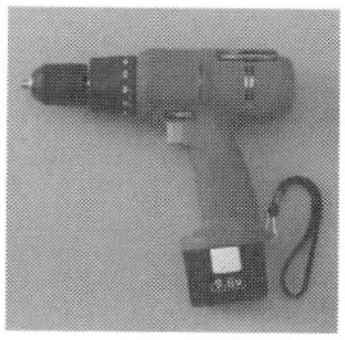	ニ. 

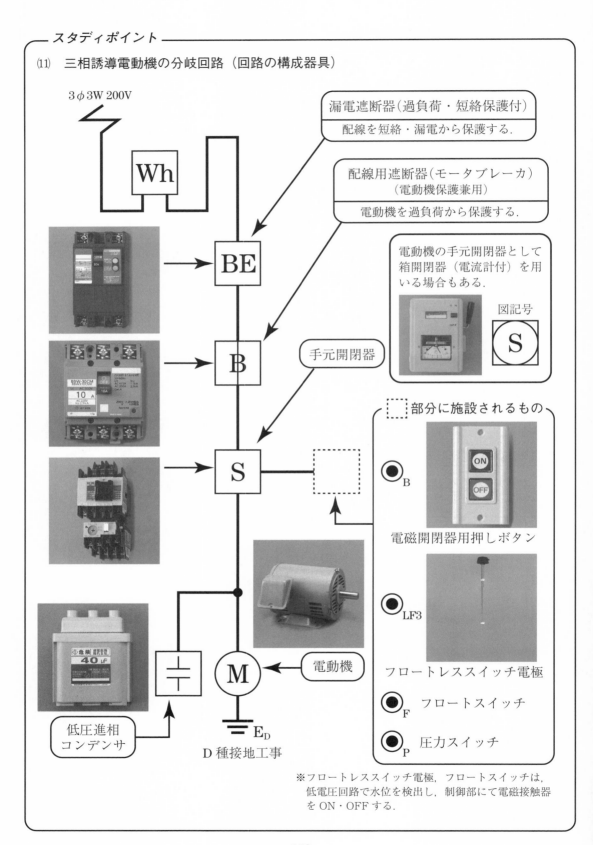

⑾　三相誘導電動機の分岐回路（回路の構成器具）

3φ3W 200V

漏電遮断器（過負荷・短絡保護付）

配線を短絡・漏電から保護する.

配線用遮断器（モータブレーカ）
（電動機保護兼用）

電動機を過負荷から保護する.

Wh

BE

電動機の手元開閉器として
箱開閉器（電流計付）を用
いる場合もある.

図記号

S

B

手元開閉器

部分に施設されるもの

S

B

電磁開閉器用押しボタン

LF3

フロートレススイッチ電極

M　電動機

F　フロートスイッチ

P　圧力スイッチ

低圧進相
コンデンサ

E_D

D種接地工事

※フロートレススイッチ電極, フロートスイッチは,
低電圧回路で水位を検出し, 制御部にて電磁接触器
を ON・OFF する.

	問　　い	答　　え			
45	下図の図記号 S で示された部分に使用する器具は. 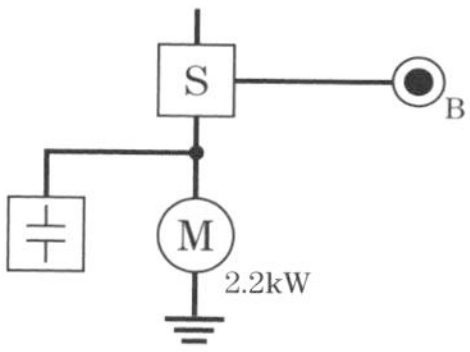 （図：S—B, ⊥, M 2.2kW）	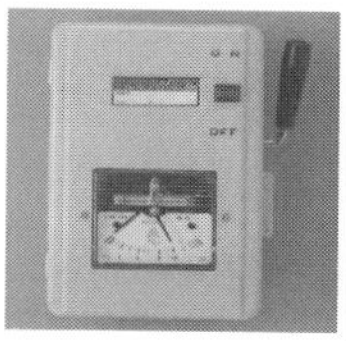 イ.	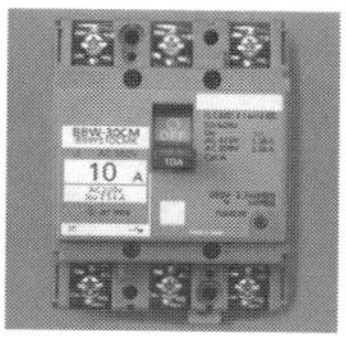 ロ.	 ハ.	 ニ.
46	図記号 ●B の器具は.	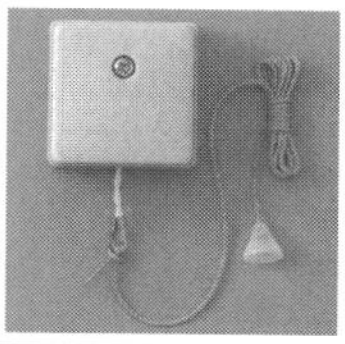 イ.	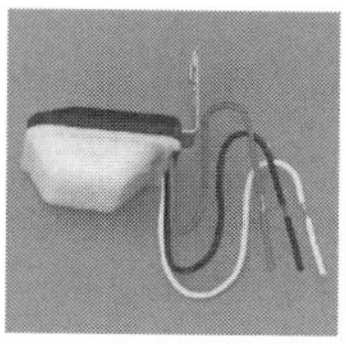 ロ.	 ハ.	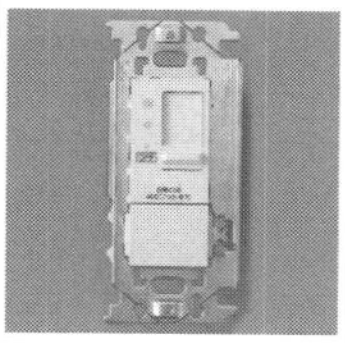 ニ.
47	次の図記号 ●LF3 , M , ⊠ に該当しない器具は.	 イ.	 ロ.	 ハ.	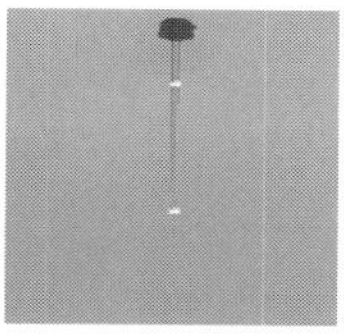 ニ.
48	図記号 ⊥ の器具は.	 イ.	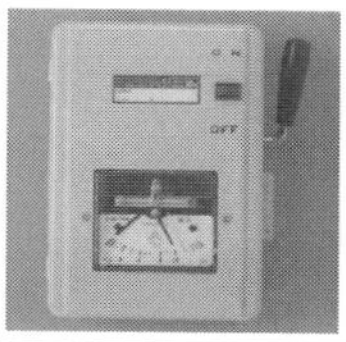 ロ.	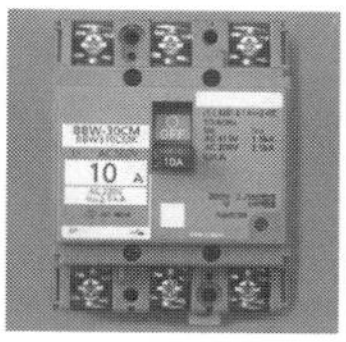 ハ.	 ニ.
49	図記号 S の器具は.	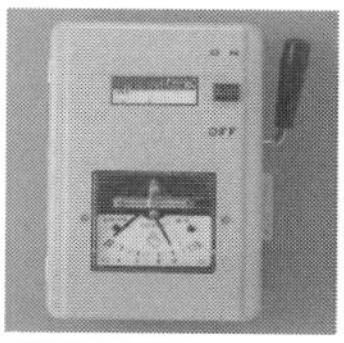 イ.	 ロ.	 ハ.	 ニ.

練習問題の答と解き方

1. 抵抗の接続

【問い 1】 答（ロ）

〔解き方〕 図 1 の ob 間の合成抵抗 R_{ob} を求めると，

$$R_{ob} = \frac{4 \times 4}{4+4} = \frac{16}{8} = 2 \,〔\Omega〕$$

これより図 1 は図 2 のように整理できる．ab 間の合成抵抗 R_{ab} は，

$$R_{ab} = \frac{(4+2) \times 4}{(4+2)+4} = \frac{24}{10} = 2.4 \,〔\Omega〕$$

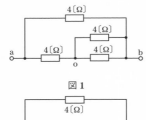

図1

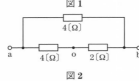

図2

【問い 2】 答（ロ）

〔解き方〕 ［問い 1］と同じ方法で計算できる．

3〔Ω〕と 6〔Ω〕の並列合成抵抗は図 1 より，

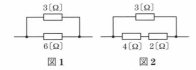

図1　　　　図2

$$\frac{3 \times 6}{3+6} = 2 \,〔\Omega〕$$

ab 間の合成抵抗 R_{ab} は，図 2 より，

$$R_{ab} = \frac{(4+2) \times 3}{(4+2)+3} = 2 \,〔\Omega〕$$

【問い 3】 答（ロ）

〔解き方〕 2〔Ω〕と 2〔Ω〕の並列合成抵抗は，

$$\frac{2 \times 2}{2+2} = 1 \,〔\Omega〕$$

3〔Ω〕と 6〔Ω〕の並列合成抵抗は，

$$\frac{3 \times 6}{3+6} = 2 \,〔\Omega〕$$

計算結果より，回路をまとめると図のようになる．

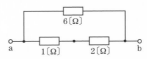

ab 間の合成抵抗 R_{ab} を求めると，

$$R_{ab} = \frac{6 \times (1+2)}{6+(1+2)} = 2 \,〔\Omega〕$$

【問い 4】 答（ロ）

〔解き方〕 a 端子側は 3〔Ω〕3 個の並列回路であるから，6 ページのドリルより，

$$R_a = 3/3 = 1 \,〔\Omega〕$$

b 端子側は 3〔Ω〕2 個の並列回路であるから，

$$R_b = 3/2 = 1.5 \,〔\Omega〕$$

ab 間の合成抵抗は，R_a と R_b の直列回路なので 2.5〔Ω〕．

【問い 5】 答（イ）

〔解き方〕 b 子側の 5〔Ω〕は，接続線（抵抗が接続されていない線）と並列なので抵抗を無視できる．a 端子側の 5〔Ω〕2 個並列の合成抵抗は 6 ページのドリルより，

$$R_a = 5/2 = 2.5 \,〔\Omega〕$$

【問い 6】 答（ロ）

〔解き方〕 S_1 を閉じたとき，S_1 と並列の抵抗は無視できる．また，S_2 が開いているときは電流が流れないため，S_2 と直列の抵抗も無視できる．よって，ab 間の合成抵抗は，a 端子と b 端子に接続されている 30〔Ω〕と 30〔Ω〕の直列回路となるから 60〔Ω〕．

2. オームの法則と電圧の計算

【問い 1】 答（ハ）

〔解き方〕 ab 間の合成抵抗 R_{ab} は，

$$R_{ab} = \frac{6 \times 3}{6+3} = 2 \,〔\Omega〕$$

電源からの電流 I は，

$$I = \frac{24}{6+R_{ab}} = \frac{24}{6+2} = 3 \,〔A〕$$

ab 間の電圧 V_{ab} を求めると，

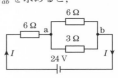

$$V_{ab} = I \times R_{ab} = 3 \times 2 = 6 \,〔V〕$$

【問い 2】 答（ロ）

〔解き方〕 電流計の値が2〔A〕であるから，ab間の電圧V_{ab}は，

$$V_{ab} = 2 \times 8 = 16 \ \text{〔V〕}$$

図の回路の電流I_1，I_3を求めると，

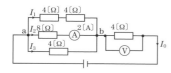

$$I_1 = \frac{16}{4+4} = 2 \ \text{〔A〕}$$

$$I_3 = \frac{16}{4} = 4 \ \text{〔A〕}$$

全電流I_0は，

$$I_0 = I_1 + I_2 + I_3 = 2 + 2 + 4 = 8 \ \text{〔A〕}$$

電圧計の指示Vは，

$$V = I_0 \times 4 = 8 \times 4 = 32 \ \text{〔V〕}$$

【問い 3】 答（ニ）

〔解き方〕 スイッチSを閉じると，Sの上の40Ωは短絡されるので，回路は図のようになる．

回路を流れる電流Iは，

$$I = \frac{120}{40+40} = 1.5 \ \text{〔A〕}$$

ab間の電圧V_{ab}は，

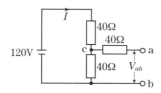

$$V_{ab} = I \times 40 = 1.5 \times 40 = 60 \ \text{〔V〕}$$

ac間の抵抗40Ωは，ab間が開放され，電流が流れないので，V_{ab}には無関係である．

（別解） 電圧の計算より，抵抗がそれぞれ40Ωと等しいため，ab間の電圧V_{ab}は電源電圧の1/2の60〔V〕．

【問い 4】 答（ロ）

〔解き方〕 回路に流れる電流は，

$$I = \frac{100+100}{20+30} = 4 \ \text{〔A〕}$$

a点の電源電圧100〔V〕と抵抗20〔Ω〕の両端電圧の差がa－b間の電圧になる．抵抗20〔Ω〕の両端電圧は，

$$4 \times 20 = 80 \ \text{〔V〕}$$

よって，

$$V_{ab} = 100 - 80 = 20 \ \text{〔V〕}$$

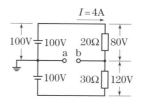

【問い 5】 答（ロ）

〔解き方〕 スタディポイント「電池の直列・並列接続」より，並列接続の式に，

$$E = 1.5\text{V}, \quad r = 0.4\Omega, \quad R = 2.8\Omega$$

を入れると，

$$I = \frac{1.5}{\dfrac{0.4}{2}+2.8} = \frac{1.5}{0.2+2.8} = \frac{1.5}{3.0} = 0.5\text{〔A〕}$$

3. 電気抵抗の性質の理解

【問い 1】 答（ロ）

〔解き方〕 軟銅線の抵抗率をρ〔Ω·mm²/m〕，断面積をA〔mm²〕，長さをL〔m〕とすると，抵抗値Rは，スタディポイント(1)式より，

$$R = \rho \text{〔Ω·mm²/m〕} \frac{L\text{〔m〕}}{A\text{〔mm²〕}} = 0.017 \times \frac{120}{2.0} = 1.02$$

$$\fallingdotseq 1.0 \ \text{〔Ω〕}$$

【問い 2】 答（ロ）

〔解き方〕 直径2.6〔mm〕の銅電線の断面積を計算すると，

$$A = \pi\frac{D^2}{4} = \frac{\pi}{4} \times 2.6^2 \fallingdotseq 5.31 \ \text{〔mm²〕}$$

（イ），（ハ），（ニ）の断面積は5.31〔mm²〕と比べ大きく差がある．断面積の値が最も近いのは（ロ）で，長さも20〔m〕で同じであるから（ロ）が正解になる．

【問い 3】 答（ハ）

〔解き方〕 スタディポイント(2)式より，

$$R = \frac{4\rho L}{\pi D^2} \times 10^6 \ \text{〔Ω〕}$$

電線の抵抗R〔Ω〕は，Lに比例し，D^2に反比例する．また，Dが大きくなると抵抗Rは小さくなるので，許容電流も大きくなる．なお，周囲温度が上昇すると，抵抗が増加し，発熱量が大きくなって放熱が悪くなり，電線温度が上昇し，許容電流は小さくなる．

【問い 4】 答（ハ）

〔解き方〕 スタディポイント(2)式より,

$$R = \frac{4\rho L}{\pi D^2} \times 10^6 \ (\Omega)$$

イは πD と 10^3 が誤り, ロは $4\rho L^2$, πD, 10^3 が誤り, ニは ρL^2 が誤り, 正しくは $4\rho L$ となる.

【問い 5】 答（ハ）

〔解き方〕 (1)式より A が 3 倍になるから, 抵抗は 1/3 になる.

【問い 6】 答（イ）

〔解き方〕 (1)式で A が $2A$ に, L が $(1/2)L$ になるから,

$$R' = \rho \frac{\frac{1}{2}L}{2A} = \frac{1}{4}\rho\frac{L}{A} = \frac{1}{4}R$$

となり, 抵抗は 1/4 になる.

【問い 7】 答（ニ）

〔解き方〕 (1)式で電線の長さを α 倍, 直径を β 倍にすると, $L = \alpha L$, $A = \beta^2 A$ になるから, 抵抗 R' は,

$$R' = \rho\frac{L\times\alpha}{A\times\beta^2} = R\times\frac{\alpha}{\beta^2}$$

$$\therefore \ \frac{R'}{R} = \frac{\alpha}{\beta^2}$$

【問い 8】 答（ロ）

〔解き方〕 A は直径 1.6〔mm〕であるから, 断面積は,

$$\pi\left(\frac{1.6}{2}\right)^2 \fallingdotseq 2 \ (mm^2)$$

となる. B は直径 3.2〔mm〕であるから, 断面積は,

$$\pi\left(\frac{3.2}{2}\right)^2 \fallingdotseq 8 \ (mm^2)$$

となる. A の抵抗を R_A, B の抵抗を R_B とすると,

$$R_A = \rho\times\frac{20}{2} = 10\rho$$

$$R_B = \rho\times\frac{40}{8} = 5\rho$$

$$\therefore \ \frac{R_A}{R_B} = \frac{10\rho}{5\rho} = 2$$

よって, A の抵抗は, B の抵抗の 2 倍となる.

【問い 9】 答（ニ）

〔解き方〕 直径 1.6 mm の軟銅線の断面積は約 2mm², 直径 3.2 mm の軟銅線の断面積は約 8mm² で 4 倍である. よって, 抵抗は断面積に反比例して同じ長さのときは 1/4 倍となるので, 電気抵抗を等しくするには, 長さを 4 倍の 32 m にする.

---

4. 電流の分流とブリッジ回路

【問い 1】 答（ロ）

〔解き方〕 図のように I, I_A をきめる.

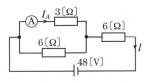

I を求めると,

$$I = \frac{48}{6+\frac{3\times6}{3+6}} \ (A) = \frac{48}{8} = 6 \ (A)$$

I_A を求めると,

$$I_A = I\times\frac{6}{3+6} = 6\times\frac{6}{9} = 4 \ (A)$$

【問い 2】 答（イ）

〔解き方〕 並列部分の右 2 つの抵抗を右から順に合成すると, 4/2 = 2〔Ω〕となる.

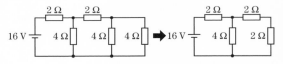

そして, 2〔Ω〕と 2〔Ω〕の直列部分を合成して 4〔Ω〕, さらに, 並列部分を合成すると 2〔Ω〕となる.

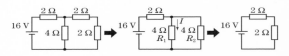

回路の合成抵抗は 4〔Ω〕であるから, 回路の全電流 I_0 は 4〔A〕となる. よって, 電流 I は

$$I = I_0\times\frac{R_2}{R_1+R_2} = 4\times\frac{4}{4+4} = 2 \ (A)$$

【問い 3】 答（ニ）

〔解き方〕 スイッチ S を閉じたときの回路は, 60〔Ω〕は短絡され 0〔Ω〕になるので, 図のようになる. 電流計に流れる電流 I は,

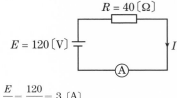

$$I = \frac{E}{R} = \frac{120}{40} = 3 \ (A)$$

【問い　4】　答（ロ）

〔解き方〕　図のように各枝路の電流 I_1, I_2 は，

$$I_1 = \frac{100}{4+6} = 10 \text{〔A〕} \qquad I_2 = \frac{100}{5+5} = 10 \text{〔A〕}$$

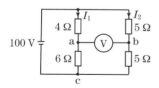

ac 間の電圧 V_{ac} を求めると，

$$V_{ac} = I_1 \times 6 = 10 \times 6 = 60 \text{〔V〕}$$

bc 間の電圧 V_{bc} は，

$$V_{bc} = I_2 \times 5 = 10 \times 5 = 50 \text{〔V〕}$$

ab 間の電圧 V_{ab}，すなわち，電圧計の指示は，

$$V_{ab} = V_{ac} - V_{bc} = 60 - 50 = 10 \text{〔V〕}$$

これは c 点からの電位上昇として求めた．

【問い　5】　答（ロ）

〔解き方〕　各回路に流れる電流は，

$$\frac{100}{20+80} = 1 \text{〔A〕}, \qquad \frac{100}{50+50} = 1 \text{〔A〕}$$

スタディポイント「ブリッジの電位差」より，

$$V = 80 \times 1 - 50 \times 1 = 30 \text{〔V〕}$$

【問い　6】　答（ハ）

〔解き方〕　バランスしているブリッジ回路であるから，スタディポイント「ブリッジの平衡」より，

$$30 \times 10 = 20 \times R$$

$$R = \frac{30 \times 10}{20} = 15 \text{〔Ω〕}$$

---

5. 単相交流回路 (1)

【問い　1】　答（ロ）

〔解き方〕　実効値とは，直流回路の電力と等しい電力の交流回路の電圧や電流の値で，スタディポイント②より，

$$\text{電圧の最大値} = \sqrt{2} \times \text{実効値} = 1.41 \times 200 = 282 \text{〔V〕}$$

【問い　2】　答（ハ）

〔解き方〕　スタディポイント「最大値・実効値・平均値」による．

【問い　3】　答（イ）

〔解き方〕　正弦波交流電圧の実効値と最大値は，スタディポイントより，

$$\text{実効値} = \frac{\text{最大値}}{\sqrt{2}}$$

$$\text{最大値} = \sqrt{2} \times \text{実効値}$$

【問い　4】　答（ハ）

〔解き方〕　スタディポイント(1)式より，

$$\text{インピーダンス } Z = \sqrt{4^2 + 3^2} = 5 \text{〔Ω〕}$$

【問い　5】　答（ハ）

〔解き方〕　インピーダンス $Z = \sqrt{12^2 + 16^2} = 20 \text{〔Ω〕}$

回路に流れる電流は，

$$I = \frac{V}{Z} = \frac{200}{20} = 10 \text{〔A〕}$$

抵抗の両端の電圧は，$10 \times 12 = 120 \text{〔V〕}$

【問い　6】　答（ニ）

〔解き方〕　インピーダンス $Z = \sqrt{6^2 + 8^2} = 10 \text{〔Ω〕}$

回路に流れる電流は，

$$I = \frac{V}{Z} = \frac{100}{10} = 10 \text{〔A〕}$$

リアクタンスの両端の電圧は，$10 \times 8 = 80 \text{〔V〕}$

【問い　7】　答（ハ）

〔解き方〕　回路を流れる電流 I は，

$$I = \frac{E}{\sqrt{R^2 + X^2}}$$

リアクタンスにかかる電圧 V_L は，

$$V_L = IX = \frac{XE}{\sqrt{R^2 + X^2}}$$

---

6. 単相交流回路 (2)

【問い　1】　答（ロ）

〔解き方〕　コイルのリアクタンスは，50〔Hz〕のとき，

$$\omega L = 2\pi f L = \frac{E}{I} = \frac{100}{3} \text{〔Ω〕}$$

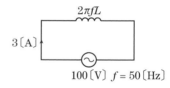

周波数を $f' = 60$〔Hz〕に変化させると，

$$\frac{f'}{f} = \frac{60}{50} \quad f' = 1.2f$$

$$2\pi f'L$$
$$I'$$
$$100\,[\mathrm{V}] \quad f' = 60\,[\mathrm{Hz}]$$

$$\omega'L = 2\pi f'L = 2\pi \times 1.2 fL = 1.2 \times (2\pi fL)$$
$$= 1.2 \times \frac{100}{3}$$

周波数が $60\,[\mathrm{Hz}]$ に変化したとき流れる電流 I' は，

$$I' = \frac{E}{2\pi f'L} = \frac{100}{1.2 \times 2\pi fL} = \frac{100}{1.2 \times \dfrac{100}{3}}$$
$$= \frac{3}{1.2} = 2.5\,[\mathrm{A}]$$

リアクタンスは周波数に比例して増加する．

【問い 2】 答（ニ）

〔解き方〕 コンデンサに $100\,[\mathrm{V}]$，$50\,[\mathrm{Hz}]$ の電源を加えたときに流れる電流は $3\,[\mathrm{A}]$ であるから，次式が成り立つ．

$$I = \frac{E}{\dfrac{1}{2\pi fC}} = 2\pi fCE = 3\,[\mathrm{A}]$$

$$E = 100\,[\mathrm{V}]，\ f = 50\,[\mathrm{Hz}]$$
$$I = 3\,[\mathrm{A}]$$
$$\frac{1}{2\pi fC}$$

コンデンサに $100\,[\mathrm{V}]$，$60\,[\mathrm{Hz}]$ の電源を加えたときに流れる電流 I' は，

$$I' = 2\pi f'CE$$

$$E = 100\,[\mathrm{V}]，\ f' = 60\,[\mathrm{Hz}]$$
$$I'\,[\mathrm{A}]$$
$$\frac{1}{2\pi f'C}$$

I' と I の比を求めると，

$$\frac{I'}{I} = \frac{2\pi f'CE}{2\pi fCE} = \frac{f'}{f} = \frac{60}{50}$$
$$I' = \frac{60}{50} \times I = 1.2 \times 3 = 3.6\,[\mathrm{A}]$$

【問い 3】 答（イ）

〔解き方〕 スタディポイントより，インダクタンスに流れる電流は，電圧と同じ正弦波形で，電圧 v より位相が $90°$ 遅れる（イ）の波形となる．

波形の異なる（ハ），（ニ）は論外，（ロ）は抵抗に流れる電流波形である．

【問い 4】 答（ニ）

〔解き方〕 スタディポイントより，キャパシタンス（コンデンサ）に流れる電流は，電圧と同じ正弦波形で，電圧 v より位相が $90°$ 進む（ニ）の波形となる．

波形の異なる（ロ），（ハ）は論外，（イ）は抵抗に流れる電流波形である．

---

7. 電圧・電流の位相差と力率

【問い 1】 答（ハ）

〔解き方〕 抵抗に流れる電流 $12\,[\mathrm{A}]$ は，電源電圧と同相になる．また，インダクタンス（コイル）に流れる電流 $5\,[\mathrm{A}]$ は，電源電圧より $90°$ 位相が遅れる（16 ページ：単相交流回路(2)の［抵抗のみの回路］と［インダクタンス（コイル）のみの回路］の波形を参照.）．

電流計に流れる電流は，これらの電流を合成したものであるから，「スタディポイント 直列と並列の力率の計算」の RX 並列回路より，全電流は $I = \sqrt{I_R^{\,2} + I_L^{\,2}}$ で求まるので，電流計に流れる電流は，

$$I = \sqrt{12^2 + 5^2} = 13\,[\mathrm{A}]$$

【問い 2】 答（ニ）

〔解き方〕 コンデンサを負荷に並列接続することにより，有効電流のみ電流計に流れるので，コンデンサ設置前と比べて電流計の指示値は減少する．

【問い 3】 答（イ）

〔解き方〕 電気トースターは抵抗加熱なので力率がよい．電動機を使用する電気洗濯機，電気冷蔵庫には巻線（コイル）が内蔵されているので力率が悪くなる．電球形 LED ランプは制御装置内蔵形なので整流器があり，力率が悪くなる．

【問い 4】 答（ハ）

〔解き方〕 設問は抵抗とリアクタンスの直列回路であるから，抵抗とリアクタンスには同じ大きさの電流が流れる．

$P = VI\cos\theta$ より，

$$\cos\theta = \frac{P}{VI} = \frac{I^2R}{VI} = \frac{IR \times I}{VI} = \frac{V_R I}{VI} = \frac{V_R}{V}$$

電源電圧 $V = 102\,[\mathrm{V}]$，抵抗の両端電圧 $V_R = 90\,[\mathrm{V}]$ であるから，

$$\cos\theta = \frac{V_R}{V} = \frac{90}{102} = 0.88$$

よって，負荷の力率は，$0.88 \times 100 = 88\,[\%]$

【問い 5】 答（ロ）

〔解き方〕 設問は抵抗とリアクタンスの並列回路であるから，抵抗とリアクタンスには同じ大きさの電圧がかかる．

$P = VI\cos\theta$ より，

$$\cos\theta = \frac{P}{VI} = \frac{I_R^2 R}{VI} = \frac{(I_R \times R) \times I_R}{VI} = \frac{VI_R}{VI} = \frac{I_R}{I}$$

全電流 $I = 10$〔A〕，抵抗に流れる電流 $I_R = 6$〔A〕であるから，

$$\cos\theta = \frac{I_R}{I} = \frac{6}{10} = 0.6$$

よって，回路の力率は，$0.6 \times 100 = 60$〔%〕．

8. 電力と電力量

【問い 1】 答（ロ）

〔解き方〕 抵抗 R の値を求めると，

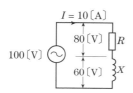

$$R = \frac{80}{10} = 8 \text{〔}\Omega\text{〕}$$

抵抗 R の消費電力 P は，

$$P = I^2 R = 10^2 \times 8 = 800 \text{〔W〕}$$

または，

電力 = （電圧）×（電流）

であるから，R の両端電圧は 80〔V〕，電流は 10〔A〕で，

$$P = 80 \times 10 = 800 \text{〔W〕}$$

と求められる．

【問い 2】 答（ハ）

〔解き方〕 電力は抵抗を流れる電流 I_R と電源電圧の積で求まる．

$$P = I_R E = 4 \times 100 = 400 \text{〔W〕}$$

抵抗 R の値は

$$R = 100/4 = 25 \text{〔}\Omega\text{〕}$$

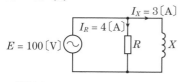

$P = I^2 R$ の関係より，

$$P = 4^2 \times 25 = 400 \text{〔W〕}$$

とも計算できる．

【問い 3】 答（ハ）

〔解き方〕 定格消費電力 1〔kW〕，定格電圧 100〔V〕の電熱器の抵抗 R は，

$$P = \frac{V^2}{R}$$

$$\therefore \quad R = \frac{V^2}{P} = \frac{100^2}{1\,000} = 10 \text{〔}\Omega\text{〕}$$

この電熱器に 110〔V〕の電圧を加えたときの消費電力 P' は，

$$P' = \frac{(V')^2}{R} = \frac{(110)^2}{10} = 1\,210 \text{〔W〕}$$

$$\fallingdotseq 1.2 \text{〔kW〕}$$

【問い 4】 答（ハ）

〔解き方〕 1〔J〕= 1〔W〕× 1〔s〕であるから，両辺を 1 000 倍し，1〔kJ〕= 1〔kW〕× 1〔s〕．

2〔kW〕の電熱器を 1 時間（= 60 × 60 秒）使用すると，

2〔kW〕× 60 × 60 = 7 200〔kJ〕

【問い 5】 答（イ）

〔解き方〕 0.5〔Ω〕の抵抗より発生する熱量を考える．0.5〔Ω〕に電流 10〔A〕が流れて，1 時間に消費する電力量 W〔kW·h〕は，

$$W = 10^2 \times 0.5 \times 10^{-3} = 0.05 \text{〔kW·h〕}$$

1〔kW·h〕= 3 600〔kJ〕であるから，W の計算で得た〔kW·h〕を〔kJ〕に換算すると，

$$W = 0.05 \times 3\,600 = 180 \text{〔kJ〕}$$

【問い 6】 答（ロ）

〔解き方〕 白熱灯 4 灯の消費電力 P_L は，

$$P_L = 100 \times 4 = 400 \text{〔W〕}$$

単相誘導電動機 1 台の消費電力 P_M は，力率が 80〔%〕であるから，

$$P_M = 100 \times 5 \times 0.8 = 400 \text{〔W〕}$$

これらの負荷を 10 日間連続して使用したときの消費電力量 W は，

$$W = (P_M + P_L) \times 10 \times 24 = (400 + 400) \times 10 \times 24$$
$$= 192\,000 \text{〔W·h〕} = 192 \text{〔kW·h〕}$$

9. 三相交流回路 (1)

【問い 1】 答（ニ）

〔解き方〕 電流 I は相電圧を抵抗 R で除した値である．

星形結線であるから，相電圧（R にかかる電圧）は線間電圧の $1/\sqrt{3}$ で $E/\sqrt{3}$．したがって，

$$I = \frac{E/\sqrt{3}}{R} = \frac{E}{\sqrt{3}R}$$

【問い　2】　答（ハ）

〔解き方〕　相電圧 V_a は，

$$V_a = 10 \times 12 = 120 \,[\text{V}]$$

星形結線の線間電圧 V は，相電圧の $\sqrt{3}$ 倍であるから，

$$V = \sqrt{3}\,V_a = \sqrt{3} \times 120 \fallingdotseq 208 \,[\text{V}]$$

【問い　3】　答（ハ）

〔解き方〕　相電流 I_R は，

$$I_R = \frac{E}{R}$$

線電流 I は，相電流の $\sqrt{3}$ 倍であるから，

$$I = \sqrt{3}\,I_R = \frac{\sqrt{3}E}{R}$$

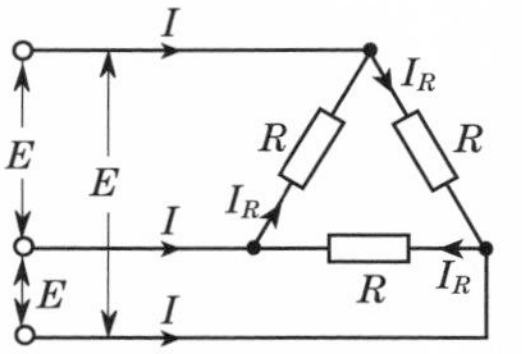

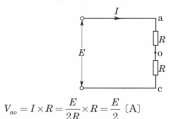

【問い　4】　答（イ）

〔解き方〕　×印点で断線したときの回路は図のようになる．電流 I を求めると，電圧 E に対して抵抗 R が二つ直列に接続されることになり，

$$I = \frac{E}{2R}$$

ao 間の電圧 V_{ao} を求めると，次のようになる．

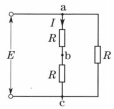

$$V_{ao} = I \times R = \frac{E}{2R} \times R = \frac{E}{2} \,[\text{A}]$$

【問い　5】　答（イ）

〔解き方〕　×印点で断線した回路は図のようになる．

ac 間には抵抗 R が二つ直列に接続されることになり，図より ab 間の抵抗 $R\,[\Omega]$ に流れる電流 $I\,[\text{A}]$ は，

$$I = \frac{E}{2R} \,[\text{A}]$$

10.　三相交流回路（2）

【問い　1】　答（ニ）

〔解き方〕　設問の回路は Y 結線で，電源電圧は E なので，抵抗に加わる相電圧は $E/\sqrt{3}\,[\text{V}]$ である．Y 結線では，線電流 ＝ 相電流であるから，

$$\text{線電流} = \text{相電流} = \frac{E/\sqrt{3}}{R} = \frac{E}{\sqrt{3}R} \,[\text{A}]$$

また，抵抗のみの回路のため，$\cos\theta = 1$ である．したがって，スタディポイント(1)式より，消費電力 P は，

$$P = \sqrt{3}\,V_l I \cos\theta$$
$$= \sqrt{3}\,EI\cos\theta = \sqrt{3} \times E \times \frac{E}{\sqrt{3}R} \times 1 = \frac{E^2}{R} \,[\text{W}]$$

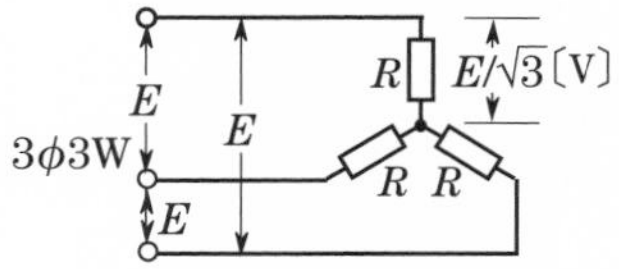

【問い　2】　答（ニ）

〔解き方〕　設問の回路は△結線で，電源電圧は E である．△結線では，線電流 ＝ $\sqrt{3}$ × 相電流であるから，

$$\text{線電流} = \sqrt{3} \times \text{相電流} = \frac{\sqrt{3}E}{R} \,[\text{A}]$$

また，抵抗のみの回路のため，$\cos\theta = 1$ である．したがって，スタディポイント(1)式より，消費電力 P は，

$$P = \sqrt{3}\,V_l I \cos\theta$$
$$= \sqrt{3}\,EI\cos\theta = \sqrt{3} \times E \times \frac{\sqrt{3}E}{R} \times 1 = \frac{3E^2}{R} \,[\text{W}]$$

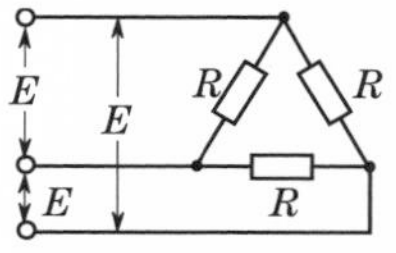

【問い　3】　答（ニ）

〔解き方〕　1 相分のインピーダンス Z は，

$$Z = \sqrt{R^2 + X^2} = \sqrt{8^2 + 6^2} = 10 \,[\Omega]$$

相電流 I を求めると，

$$I = \frac{V}{Z} = \frac{200}{10} = 20 \,[\text{A}]$$

△結線では，線電流 ＝ $\sqrt{3}$ × 相電流であるから，

$$\sqrt{3} \times I = \sqrt{3} \times 20 = 20\sqrt{3} \,[\text{A}]$$

また，回路は RX 直列回路なので，18 ページのスタディポイント「直列と並列の力率の計算」より，力率 $\cos\theta$ は，

$$\cos\theta = \frac{R}{Z} = \frac{8}{10} = 0.8$$

したがって，スタディポイント(1)式より，消費電力 P は，

$$P = \sqrt{3}\,V_l I \cos\theta$$
$$= \sqrt{3}\,VI\cos\theta = \sqrt{3}\times 200\times 20\sqrt{3}\times 0.8$$
$$= 9600\,(\mathrm{W}) = 9.6\,(\mathrm{kW})$$

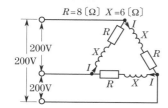

（別解） コイル X では電力を消費しないため，1相分の R の消費電力を求め，その値を3倍して3相分の消費電力 P として求めることができる．この場合，上記の解説と同等に，まず1相分のインピーダンス Z と相電流 I を求める．そして，1相分の抵抗 R の消費電力 P_1 を $P_1 = VI = I^2 R$ で求め，その値を3倍する．

$$P_1 = VI = I^2 R = 20^2 \times 8 = 3200\,(\mathrm{W})$$
$$P = 3P_1 = 3200 \times 3 = 9600\,(\mathrm{W}) = 9.6\,(\mathrm{kW})$$

【問い 4】 答（ハ）

〔解き方〕 負荷端の線間電圧を V_r，線電流を I，電線の抵抗を r とすると，線路の電圧降下は $\sqrt{3}\,Ir$ であるから，電源の線間電圧 V_s は次式で求められる．

$$V_s = V_r + \sqrt{3}\,Ir$$
$$= 200 + \sqrt{3}\times 20\times 0.2 \fallingdotseq 206.9$$
$$\fallingdotseq 207\,(\mathrm{V})$$

【問い 5】 答（イ）

〔解き方〕 1線当たりの電力損失は $I^2 r$ で，3線あるから合計の電力損失 P_l は，

$$P_l = 3I^2 r\,(\mathrm{W})$$

〔配電理論〕

1. 配電方式 (1)

【問い 1】 答（ロ）

〔解き方〕 スタディポイントによる．$600\,(\mathrm{W}) = 0.6\,(\mathrm{kW})$，$400\,(\mathrm{W}) = 0.4\,(\mathrm{kW})$ であるから，

$$I_1 = 10 \times 0.6 = 6\,(\mathrm{A}),\quad I_2 = 10 \times 0.4 = 4\,(\mathrm{A}),$$
$$I_3 = 5 \times 1 = 5\,(\mathrm{A})$$

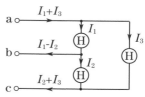

a 線 $= I_1 + I_3 = 11\,(\mathrm{A})$
b 線 $= I_1 - I_2 = 2\,(\mathrm{A})$
c 線 $= I_2 + I_3 = 9\,(\mathrm{A})$

【問い 2】 答（イ）

〔解き方〕 $2\,(\mathrm{kW})$ 抵抗負荷の負荷電流は，

$$\frac{2\,000}{100} = 20\,(\mathrm{A})$$

$1\,(\mathrm{kW})$ 抵抗負荷の負荷電流は，

$$\frac{1\,000}{100} = 10\,(\mathrm{A})$$

電流計を流れる電流は図のようになるから，指示値は，

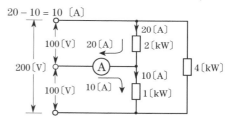

$$20 - 10 = 10\,(\mathrm{A})$$

$200\,(\mathrm{V})$ 電源に接続された $4\,(\mathrm{kW})$ の負荷に流れる電流は，$4 \times 10^3 / 200 = 20\,(\mathrm{A})$ であるが，Ⓐを流れないので，計算には無関係である．

【問い 3】 答（ニ）

〔解き方〕 負荷電流が $20\,(\mathrm{A})$，$10\,(\mathrm{A})$ と等しくないので，その差 $10\,(\mathrm{A})$ が図のように中性線を流れる．

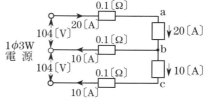

中性線に流れる電流による電圧降下は V_{ab} には電圧降下とし，V_{bc} には電圧上昇として働く．これより，ab 間の電圧 V_{ab} と bc 間の電圧 V_{bc} を求めると，

$$V_{ab} = 104 - 20 \times 0.1 - 10 \times 0.1 = 101\,(\mathrm{V})$$
$$V_{bc} = 104 - 10 \times 0.1 + 10 \times 0.1 = 104\,(\mathrm{V})$$

V_{ab} の -10×0.1 は中性線電流による電圧降下，V_{bc} の $+10 \times 0.1$ は中性線電流による電圧上昇を示している．

【問い 4】 答（ハ）

〔解き方〕 単相3線式回路の両外線の電流がいずれも I〔A〕で等しいから，中性線に電流は流れない．したがって，電線路の電力損失は電流 I が流れている2本の両外線に発生し，中性線には発生しない．電力損失 P_l は，次式で表される．

$$P_l = 2 \times I^2 r = 2I^2 r \text{〔W〕}$$

---

2. 配電方式（2）

【問い 1】 答（ロ）

〔解き方〕単相3線式の電線の色と電圧は図のようになる．

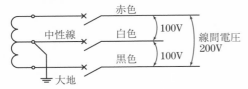

スタディポイントより，白線は中性線，赤線と黒線は電圧線であるから，黒白間と赤白間の線間電圧はそれぞれ100〔V〕，黒赤間の線間電圧は200〔V〕である．また，黒と大地間，赤と大地間の対地電圧はそれぞれ100〔V〕，白線は接地されているので，大地間の電圧は0〔V〕である．

【問い 2】 答（ハ）

〔解き方〕 スタディポイント（電技解釈第35条）により，単相3線式の開閉器の中性極には，ヒューズなどの過電流遮断器を取り付けてはならない．

【問い 3】 答（ハ）

〔解き方〕 負荷抵抗が示されているから計算は容易である．
×印点で断線したときの回路は，図のようになる．
電流 I〔A〕は，

$$I = \frac{200}{40+10} = \frac{200}{50} = 4 \text{〔A〕}$$

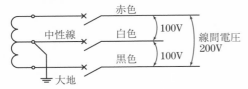

ab 間の電圧 V_{ab} は，

$$V_{ab} = 4 \times 40 = 160 \text{〔V〕}$$

【問い 4】 答（ハ）

〔解き方〕 単相3線式回路において，負荷端の電圧が異なるのは負荷が不平衡の場合であるが，この問題のように負荷端電圧が150〔V〕と電源電圧の100〔V〕より極端に高いのは，中性線が断線しているからである．

中性線が断線すると下図のような回路になる．

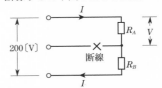

機器 A の抵抗 R_A，機器 B の抵抗 R_B は，

$$R_A = \frac{100^2}{0.5 \times 1000} = 20 \text{〔Ω〕}$$

$$R_B = \frac{100^2}{P_B} = \frac{100^2}{1.5 \times 1000}$$

$$= \frac{10}{1.5} = \frac{20}{3} \text{〔Ω〕}$$

電線路を流れる電流 I を求めると，

$$I = \frac{200}{R_A + R_B} = \frac{200}{20 + \dfrac{20}{3}}$$

$$= \frac{200}{\dfrac{60+20}{3}} = \frac{3 \times 200}{80} = 7.5 \text{〔A〕}$$

機器 A に加わる電圧 V を求めると，

$$V = IR_A = 7.5 \times 20 = 150 \text{〔V〕}$$

よって，中性線が断線していることがわかる．

【問い 5】 答（イ）

〔解き方〕 ×印点で断線した場合の回路図は下図のようになる．

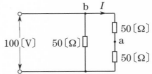

ab 間の抵抗 50〔Ω〕に流れる電流 I を求めると，次のようになる．

$$I = \frac{100}{50+50} = 1 \text{〔A〕}$$

---

3. 配電線の電圧降下（1）

【問い 1】 答（ロ）

〔解き方〕 スタディポイントの(1)式で計算する．
負荷電流 I を求めると，

$$I = \frac{2\,000}{100} = 20 \text{〔A〕}$$

1線の電気抵抗を R として，電圧降下 e を求めると，

$$e = 2RI = 2 \times \frac{15}{1000} \times 3.3 \times 20 = 1.98 \fallingdotseq 2 \text{〔V〕}$$

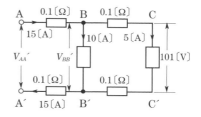

$\dfrac{15}{1000} \times 3.3$ は 15〔m〕の電線の抵抗〔Ω〕である．

【問い 2】 答（二）

〔解き方〕 4〔kW〕の抵抗負荷に電圧 200〔V〕が加わっているので，負荷電流 I〔A〕は，

$$I = \frac{4\,000}{200} = 20 \text{〔A〕}$$

長さ L〔m〕の電線の抵抗を R〔Ω〕とすると，電圧降下が 4〔V〕であるから，往復 2 線の電圧降下があるので次式が成立する．

$$4 = 2IR = 2 \times 20R = 40R$$

$$\therefore\ R = \frac{4}{40} = 0.1 \text{〔Ω〕}$$

ビニル外装ケーブルの抵抗は 1 線当たり 2.27〔Ω/km〕であるから，0.1〔Ω〕の長さ L〔m〕は，

$$R = 0.1 = \frac{2.27}{1\,000}L$$

$$\therefore\ L = \frac{1000}{2.27} \times 0.1 \fallingdotseq 44 \text{〔m〕}$$

【問い 3】 答（ハ）

〔解き方〕 電線全長（往復 2 線分）の抵抗を R〔Ω〕とすると，線路の電圧降下が 2〔V〕であるから，

$$2 = 55 \times R$$

$$\therefore\ R = \frac{2}{55} \text{〔Ω〕}$$

この抵抗値の電線の断面積を A〔mm²〕，抵抗率を ρ〔Ω·mm²/m〕，長さを L〔m〕とすると，

$$R = \rho \frac{L}{A}$$

電線の断面積＝電線の太さなので，A〔mm²〕を求めると，

$$A = \frac{\rho L}{R} = \frac{0.02 \times 20 \times 2}{\dfrac{2}{55}}$$

$$= 0.02 \times 20 \times 55 = 22 \text{〔mm²〕}$$

【問い 4】 答（二）

〔解き方〕 BB′間の電圧を求めてから AA′間の電圧を求

める．BB′間の電圧 $V_{BB'}$ は，往復 2 線の電圧降下を考え，

$$V_{BB'} = 101 + 5 \times (0.1 + 0.1) = 102 \text{〔V〕}$$

AA′間の電圧 $V_{AA'}$ は，AB および B′A′間には $10 + 5 = 15$〔A〕の電流が流れるから，

$$V_{AA'} = V_{BB'} + (10 + 5) \times (0.1 + 0.1) = 102 + 15 \times 0.2$$
$$= 105 \text{〔V〕}$$

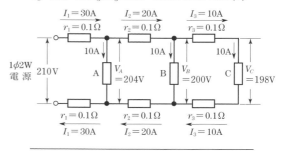

【問い 5】 答（イ）

〔解き方〕 電源電圧 210 V から電線の各抵抗による電圧降下の値を減じれば，V_C が求まる．まず，抵抗負荷 A の両端電圧 V_A を求める．抵抗 r_1 に流れる電流 I_1 は，抵抗負荷 A，B，C に流れる電流の和なので，

$$I_1 = 10 + 10 + 10 = 30 \text{〔A〕}$$
$$V_A = 210 - 2 \times r_1 \times I_1 = 210 - 2 \times 0.1 \times 30 = 204 \text{〔V〕}$$

次に抵抗負荷 B の両端電圧 V_B を求める．抵抗 r_2 に流れる電流 I_2 は，抵抗負荷 B，C に流れる電流の和なので，

$$I_2 = 10 + 10 = 20 \text{〔A〕}$$
$$V_A = 204 - 2 \times r_2 \times I_2 = 204 - 2 \times 0.1 \times 20 = 200 \text{〔V〕}$$

そして，抵抗負荷 C の両端電圧 V_C を求める．抵抗 r_3 に流れる電流 I_3 は，抵抗負荷 C に流れる電流なので，

$$I_3 = 10 \text{〔A〕}$$
$$V_C = 200 - 2 \times r_3 \times I_3 = 200 - 2 \times 0.1 \times 10 = 198 \text{〔V〕}$$

---

4. 配電線の電圧降下〔2〕

【問い 1】 答（ロ）

〔解き方〕 102〔V〕の電源に接続されている負荷の電流はいずれも 20〔A〕で等しく，中性線には電流は流れず，中性線での電圧降下は発生しない．

a′a 間を流れる電流は $20 + 30 = 50$〔A〕で，b′b 間に電流

は流れないので，b'b 間に電圧降下は生じない．ab 間の電圧 V_{ab} は 0.04〔Ω〕の線路に 50〔A〕の電流が流れるので，

$$V_{ab} = 102 - 50 \times 0.04 = 100 \text{〔V〕}$$

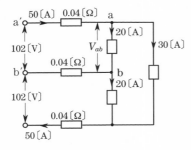

【問い 2】 答（イ）

〔解き方〕 二つの抵抗負荷に流れる電流はいずれも I〔A〕で等しい．このため中性線には電流は流れず，電圧降下は生じない．

どちらの外線による電圧降下も rI であるから，

$$V_1 = V_2 + rI$$

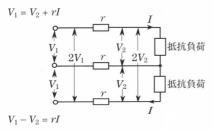

$$V_1 - V_2 = rI$$

【問い 3】 答（イ）

〔解き方〕 両外線に流れる電流は，

$$1\,000 \text{〔W〕}/100 \text{〔V〕} = 10 \text{〔A〕}.$$

負荷が平衡しているから中性線（B）には電流は流れない．

電圧降下 $v = 10 \times 0.2 \times 1 = 2$〔V〕

電源電圧 $V_{AB} = V_{BC} = 100 + 2 = 102$〔V〕

【問い 4】 答（ハ）

〔解き方〕 中性線の電流は 0A で，電圧降下は発生しない．電線 1 線当たりの抵抗 r〔Ω〕には，電流 I〔A〕が流れるので，電圧降下 $(V_s - V_r)$ を示す式は，

$$V_r = V_s - rI$$

$$V_s - V_r = rI$$

5．分岐回路の施設の方法

【問い 1】 答（ロ）

〔解き方〕 スタディポイント「過電流遮断器の施設」より，

（a） 8〔m〕を超えているから，幹線の配線用遮断器の定格電流の 55％以上が電線の許容電流となる．よって

$$100 \times 0.55 = 55 \text{〔A〕}$$

（b） 8〔m〕以下であるから，幹線の配線用遮断器の定格電流の 35％以上が電線の許容電流となる．よって

$$100 \times 0.35 = 35 \text{〔A〕}$$

【問い 2】 答（イ）

〔解き方〕 ab 間の長さが 7〔m〕なので，ab 間の電線の許容電流は，低圧幹線を保護する過電流遮断器の定格電流の 35％以上であればよい．よって，

$$60 \times 0.35 = 21 \text{〔A〕}$$

【問い 3】 答（ハ）

〔解き方〕 ab 間の長さが 8〔m〕を超えているので，ab 間の電線の許容電流は，低圧幹線を保護する過電流遮断器の定格電流の 55％以上であればよい．よって，

$$125 \times 0.55 = 68.75 \text{〔A〕} \rightarrow 69 \text{〔A〕}$$

【問い 4】 答（ハ）

〔解き方〕 床面積 1〔m²〕当たりの電灯の標準負荷は 40〔V·A〕であるから，150〔m²〕では，

$$40 \times 150 = 6\,000 \text{〔V·A〕}$$

加算分 1 000〔V·A〕を考慮すると，

$$6\,000 + 1\,000 = 7\,000 \text{〔V·A〕}$$

100〔V〕，15〔A〕分岐回路を〔V·A〕で表すと 1 500〔V·A〕であるから，最少必要回路数は，

$$\frac{7\,000}{1\,500} \fallingdotseq 4.67 \text{ 回路}$$

端数を切上げて 5 回路となる．

〔配線設計〕

1．需要と負荷

【問い 1】 答（ハ）

〔解き方〕「スタディポイント」(1)式より，

$$設備容量 = \frac{最大需要電力}{需要率} = \frac{6}{0.6} = 10.0 \text{〔kW〕}$$

【問い 2】 答（ニ）

〔解き方〕「スタディポイント」(1)式より，需要率．

【問い 3】 答（ハ）

〔解き方〕「スタディポイント」(2)式より，

$$不等率 = \frac{600 + 750 + 850}{1\,100} = 2.0$$

【問い　4】　答（ロ）

〔解き方〕　白熱電灯の最大需要電力

$$60 \times 125 \times 0.8 = 6\,000 \,〔W〕= 6 \,〔kW〕$$

　電熱器の最大需要電力

$$2 \times 10^3 \times 5 \times 0.6 = 6\,000 \,〔W〕= 6 \,〔kW〕$$

「スタディポイント」(2)式より，

$$総合最大需要電力 = \frac{6+6}{1.2} = 10 \,〔kW〕$$

【問い　5】　答（ロ）

〔解き方〕

$$平均需要電力 = \frac{7\,200}{24 \times 30} = 10 \,〔kW〕$$

「スタディポイント」(3)式より，

$$負荷率 = \frac{10}{20} \times 100 = 50 \,〔\%〕$$

2.　幹線の太さの求め方

【問い　1】　答（ニ）

〔解き方〕　スタディポイント「50〔A〕を境に倍率が異なる」より，電動機の定格電流の合計が28〔A〕なので，$I < 50$〔A〕となる．この幹線の太さを決める根拠となる電流の最小値は，

$$28 \times 1.25 = 35 \,〔A〕$$

【問い　2】　答（ロ）

〔解き方〕　電動機の定格電流の合計 I_M は，

$$I_M = 20 \times 2 + 30 \times 1 = 70 \,〔A〕$$

　屋内幹線の太さの決定は，スタディポイントより，電動機の定格電流の合計が50〔A〕を超えるので I_M の1.1倍．

$$1.1 \times I_M = 1.1 \times 70 = 77 \,〔A〕$$

【問い　3】　答（ロ）

〔解き方〕　電動機電流 I_M は，

$$I_M = 50 + 30 = 80 \,〔A〕$$

　電熱器電流 I_H は，

$$I_H = 15 + 5 = 20 \,〔A〕$$

　$I_M > I_H$ であり，需要率が100〔%〕であるから，スタディポイントにより，幹線の太さを決める根拠となる電流の最小値は，I_M が50〔A〕を超えるので，

$$1.1 \times I_M + I_H = 1.1 \times 80 + 20 = 108 \,〔A〕$$

【問い　4】　答（ハ）

【問い　4】　答（ハ）

〔解き方〕　電動機の定格電流の合計 I_M は，

$$I_M = 20 + 20 = 40 \,〔A〕$$

　電熱器の定格電流の合計 I_H は，

$$I_H = 10 + 10 = 20 \,〔A〕$$

　I_M が I_H より大きいから，スタディポイントより，幹線の太さを決める根拠となる電流の最小値 I〔A〕が求められる．需要率は100〔%〕で $I_M = 40$〔A〕，$I_H = 20$〔A〕，$I_M < 50$〔A〕なので，

$$I = 1.25 I_M + I_H = 1.25 \times 40 + 20 = 70 \,〔A〕$$

3.　電線の太さと許容電流

【問い　1】　答（ロ）

〔解き方〕　直径 2.0〔mm〕の 600V ビニル絶縁電線の許容電流はスタディポイント表1(1)より，35〔A〕で，電流減少係数は 0.7 であるから，許容電流は，

$$35 \times 0.7 = 24.5 \fallingdotseq 24 \,〔A〕$$

【問い　2】　答（イ）

〔解き方〕　直径 1.6〔mm〕の 600V ビニル絶縁電線の許容電流はスタディポイント表1(1)より，27〔A〕であり，5本を電線管に収める場合の電流減少係数は 0.56 であるから，電線の1本当たりの許容電流は，

$$27 \times 0.56 = 15.12 \fallingdotseq 15 \,〔A〕$$

【問い　3】　答（ロ）

〔解き方〕　断面積 5.5〔mm²〕の 600V ビニル絶縁電線の許容電流はスタディポイント表1(1)より 49〔A〕であり，3本を電線管に収める場合の電流減少係数は 0.70 であるから，電線の1本当たりの許容電流は，

$$49 \times 0.70 = 34.3 \fallingdotseq 34 \,〔A〕$$

【問い　4】　答（ハ）

〔解き方〕　直径 2.0〔mm〕の 600V ビニル絶縁電線の許容電流はスタディポイント表1(1)より 35〔A〕であり，4本を電線管に収める場合の電流減少係数は 0.63 であるから，電線の1本当たりの許容電流は，

$$35 \times 0.63 = 22.05 \fallingdotseq 22 \,〔A〕$$

【問い　5】　答（ロ）

〔解き方〕　断面積 3.5〔mm²〕の 600V ビニル絶縁電線の許容電流はスタディポイント表1(1)より 37〔A〕であり，3本を電線管に収める場合の電流減少係数は 0.70 であるから，電線の1本当たりの許容電流は，

$$37 \times 0.70 = 25.9 \fallingdotseq 26 \,〔A〕$$

【問い 6】 答（ハ）

〔解き方〕 100〔V〕, 2〔kW〕の電熱器の負荷電流 I を求めると,

$$I = \frac{2 \times 10^3}{100} = 20 \text{〔A〕}$$

単相回路であるから，金属管に挿入する電線は2本で，3本以下の電流減少係数はスタディポイント表2より0.7である．金属管に挿入しないときの電線の許容電流は表1(1)より,

　1.6〔mm〕 = 27〔A〕
　2.0〔mm〕 = 35〔A〕

金属管に挿入すると,

　1.6〔mm〕 ⇒ 27 × 0.7 = 18.9〔A〕　不適
　2.0〔mm〕 ⇒ 35 × 0.7 = 24.5〔A〕　適

したがって，2.0〔mm〕の電線を使用する．

---

4. 過電流遮断器・ヒューズ

【問い 1】 答（ハ）

〔解き方〕 定格電流20〔A〕の配線用遮断器に25〔A〕の電流が流れた場合の倍数は,

$$\frac{25}{20} = 1.25 \text{ 倍}$$

であるから，スタディポイント表1より，定格電流が30〔A〕以下の配線用遮断器は，60分以内に動作しなければならない．

【問い 2】 答（ロ）

〔解き方〕 定格電流20〔A〕の配線用遮断器に40〔A〕の電流が流れた場合の倍数は,

$$\frac{40}{20} = 2 \text{ 倍}$$

であるから，スタディポイント表1より，定格電流が30〔A〕以下の配線用遮断器は，2分以内に動作しなければならない．

【問い 3】 答（ニ）

〔解き方〕 1 100〔W〕の電熱器に100〔V〕の電圧を加えたときの負荷電流 I は,

$$I = \frac{1\,100}{100} = 11 \text{〔A〕}$$

ヒューズの定格電流は10〔A〕であるから,

$$\frac{11}{10} = 1.1 \text{〔倍〕}$$

ヒューズの性能として，定格電流の1.1倍の電流を流した場合，溶断してはならない．

【問い 4】 答（ロ）

〔解き方〕 電動機の定格電流の合計 I_M は,

$$I_M = 10 + 10 = 20 \text{〔A〕}$$

過電流遮断器の定格電流 I_B は,

$$I_B \leqq 3I_M + I_H \text{〔A〕}$$
$$I_B = 3 \times 20 + 15 = 75 \text{〔A〕}$$

幹線の許容電流 I_W は 61〔A〕であるから,

$$2.5 I_W = 2.5 \times 61 = 152.5 \text{〔A〕}$$

I_B は I_W の2.5倍を超えないので，①で示す配線用遮断器の定格電流の最大値は75〔A〕となる．

【問い 5】 答（ハ）

〔解き方〕 まず，I_W を求める．（求め方は38ページ幹線の太さの求め方―配線設計2を参照.）

電動機の定格電流の合計 I_M は,

$$I_M = 10 + 10 = 20 \text{〔A〕}$$
$$I_M \leqq 50 \text{〔A〕であるから,}$$
$$I_W = 1.25 I_M + I_H = 1.25 \times 20 + 5 = 30 \text{〔A〕}$$

次に I_B を求める．

$$I_B \leqq 3I_M + I_H \text{〔A〕}$$
$$I_B = 3 \times 20 + 5 = 65 \text{〔A〕}$$

I_W は 30〔A〕であるから,

$$2.5 I_W = 2.5 \times 30 = 75 \text{〔A〕}$$

I_B は I_W の2.5倍を超えないので，I_B は65〔A〕となる．

---

5. 分岐回路と漏電遮断器の施設

【問い 1】 答（イ）

〔解き方〕 スタディポイント表1より，定格電流30〔A〕の配線用遮断器の分岐回路に接続できるコンセントは，定格電流20〔A〕以上30〔A〕以下のものである．

【問い 2】 答（ニ）

〔解き方〕 スタディポイント表1より,

　（イ）は電線の太さ2.0〔mm〕が不適切.
　（ロ）はコンセントの定格電流30〔A〕が不適切.
　（ハ）はコンセントの定格電流15〔A〕が不適切である．

なお，直径2.6〔mm〕の電線の断面積は,

$$\left(\frac{2.6}{2}\right)^2 \times \pi \fallingdotseq 5.3 \text{〔mm}^2\text{〕}$$

となり，（ハ）の電線の太さ：断面積5.5〔mm²〕は直径2.6〔mm〕に相当する．

【問い 3】 答（ハ）

〔解き方〕 スタディポイント表1より，定格電流30〔A〕の配線用遮断器については，電線の太さは2.6〔mm〕以上（断面積5.5〔mm²〕も適合）で，接続できるコンセントの定格電流は20〔A〕以上30〔A〕以下で，15〔A〕の差し込みプラグが接続できないものでなければならない．

【問い 4】 答（イ）
〔解き方〕 漏電遮断器に内蔵されている零相変流器は，地絡電流の検出に用いる．

【問い 5】 答（ハ）
〔解き方〕 スタディポイント「漏電遮断器の施設」（電技解釈第36条）より，金属製外箱を有する使用電圧が60〔V〕を超える低圧の機械器具で，簡易接触防護措置を施していない場所に施設するものには漏電遮断器の設置が義務づけられているが，電気用品安全法の適用を受ける2重絶縁構造の機械器具を施設する場合は省略できる．

〔電気機器〕

1. 三相誘導電動機 (1)

【問い 1】 答（ハ）
〔解き方〕(1)式に $f = 60$，$p = 4$ を入れると，

$$N_s = \frac{120 \times 60}{4} = 1800 \text{〔min}^{-1}\text{〕}$$

【問い 2】 答（ニ）
〔解き方〕(1)式で $f = 50$ を $f = 60$ に変更すると $60/50 = 1.2$ 倍になる．回転数は約1.2倍に増加する．

【問い 3】 答（ロ）
〔解き方〕(1)式で $f = 60$，$p = 6$ とすると，同期速度 N_s〔min⁻¹〕は，

$$N_s = \frac{120f}{p} = \frac{120 \times 60}{6} = 1200 \text{〔min}^{-1}\text{〕}$$

誘導電動機はこの同期速度より数％低い回転速度で回転する．

【問い 4】 答（ハ）
〔解き方〕 誘導電動機は負荷が増加すると，滑りが大きくなり回転速度は低下する．また，負荷が減少すると，滑りが小さくなり回転速度は上昇する．滑りが大きくなることは(3)式で s の値が大きくなることである．

【問い 5】 答（ロ）
〔解き方〕 低圧三相誘導電動機と並列に電力用コンデンサを接続する目的は，回路の力率を改善することである．力率を改善することにより，線路電流が減少し電力損失，電圧降下を軽減できる．

【問い 6】 答（ロ）
〔解き方〕 開閉器の負荷側に電動機と並列に接続し，電動機停止時には電源から切り離されるようにする．（イ），（ニ）のように電源側に接続すると，電動機停止時にコンデンサのみが回路に接続され，過補償となる．

2. 三相誘導電動機 (2)

【問い 1】 答（ニ）
〔解き方〕 電動機の始動電流を小さくするために，スタディポイント「誘導電動機の始動」のように各種の始動装置を用いる．スターデルタ始動器を用いるのは，三相かご形誘導電動機で，容量5.5〔kW〕以上のものである．（ハ）の三相巻線形は二次側に始動抵抗を入れて始動する．

【問い 2】 答（イ）
〔解き方〕 スタディポイント「Y–△始動法」より，始動電流，始動トルクともに1/3に減少する．
　直入れ始動に比べ始動時間は長くなり，巻線に加わる電圧は $1/\sqrt{3}$ に低下する．

【問い 3】 答（ニ）
〔解き方〕 三相誘導電動機のスターデルタ始動回路は図の回路が正しい．開閉器を下にするとすべてY接続になるが，上にしたとき△になるのは（ニ）のみである．

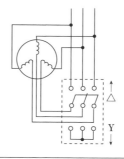

【問い 4】 答（ロ）
〔解き方〕【問い 3】と同様に開閉器を下にするとすべてY接続になるが，上にして△接続になるのは（ロ）のみである．

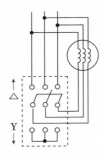

【問い 5】 答（ニ）
〔解き方〕 スタディポイント「回転方向を逆にするには」より，逆転させるには3本の結線のうちいずれか2本を入れ替えればよい．

3. 変圧器と計器用変成器

【問い 1】 答（ロ）
〔解き方〕 スタディポイント「計器用変成器」より，交流6 000〔V〕を300〔V〕以下にするには，計器用変圧器（VT）を使用する．

【問い 2】 答（イ）
〔解き方〕 CTにより，測定範囲の小さい電流計で大電流が測定できるので，測定範囲が大きくなったことになる．

【問い 3】 答（イ）
〔解き方〕 電流計の測定範囲を拡大するのは，変流器（CT）である．

【問い 4】 答（ロ）
〔解き方〕 計器用変流器の二次側は通電中に開放してはならない．開放すると，二次側に高電圧が発生し危険である．必ず，二次側を短絡してから電流計を交換する．

【問い 5】 答（イ）
〔解き方〕 変流器（CT）を使用した回路では，通電中に電流計を取り替えるときは，変流器の二次側を短絡してから電流計を取り替える．通電中に変流器の二次側を開放してはならない．

【問い 6】 答（ロ）
〔解き方〕 ⊟はヒューズの記号で，ヒューズが切れると二次回路が開放されるから（イ）のようにヒューズは回路に挿入しない．変流器の二次側には電流計を接続する．

【問い 7】 答（ロ）
〔解き方〕 変流器の二次側を短絡してから，計器をはずす．一瞬でも二次側を開放してはいけない．

4. 蛍光灯

【問い 1】 答（ロ）
〔解き方〕 蛍光灯の方が明るい．すなわち光束が多い．

【問い 2】 答（イ）
〔解き方〕 安定器（チョークコイル）のリアクタンスが大きくなるので管電流は減少し，蛍光灯は暗くなる．安定器を流れる電流が減少するので，温度上昇は小さくなる．

【問い 3】 答（ニ）
〔解き方〕 スタディポイント「蛍光ランプの点灯回路」より，グローランプはグロースタータ形に用い，放電を始動させる役目をする．ラピッドスタート形ではグローランプは必要がない．

【問い 4】 答（イ）
〔解き方〕 蛍光灯器具に安定器を使用する目的は，蛍光灯の放電を持続的に安定させるためである．

【問い 5】 答（ニ）
〔解き方〕 高周波点灯専用形の蛍光灯は，点灯回路にインバータが使用され，即時に点灯し，ちらつきが少なく，発光効率が高い．点灯管（グローランプ）を用いる蛍光灯は，電極を予熱する時間が必要で点灯まで数秒必要である．

【問い 6】 答（ニ）
〔解き方〕 蛍光灯は，力率は低く（悪い），雑音（電磁雑音）を発生するなどの短所がある．発光効率（スタディポイントの比較を参照．）を比較すると，蛍光灯（スタータ形）は810 lmの光束を発生させるのに12 W必要であるが，白熱電灯は54 Wと4.5倍の電力が必要になる．蛍光灯は寿命が長く，発光効率が高いなどの長所がある．

【問い 7】 答（イ）
〔解き方〕 直管LEDランプは，制御装置内蔵形と内蔵されていないものがあり，すべての蛍光灯照明器具にそのまま使用できないことがある．直管LEDランプは，約40 000時間と寿命が長く，発光効率は製造者，種類にもよるが，110 lm/Wを超えているものがある．

5. その他の照明器具と3路スイッチ

【問い 1】 答（ロ）
〔解き方〕 ナトリウム灯が最も高く，以下，蛍光灯，高圧水銀灯，ハロゲン電球（白熱電球）の順である．

【問い 2】 答（イ）
〔解き方〕 ナトリウム灯が最も適している．

【問い 3】 答（イ）
〔解き方〕 点灯中，ランプ内の水銀蒸気圧が高いことを示している．

【問い 4】 答（ニ）
〔解き方〕 スタディポイント「ネオン放電灯工事」より，がいし引き工事と規定されている．

【問い 5】 答（ニ）
〔解き方〕 管灯回路の使用電圧が1 000〔V〕を超えるネオン放電灯工事の管灯回路の配線はスタディポイント「ネオン放電灯工事」（電技解釈第186条）より，ネオン電線を使用し，がいし引き工事でなければならない．ビニル絶縁電線は使用できない．

【問い 6】 答（イ）
〔解き方〕 スタディポイント「3路スイッチ」より，電灯⒞⒧を2カ所で点滅させる回路は，3路スイッチの0端子を電源に，もう一方の3路スイッチの0端子を電灯に接続する．

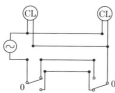

【問い 7】 答（イ）
〔解き方〕 スタディポイント「3路スイッチ」より，（イ）が正しい．

6. 4路スイッチとパイロットランプ

【問い 1】 答（イ）
〔解き方〕 スタディポイント「4路スイッチ」より，3箇所点滅の複線結線図を描くと図のようになる．したがって，Aは3路スイッチ，Bは4路スイッチ，Cは3路スイッチである．

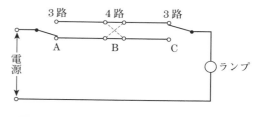

【問い 2】 答（ニ）
〔解き方〕 スタディポイント「4路スイッチ」より，3路スイッチ2個と4路スイッチ2個を図のように接続すると，一つの電灯を4箇所のいずれの場所からでも点滅できる．

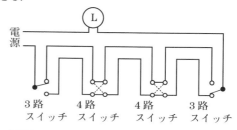

【問い 3】 答（ロ）
〔解き方〕 設問の回路は，点滅器イの「入」，「切」で，天井付き換気扇の運転・停止と確認表示灯（パイロットランプ）の点灯・消灯が同時に動作する「同時点滅」回路である．全体の複線図は次図のようになる．

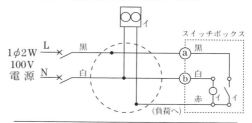

【問い 4】 答（ロ）
〔解き方〕 「異時点滅」回路では，パイロットランプと点滅器イを並列に結線し，全体の複線図は次図のようになる．

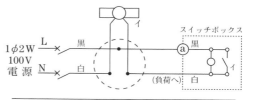

〔配線材料〕

1. 開閉器・点滅器・接続器

※（ ）中の番号はスタディポイントの No. を示す.

【問い 1】 答（ロ）
〔**解き方**〕 タンブラスイッチは照明器具などの点滅に使用する.（ハ），（ニ）はヒューズ付である.（1）

【問い 2】 答（ロ）
〔**解き方**〕 熱線式自動スイッチは，人の動作速度などを検出して点滅を行うもので，人の接近による自動点滅器に用いる.（6）

【問い 3】 答（ニ）
〔**解き方**〕 自動点滅器は，周囲の明るさによって自動的に門灯や屋外灯などを自動で点滅させるものである.（8）

【問い 4】 答（ニ）
〔**解き方**〕 スタディポイント「コンセントの使い分け」より，機器からの接地線も接続できるように接地極付接地端子付コンセントを使用する.

【問い 5】 答（ニ）
〔**解き方**〕 JIS C 8303 配線用さし込み接続器によると，この刃受は三相 200〔V〕用であり，単相 200〔V〕用ではない. スタディポイント「コンセントの使い分け」より，（イ），（ロ），（ハ）は正しい.

2. 絶縁電線

【問い 1】 答（ニ）
〔**解き方**〕 DV は引込用ビニル絶縁電線.（イ）は OW,（ロ）は HIV,（ハ）は IV.

【問い 2】 答（ニ）
〔**解き方**〕 OW の記号で表される電線の名称は屋外用ビニル絶縁電線である. Outdoor Weatherproof の OW をとったもの. なお，600V ビニル絶縁電線の記号は IV，600V ポリエチレン絶縁電線は IE，引込用ビニル絶縁電線は DV である.

【問い 3】 答（イ）
〔**解き方**〕 (1)は HIV，(2)は OW，(3)は DV.

【問い 4】 答（ロ）
〔**解き方**〕 600V 二種ビニル絶縁電線（HIV）は 75〔℃〕.（イ）（ハ）（ニ）のビニル絶縁電線は 60〔℃〕.

【問い 5】 答（ハ）
〔**解き方**〕 IV の絶縁物の最高許容温度は 60〔℃〕.

【問い 6】 答（ニ）
〔**解き方**〕 屋外用ビニル絶縁電線（OW）が使用できない.（電技解釈第 159 条）

【問い 7】 答（イ）
〔**解き方**〕 絶縁電線であるが，OW 線は除外されている.（電技解釈第 161 条）

3. ケーブルおよびコード

【問い 1】 答（ニ）
〔**解き方**〕 MI ケーブル. 250〔℃〕で連続使用できる.

【問い 2】 答（ロ）
〔**解き方**〕 600V ビニル絶縁ビニルシースケーブル. 地中線として使用できるのはケーブルのみ.

【問い 3】 答（ハ）
〔**解き方**〕 VVR の記号で表される電線の名称は，600V ビニル絶縁 (V) ビニルシース (V) ケーブルの丸形 (R) である.

【問い 4】 答（ハ）
〔**解き方**〕 電技解釈第 171 条「移動電線の施設」により，ゴムキャブタイヤケーブルである.

【問い 5】 答（ニ）
〔**解き方**〕 写真に示すケーブルの名称は，600V ポリエチレン絶縁耐燃性ポリエチレンシースケーブル平形である.

【問い 6】 答（ニ）
〔**解き方**〕 600V 架橋ポリエチレン絶縁ビニルシースケーブルは 90〔℃〕，600V 二種ビニル絶縁電線は 75〔℃〕，600V ビニル絶縁電線と 600V ビニル絶縁ビニルシース丸形は 60〔℃〕.

【問い 7】 答（ロ）
〔**解き方**〕 CV の記号で示すケーブルの名称は，600V 架橋ポリエチレン絶縁ビニルシースケーブルである. なお，記号の「14 mm²」は，より線で断面積 14 mm²，「3C」は心線数が 3 心であることを示す.

【問い 8】 答（ハ）

〔解き方〕電気コタツ. ビニルコードは電気を熱として使用する器具には使用できない.

【問い 9】答（ニ）
〔解き方〕電技解釈第170条「電球線の施設」により, 湿気の多い場所で使用できるのは, 防湿コードまたはゴムキャブタイヤコードである.

〔工具・材料〕

1. 電気工事と使用される工具

※（ ）中の番号はスタディポイントのNo.を示す.

【問い 1】答（ハ）
〔解き方〕ウォータポンププライヤは金属管工事において, 金属管を回したり, ロックナットを締めつける作業に使用する. (9)

【問い 2】答（ハ）
〔解き方〕金属製電線管を切断するには, パイプカッタ, 金切りのこ（弓のこ）やパイプバイスなどを用いる. なお, プリカナイフは2種金属製可とう電線管（プリカチューブ）を切断するのに用いる. (5)

【問い 3】答（イ）
〔解き方〕クリックボールはリーマと組み合わせて金属管内面のバリを取るのに用いる工具で, 600V CV ケーブルの工事とは無関係である. なお, パイプベンダは金属管を曲げる工具. ワイヤストリッパは絶縁電線の被覆をむくための工具. ガストーチランプは硬質ポリ塩化ビニル電線管を曲げるのに用いる. (8)

【問い 4】答（イ）
〔解き方〕ラジアスクランプの締付けには, ウォータポンププライヤを使用する. (9)

【問い 5】答（ニ）
〔解き方〕リーマは金属管の切断面の面取り, すなわち, 切断面を滑らかにするのに使用する. (8)

【問い 6】答（ニ）
〔解き方〕金属管の切断に金切りのこ (5), 曲げにパイプベンダ(6), 切断面の仕上げに平やすりを使用する. (8)

【問い 7】答（ロ）

〔解き方〕ノックアウトパンチャは, プルボックスなど金属製キャビネットに電線管接続用の穴をあけるのに用いる. (10)

【問い 8】答（ハ）
〔解き方〕硬質ポリ塩化ビニル管の切断及び曲げ作業には, 金切りのこ (5), 合成樹脂管用カッタ (11), 面取器, ガストーチランプ (12) などが必要である.

2. 金属管工事用材料（1）

※（ ）中の番号はスタディポイントのNo.を示す.

【問い 1】答（ハ）
〔解き方〕金属管1本の標準長さは3.66〔m〕(3 660〔mm〕)である. (1)

【問い 2】答（ハ）
〔解き方〕厚鋼管では,内径に近い偶数〔mm〕で表す. (1)

【問い 3】答（イ）
〔解き方〕ユニオンカップリングまたは, ねじなしカップリングを使用する. (4)

【問い 4】答（ニ）
〔解き方〕同じ太さの金属管相互の接続にはカップリングを用いる (3). なお, コンビネーションカップリングは, 金属管と2種金属製可とう電線管の接続など, 異種の電線管の接続に用いる.

【問い 5】答（ロ）
〔解き方〕金属管にボンド線を電気的に接続するときに使用するのは接地クランプ（ラジアスクランプ）である.

【問い 6】答（ニ）
〔解き方〕リングレジューサは,金属管工事においてボックスのノックアウトの径が接続する金属管の外径より大きいときに使用する. (8)

【問い 7】答（ハ）
〔解き方〕ねじなしボックスコネクタの止めねじの頭部は, ねじり切れるまで締め付けなければならない. (5)

3. 金属管工事用材料（2）

【問い 1】答（ロ）

〔**解き方**〕電線を引出す（アウトレット）ためのものである.

アウトレットボックスの使用方法としては，金属管工事で管が交さ屈曲する場所で電線の引き入れを容易にする，金属管工事で電線相互をボックス内で接続する，照明器具を取り付ける，などは正しい. しかし，配線用遮断器を集合して設置するのは分電盤や配電盤で，アウトレットボックスではない. (1)

【問い 2】答（イ）

〔**解き方**〕プルボックスは，多数の金属管が交さ，集合する場所では電線を引き入れることが困難となり，電線の被覆を傷つけるおそれがあるので，電線の引き入れを容易にするために用いる.

【問い 3】答（ニ）

〔**解き方**〕フィクスチュアスタッドにより重い照明器具を支える. (2)

【問い 4】答（ハ）

〔**解き方**〕露出用配管の直角屈曲部に用いるので，柱やはりなどの角の工事に適している. (6)

【問い 5】答（ニ）

〔**解き方**〕エントランスキャップは，金属管工事からがいし引き工事に移るところや，引込口の管端に用いる. また，垂直な金属管の上端部に取り付けて，雨水の浸入を防止するためにも用いられる.

【問い 6】答（ロ）

〔**解き方**〕金属管工事において，ブッシングを管端に使用する主な目的は，電線の被覆を損傷させないためである. (8)

【問い 7】答（ニ）

〔**解き方**〕エントランスキャップは，電線の引込口が地面に対し斜め下に傾いていて雨が浸入しにくいため，雨線外における垂直配管と水平配管の末端に使用できる. ターミナルキャップは，雨線外における垂直配管の末端に使用できない. (9), (10)

〔施工法〕

1. 施設場所と工事種別

【問い 1】答（イ）

〔**解き方**〕スタディポイント表1より，すべてのダクト工事は湿気のある場所では禁止されている.

【問い 2】答（ハ）

〔**解き方**〕表1の点検できる隠ぺい場所より，フロアダクト工事が不適当.

【問い 3】答（ロ）

〔**解き方**〕表1の点検できない隠ぺい場所より，バスダクト工事が不適当. この場所にもすべてのダクト工事が禁止されている.

【問い 4】答（ハ）

〔**解き方**〕乾燥した点検できない隠ぺい場所の低圧屋内配線工事はスタディポイント表1（電技解釈第156条）により，金属ダクト工事，バスダクト工事，がいし引き工事は施工できない. 施工できるのは合成樹脂管工事，金属管工事，ケーブル工事などである.

【問い 5】答（ロ）

〔**解き方**〕表1（電技解釈第156条）により，使用電圧が300〔V〕以下で，点検できる隠ぺい場所であって，乾燥した場所はライティングダクト工事を施工できる.

【問い 6】答（ニ）

〔**解き方**〕低圧屋内配線で湿気のある展開した場所において施設できる工事の方法は，表1（電技解釈第156条）により，金属管工事，合成樹脂管工事，ケーブル工事，2種金属製可とう電線管工事である.

【問い 7】答（ハ）

〔**解き方**〕露出場所は表1の「展開した場所」のことである. 湿気の多い露出場所の三相3線式200〔V〕屋内配線工事は，表1（電技解釈第156条）より，合成樹脂管工事，金属管工事，ケーブル工事，がいし引き工事，でなければならない. なお，金属ダクト工事は乾燥した場所でなければ施工できない.

【問い 8】答（イ）

〔**解き方**〕金属管工事，金属シースを有するケーブル工事などは内部電線の絶縁劣化により漏電による火災の危険性があるので木造造営物には禁止されている.

【問い 9】答（ロ）

〔**解き方**〕スタディポイント「臨時配線の施設」より，がいし引き工事による300〔V〕以下の屋内の臨時配線は4カ月以内. （電技解釈第180条）

2. がいし引き工事・ライティングダクト工事

【問い　1】 答（ロ）
〔**解き方**〕電線の支持点間の距離は 2〔m〕以下.

【問い　2】 答（ロ）
〔**解き方**〕電線と造営材との離隔距離は，300〔V〕以下の場合，2.5〔cm〕以上．300〔V〕を超える場合は 4.5〔cm〕以上で，いずれも 2〔cm〕より大きい.

【問い　3】 答（ハ）
〔**解き方**〕【問い　2】と同じで，300〔V〕を超える場合は 4.5〔cm〕以上.

【問い　4】 答（ニ）
〔**解き方**〕使用電圧 300〔V〕以下の分岐回路で，屋内の乾燥した場所であって，展開（露出）した場所または点検できる隠ぺい場所に施設できる.

【問い　5】 答（ニ）
〔**解き方**〕ダクトは造営材を貫通して施設してはならない.

【問い　6】 答（ニ）
〔**解き方**〕D 種接地工事を省略できるのは，対地電圧 150V 以下でダクトの長さが 4m 以下の場合.

---

3. 金属管工事

【問い　1】 答（ロ）
〔**解き方**〕金属管工事からがいし引き工事に移る部分の管の端口には電線を保護するため，絶縁ブッシングを用いる．なお，管をコンクリートに埋め込む場合は厚さ 1.2〔mm〕以上のものを用いる．200〔V〕回路で，金属管の D 種接地工事が省略できるのは，管の長さが 4〔m〕以下の場合である．また,管の曲げ半径は内線規程より管の内径の 6 倍以上とする.

【問い　2】 答（ロ）
〔**解き方**〕木造家屋の引き込み口屋側部分の配線は，電技解釈第 110 条により，がいし引き工事，合成樹脂管工事，ケーブル工事（金属シースを除く）でなければならない．電線の絶縁劣化により金属管を通して漏電することを防ぐためである.

【問い　3】 答（ロ）
〔**解き方**〕電技解釈第 159 条により，金属管工事による低圧屋内配線に用いる電線は 600V ビニル絶縁電線などの絶縁電線でなければならない．屋外用ビニル絶縁電線は絶縁が薄いため，使用が禁止されている.

【問い　4】 答（イ）
〔**解き方**〕内線規程－3110-3 より，600V ビニル絶縁電線 8〔mm²〕3 本を外径 25〔mm〕，長さ 5〔m〕の金属管に通線するのは適切である．（ロ），（ハ）はスタディポイントより不適切であることがわかる.

【問い　5】 答（イ）
〔**解き方**〕スタディポイント（電技解釈第 159 条）より，金属管工事には絶縁電線を使用し，屋外用ビニル絶縁電線（OW 線）を使用してはならない.

【問い　6】 答（ロ）
〔**解き方**〕金属管工事で断面積 5.5〔mm²〕の 600V ビニル絶縁電線 4 本を引き入れる場合の薄鋼電線管の最小太さは内線規程－3110-3 より 25〔mm〕である．なお，5.5〔mm²〕が 1～2 本は 19〔mm〕，3～5 本は 25〔mm〕，6～8 本は 31〔mm〕である.

---

4. 金属ダクト工事・金属線ぴ工事

【問い　1】 答（ニ）
〔**解き方**〕「施工法 1」の表 1 より，金属ダクト工事は禁止されている．一般に，湿気のある場所では，すべてのダクト工事は禁止されている.

【問い　2】 答（イ）
〔**解き方**〕絶縁被覆を含む電線の断面積の総和はダクト内部断面積の 20〔%〕以下.

【問い　3】 答（ニ）
〔**解き方**〕支持点間の距離は 3〔m〕以下.

【問い　4】 答（ニ）
〔**解き方**〕可とう電線管工事，合成樹脂管工事，金属管工事のいずれも管内で電線接続をしてはならない．しかし，金属ダクト工事は電技解釈第 162 条により，電線を分岐する場合,その接続点が容易に点検できるときは許される.

【問い　5】 答（ロ）
〔**解き方**〕電線を分岐する場合，接続点が「容易」に点検できる場合にかぎり認められている.

【問い 6】 答（ハ）

〔解き方〕 スタディポイント「金属線ぴ工事」より，線ぴの厚さは0.5〔mm〕以上．

【問い 7】 答（ハ）

〔解き方〕 電技解釈第161条による．

（イ）は8〔m〕以下，（ロ）は4〔m〕以下であるから正しい．（ハ）は8〔m〕以下であるが，対地電圧が150〔V〕を超えているからD種接地工事を要する．（ニ）は4〔m〕以下であるから正しい．

5. ケーブル工事・地中電線路工事

【問い 1】 答（ニ）

〔解き方〕（ニ）は重量物の圧力または著しい機械的衝撃を受ける場所のうち，重量物の圧力を受ける場所に相当する．

【問い 2】 答（ハ）

〔解き方〕 造営材の下面または側面に沿って水平に取付ける場合，支持点間の距離は2〔m〕以下．

【問い 3】 答（ロ）

〔解き方〕 600Vビニルシースケーブルを造営材の下面に沿って取り付ける場合は，電技解釈第164条により，ケーブルの支持点間の距離は2〔m〕以下とする．

【問い 4】 答（ニ）

〔解き方〕 接触防護措置を施した場所で垂直に取り付ける場合，支持点間の距離は6〔m〕以下．

【問い 5】 答（イ）

〔解き方〕 電技解釈第164条により，接触防護措置を施した場所で垂直に取り付ける場合は6〔m〕以下とする．なお，ケーブルの曲げ部分の内側半径は仕上げ外径の6倍以上とするので，（ロ）は誤りである．また，（ハ）はMIケーブル，コンクリート直埋用ケーブルを使用，（ニ）は互いに接触しないようにする．

【問い 6】 答（ロ）

〔解き方〕 スタディポイント「地中電線路の施設」（電技解釈第120条）により，地中電線路を直接埋設式により施設する場合の土冠は，車両等重量物の圧力を受けるおそれがないときは0.6〔m〕以上でなければならない．

【問い 7】 答（イ）

〔解き方〕 スタディポイント「ケーブル工事」より，ケー

ブルと水道管は接触しないように施設する．

6. 合成樹脂管工事

【問い 1】 答（ハ）

〔解き方〕 合成樹脂管は金属管に比較して絶縁性，耐腐食性が優れているが，耐熱性は劣り，機械的強度も低い．

【問い 2】 答（ニ）

〔解き方〕 爆燃性粉塵の多い場所は，金属管工事またはケーブル工事．

【問い 3】 答（ニ）

〔解き方〕 スタディポイントの図（電技解釈第158条）のように，合成樹脂製可とう電線管相互を直接接続してはならない．接続する場合は専用のカップリングを使用する．

【問い 4】 答（イ）

〔解き方〕 スタディポイントの図（電技解釈第158条）のように，硬質ポリ塩化ビニル電線管による合成樹脂管工事において，管相互および管とボックスとを接続する場合，接着剤を使用するときの管の差し込み深さは管外径の0.8倍以上とする．

【問い 5】 答（ロ）

〔解き方〕 接着剤を使用しない場合は，管外径の1.2倍以上．

【問い 6】 答（ロ）

〔解き方〕 屈曲部の半径は，管の内径の6倍以上．

7. 低圧屋内配線工事のまとめ

【問い 1】 答（ロ）

〔解き方〕 電技解釈第165条により，フロアダクトにはD種接地工事を施さなければならない．フロアダクトの接地工事の緩和規定はない．

【問い 2】 答（イ）

〔解き方〕 簡易接触防護措置を施していない屋内の乾燥した場所に施設する三相200〔V〕のルームクーラの金属製外箱には，電技解釈第29条により，D種接地を施さなければならない．なお，（ロ），（ハ），（ニ）はD種接地工事を省略することができる．

【問い 3】 答（イ）

〔**解き方**〕交流対地電圧 150〔V〕以下で管の長さが 8〔m〕以下のものを乾燥した場所に施設する場合.

（ロ），（ハ）は対地電圧が 150〔V〕より高く，（ニ）は管の長さが 8〔m〕以上である.

【**問い 4**】　答（ロ）

〔**解き方**〕使用電圧が 150〔V〕を超え 300〔V〕以下は 4〔m〕以下.

【**問い 5**】　答（ハ）

〔**解き方**〕ワイヤラスと 2 種金属製可とう電線管とは電気的に完全に絶縁する.（イ），（ロ）は電気的に接続しており，（ニ）も金属管を通して接続されているので，いずれも正しくない.

【**問い 6**】　答（イ）

〔**解き方**〕管に挿入できるのは引込用ビニル絶縁電線以上の絶縁効力のあるもの. OW 線（屋外用ビニル絶縁電線）は使用が禁止されている.

---

8. 電線の接続

【**問い 1**】　答（イ）

〔**解き方**〕電線の強さを 20〔%〕以上減少させないことであるから，15〔%〕減少は正しい.（ハ），（ニ）はコード接続器，接続箱などを使用する.

【**問い 2**】　答（ハ）

〔**解き方**〕（ロ），（ニ）は電線の終端接続であるから，張力のかかる部分の接続には不適当.

【**問い 3**】　答（ロ）

〔**解き方**〕ジョイントボックス内で電線を接続する材料は，差込形コネクタやリングスリーブである. なお，インサートキャップはフロアダクトに使用，パイラックは金属管の止め金具，カールプラグも金属管などの固定に用いる.

【**問い 4**】　答（ニ）

〔**解き方**〕スタディポイント「コードとケーブルの接続」（電技解釈第 12 条）により，コード相互，キャブタイヤケーブル相互を接続する場合は，コード接続器，接続箱を用いなければならない. しかし，断面積 8〔mm²〕以上のキャブタイヤケーブル相互を接続する場合は，直接接続してもよい.

【**問い 5**】　答（イ）

〔**解き方**〕電技解釈第 12 条により，コード相互を接続するときは，コード接続器を用いなければならない.

なお，断面積 8〔mm²〕以上のキャブタイヤケーブル相互，絶縁電線とケーブル，絶縁電線とコードを接続する場合は直接接続してもよい.

【**問い 6**】　答（イ）

〔**解き方**〕電技解釈第 12 条により，ビニルコード相互の接続はコード接続器（コードコネクタ）を用いる.（ロ），（ニ）は接続する一方が絶縁電線であるから直接接続できる.

【**問い 7**】　答（ニ）

〔**解き方**〕8〔mm²〕未満のキャブタイヤケーブル相互，コード相互の接続には，コード接続器，接続箱などの器具を使用する.（ニ）は VV ケーブル相互であるから直接接続できる.

【**問い 8**】　答（ハ）

〔**解き方**〕自己融着性絶縁テープは，半幅以上重ねて 1 回以上（2 層以上）巻いた上から，さらに保護テープ（厚さ約 0.2 mm）を半幅以上重ねて 1 回以上（2 層以上）巻かなくてはいけない.

---

9. 電動機の工事と保護装置

【**問い 1**】　答（ニ）

〔**解き方**〕コンセントを使用している（イ），（ハ）は不適切. 配線は接触防護措置を施した隠ぺい工事にはがいし引き工事は不適切で，金属管工事，ケーブル工事，合成樹脂管工事により施工する. 定格消費電力が 2〔kW〕以上の機器に電気を供給し，配線と機器は直接接続し，専用の漏電遮断器と過電流遮断器を取り付ける場合は対地電圧を 300〔V〕以下とすることができる. したがって，（ニ）が適切である.

【**問い 2**】　答（ニ）

〔**解き方**〕電技解釈第 143 条により，三相 200〔V〕2〔kW〕以上の電気機械器具（ルームエアコン）は，屋内配線と直接接続して施設しなければならない. コンセントによる接続は禁止されている.

【**問い 3**】　答（ニ）

〔**解き方**〕スタディポイント「低圧電動機の過負荷保護装置」（電技解釈第 153 条）により，定格出力が 0.2〔kW〕を超える電動機で焼損のおそれがあり，運転中監視できないものは過負荷保護装置は省略できない.（イ）屋内の乾燥した木製の床に施設する電動機の接地工事は電技

解釈第29条により省略できる．（ハ）電技解釈第36条により漏電遮断器も省略できる．（ロ）始動装置は2.2〔kW〕の三相誘導電動機であるから必要としない．

【問い　4】　答（ハ）

〔**解き方**〕低圧電動機を屋内に施設するとき，三相誘導電動機の定格出力が0.75〔kW〕の場合は，0.2〔kW〕より大きいので，電技解釈第153条により，過負荷保護装置を省略できない．なお，（イ），（ロ），（ニ）は省略することができる．

【問い　5】　答（イ）

〔**解き方**〕定格出力0.2〔kW〕以下．

【問い　6】　答（イ）

〔**解き方**〕（ロ），（ハ），（ニ）はスタディポイント2⑴⑵⑶に該当し，保護装置を省略できる．

---

10. 特殊な場所での工事

【問い　1】　答（イ）

〔**解き方**〕（ロ），（ハ），（ニ）は認められているが，金属線ぴ工事は禁止されている．

【問い　2】　答（ニ）

〔**解き方**〕金属管にはD種接地工事を施す．

【問い　3】　答（ニ）

〔**解き方**〕電気機械器具は防爆構造のものでなければならないが，カバー付ナイフスイッチはこの構造ではない．

【問い　4】　答（ニ）

〔**解き方**〕（イ），（ロ），（ハ）は認められているが，フロアダクト工事は禁止されている．

【問い　5】　答（イ）

〔**解き方**〕（ロ），（ハ）はいずれの工事にも適用でき，（ニ）はいずれの工事にも適用できない．

【問い　6】　答（ロ）

〔**解き方**〕がいし引き工事では，絶縁電線の電線相互間の間隔は6〔cm〕である．

【問い　7】　答（ハ）

〔**解き方**〕電技解釈第176条により，金属管工事とケー

ブル工事に限られている．

【問い　8】　答（ニ）

〔**解き方**〕爆燃性粉塵の多い場所の電気工事には，電技解釈第175条により，金属管工事，ケーブル工事でなければならない．したがって，合成樹脂管工事は施工できない．

---

11. 接地工事

【問い　1】　答（ニ）

〔**解き方**〕この図記号は，接地極付250V20Aのコンセントで，ルームエアコンなどのコンセントに用いられる．機械器具の使用電圧が低圧300〔V〕以下なので，D種接地工事を施さなければならない．（電技解釈第29条）

【問い　2】　答（ニ）

〔**解き方**〕機械器具の使用電圧が低圧300〔V〕以下の接地工事はD種接地工事である．漏電遮断器が設置されていないので，電技解釈第17条により，接地抵抗値は100〔Ω〕以下，接地線（軟銅線）の太さは直径1.6〔mm〕以上のものを施工しなければならない．

【問い　3】　答（ハ）

〔**解き方**〕D種接地工事は，スタディポイント「接地工事の実際」（電技解釈第17条）より，接地抵抗値は100〔Ω〕以下とする．ただし，低圧電路に地絡を生じた場合に0.5〔秒〕以内に自動的に電路を遮断する装置を設ける場合は接地抵抗値を500〔Ω〕とすることができる．したがって，（ハ）は不適切である．

【問い　4】　答（ハ）

〔**解き方**〕図は，三相200〔V〕，2.2〔kW〕の電動機の外箱に施す接地工事であるから，D種接地工事を施す．漏電遮断器（動作時間0.1秒）が設置されているので，接地抵抗値の最大値は500〔Ω〕，電線（軟銅線）の最小太さは1.6〔mm〕である．

【問い　5】　答（ハ）

〔**解き方**〕機械器具の使用電圧が低圧300〔V〕を超える金属製の台および外箱には，C種接地工事を施さなければならない．漏電遮断器（動作時間0.1秒）が設置されているので，接地抵抗値は10〔Ω〕以下を500〔Ω〕以下にすることができる．

---

12. 接地工事の省略

【問い　1】　答（ニ）

〔解き方〕 スタディポイント2.機械器具の金属製外箱の接地（電技解釈第29条）より，水気のある場所以外で定格感度電流15〔mA〕以下，動作時間0.1秒以下で電流動作型の漏電遮断器を施設する場合にはD種接地工事を省略することができる．よって，ニの「水気のある場所」，「定格感度電流30〔mA〕」の記述が不適切である．

【問い 2】 答（ロ）

〔解き方〕 スタディポイント2.機械器具の金属製外箱の接地（電技解釈第29条）より，水気のある場所では定格感度電流15〔mA〕の漏電遮断器を設置してもD種接地工事を省略できない．イとニは電技解釈第159条により省略できる（スタディポイント3を参照）．ハはスタディポイント2.機械器具の金属製外箱の接地の(2)に適合するので省略できる．

【問い 3】 答（ロ）

〔解き方〕三相200〔V〕の対地電圧は150〔V〕を超える．よって，ロはスタディポイント2.機械器具の金属製外箱の接地の(1)に不適合で，D種接地工事を省略できない．イとニは電技解釈第159条により省略できる（スタディポイント3を参照）．ハはスタディポイント2.機械器具の金属製外箱の接地の(2)に適合するので省略できる．

【問い 4】 答（ハ）

〔解き方〕被測定接地極Eから20m離れた箇所に第2補助接地極C（電流用）を設置し，EとCの中央に第1補助接地極P（電圧用）を配置する．E，P，Cは一直線上に配置する．

【問い 5】 答（ロ）

〔解き方〕被測定接地極Eを端とし，Eから10m離れた箇所に電圧測定のための補助接地極Pを，さらにPから10m離れた箇所に電流を流すための補助接地極Cを配置する．E，P，Cは一直線上に配置する．

〔検 査〕

1．検査一般

【問い 1】 答（ハ）

〔解き方〕点検は目視点検のことである．温度上昇試験や絶縁耐力試験は，一般には行われない．

【問い 2】 答（イ）

〔解き方〕「スタディポイント」より（イ）の順序が正しい．

【問い 3】 答（ニ）

〔解き方〕一般住宅の低圧屋内配線の新増設検査に際して，絶縁耐力試験は一般に行われていない．絶縁耐力試験は一般に高圧受電設備や機器に対して行われる．

【問い 4】 答（ニ）

〔解き方〕一般用電気工作物の低圧屋内配線の竣工検査をする場合，一般に行われているものは，目視点検，接地抵抗測定，絶縁抵抗測定，導通試験などである．屋内配線の導体抵抗の測定は行われていない．

【問い 5】 答（ニ）

〔解き方〕力率の測定は一般に力率計を用いるが，電流計，電圧計および電力計でも測定することができる．

$$力率 = \frac{電力計の指示〔W〕}{（電圧計の指示〔V〕）×（電流計の指示〔A〕）}$$

の関係を利用する．

【問い 6】 答（イ）

〔解き方〕検電器は充電の有無を検査する．なお，回路計は導通の検査や電圧の測定，アーステスタは接地抵抗の測定，絶縁抵抗計は絶縁抵抗の測定を行う．

【問い 7】 答（ニ）

〔解き方〕竣工検査であるから運転開始前に行われる．

三相200〔V〕電動機の屋内配線工事の竣工検査に必要な測定器具は，絶縁抵抗計，接地抵抗計である．なお，運転に入ってからは，相回転計，回転計なども場所によっては必要とされる．

2．計器の測定範囲の拡大

【問い 1】 答（ハ）

〔解き方〕電圧計は電源または負荷の端子電圧を測定するので，これらと並列に接続する（ロ）または（ハ）が正解である．

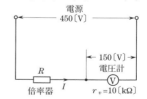

倍率器は電圧計と直列に接続するので，450〔V〕まで測定する場合の回路は図のようになる．

スタディポイント(1)式より，

$$150 = 450 \times \frac{10}{R+10}$$

$$\frac{1}{3} = \frac{10}{R+10}$$

$$R + 10 = 30$$

$$R = 30 - 10 = 20 \ (\text{k}\Omega)$$

したがって，（ハ）の結線が適切である．

【問い　2】　答（ハ）

〔解き方〕【問い　1】のように150〔V〕の電圧計と倍率器（20〔kΩ〕の抵抗）を（ハ）のように接続すると，450〔V〕まで測定できる．

電圧計と抵抗R_vを直列に接続して，電圧計に定格電圧150〔V〕が加わったとき，電圧計を流れる電流をIとすると，

$$I = \frac{150}{10 \times 1000} = 15 \ (\text{mA})$$

被測定電圧Vを求めると，次のようになる．

$$V = I \times R_v + 150$$

$$= 15 \ (\text{mA}) \times 20 \ (\text{k}\Omega) + 150 = 450 \ (\text{V})$$

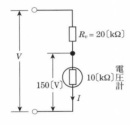

【問い　3】　答（ハ）

〔解き方〕　分流器は電流計と並列に接続するので（イ）または（ハ）が正解．

スタディポイント(3)式より，

$$10 = 40 \times \frac{R}{R+0.03}$$

$$10(R+0.03) = 40R$$

$$10 \times 0.03 = 30R$$

$$0.3 = 30R$$

$$R = 0.01 \ (\Omega)$$

したがって，（ハ）の結線が正しい．

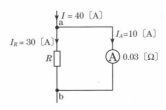

【問い　4】　答（ハ）

〔解き方〕電流計に定格電流10〔A〕を流すためには分流器に30〔A〕を流せばよい．電流計の内部抵抗による電圧降下は，

$$I_A \times 0.03 = 10 \times 0.03 = 0.3 \ (\text{V})$$

分流器に流れる電流I'は，分流器抵抗をR〔Ω〕とすると，

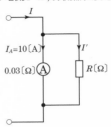

$$I' = \frac{0.3}{R} = 30 \ (\text{A})$$

$$R = \frac{0.3}{30} = 0.01 \ (\Omega)$$

したがって（ハ）は，40〔A〕まで測定できる．

【問い　5】　答（イ）

〔解き方〕（ロ）の屋内配線の絶縁抵抗測定には，メガーを用いる．（ハ）の電動機回路の電力量の測定には，電力量計を用いる．（ニ）の住宅の屋内配線の検査では，一般に絶縁耐力試験は行わない．

（イ）において，100〔V〕，1.5〔kW〕電気湯沸かし器の定格電流は1 500/100 = 15〔A〕である．これを20/5〔A〕変流器と最大目盛5〔A〕の電流計で測定すると，指示値I_xは，

$$I_x = \frac{5}{20} \times 15 = 3.75 \ (\text{A})$$

電流計の測定範囲に入り測定可能である．したがって（イ）が正しい．

【問い　6】　答（ロ）

〔解き方〕単相100〔V〕，3〔kW〕電気湯沸かし器の定格電流は，3 000/100 = 30〔A〕である．これを20/5〔A〕の変流器と最大目盛5〔A〕の電流計で測定すると，電流計の指示値I_x〔A〕は，

$$I_x = \frac{5}{20} \times 30 = 7.5 \ (\text{A})$$

電流計の最大目盛が5〔A〕であるから，測定範囲をオーバし，指針が振り切れ測定不能となる．したがって，（ロ）は誤りである．

---

3. 絶縁抵抗の測定

【問い 1】 答（ロ）

〔解き方〕 スタディポイント 1. 測定器：絶縁抵抗計より，絶縁抵抗計の定格測定電圧（出力電圧）は直流電圧である．

【問い 2】 答（ロ）

〔解き方〕 スタディポイント 3. 測定値より，負荷側の低圧屋内電路と大地間の測定は，負荷側の点滅器をすべて「入」にして，負荷（電気機械器具）は使用状態（接続）にしたのままで測定する．

【問い 3】 答（イ）

〔解き方〕 スタディポイント 3. 測定値より，電気使用場所の開閉器または過電流遮断器で区切られる低圧電路の使用電圧と絶縁抵抗の最小値は，

電路の使用電圧の区分		絶縁抵抗値
300〔V〕以下	対地電圧 150〔V〕以下	0.1〔MΩ〕
	その他の場合	0.2〔MΩ〕
300〔V〕を超えるもの		0.4〔MΩ〕

【問い 4】 答（ロ）

〔解き方〕 スタディポイント 3. 測定値より，三相3線式の使用電圧 200〔V〕（対地電圧 200〔V〕）電動機回路の絶縁抵抗値は，0.2〔MΩ〕以上でなければならない．

【問い 5】 答（ハ）

〔解き方〕 スタディポイント 2. 測定手順より，絶縁抵抗計のテストリードの接地側（E）端子を電動機の接地端子に，テストリードの線路側（L）端子を電動機の巻線（入力端子）に接続する．

【問い 6】 答（ハ）

〔解き方〕 スタディポイント 3. 測定値より，絶縁抵抗測定が困難であり，使用電圧が加わった状態における漏えい電流により絶縁性能を確認する場合は，漏えい電流が 1〔mA〕以下でなければならない．（電技解釈第 14 条）

---

4. 電圧・電流・電力・力率の測定

【問い 1】 答（イ）

〔解き方〕 電流計は負荷と直列に接続し，電圧計は負荷と並列に接続する．これより（イ），（ニ）が正しい．電力計には電圧コイルと電流コイルがあり，電流コイルを負荷と直列に，電圧コイルは負荷と並列に接続する．したがって，（ニ）が除外され，（イ）の結線が正しい．

【問い 2】 答（イ）

〔解き方〕 太線が電流コイル，細線が電圧コイルであることに注意する．電力計の電流コイルは負荷と直列に接続し，電圧コイルは負荷と並列に接続する．したがって，（イ）の接続が正しい．

【問い 3】 答（ニ）

〔解き方〕 電流計や電圧計の目盛板（文字盤）に⊥の表示のあるものは鉛直に置いて使用する．なお，水平に置いて使用する場合は □ の表示がある．（ハ）の記号は交直両用を示している．

【問い 4】 答（イ）

〔解き方〕 クランプ型電流計は，電流が発生する磁界を検出して，電流の値を指示する構成となっている．（イ）のように使用すると，両電圧線の電流による磁界は相殺されて0となり，漏れ電流を測定することになる．なお，（ロ），（ハ）のように測定すると，電圧線と中性線の合成電流を指示する．（ニ）の場合は，1線の負荷電流を測定する．

【問い 5】 答（イ）

〔解き方〕 スタディポイント「クランプ型電流計」による．（ロ）は往復2線の合計であるから指示は0．（ハ）も2心であるから（ロ）と同じ．（ニ）はクランプが開いているので，これも指示は0である．

【問い 6】 答（ニ）

〔解き方〕 動作原理の記号より「誘導形」で，交流の電力量計に使用する．

【問い 7】 答（ニ）

〔解き方〕 動作原理の記号より「可動鉄片形」，置き方の記号より「水平」．

〔法　令〕

1．電気工事士法（1）

【問い　1】　答（ロ）
〔解き方〕　電気工事士法は，電気工事の作業に従事する者の資格および業務を定め，「電気工事の欠陥による災害の発生の防止に寄与する」ことを目的としている．

【問い　2】　答（ハ）
〔解き方〕　電気工事士免状の交付を受けようとする者は，必要な書類を添えて居住地の「都道府県知事」に申請する．

【問い　3】　答（ハ）
〔解き方〕　電気工事士法により，第二種電気工事士のみの免状では，需要設備の最大電力が 500〔kW〕未満の自家用電気工作物の低圧部分の工事はできない．この工事ができるのは，第一種電気工事士及び認定電気工事従事者である．

【問い　4】　答（ハ）
〔解き方〕　電気工事士が住所を変更した場合は，所有者が免状の裏面の住所を書き直せばよい．知事に申請する必要はない．

【問い　5】　答（ロ）
〔解き方〕　電気工事士免状の書換えの申請をしなければならないのは，電気工事士法施行令第5条により，氏名が変わった場合である．

2．電気工事士法（2）

【問い　1】答（イ）
〔解き方〕　電気工事士でなければできない作業は，
（イ）a：配電盤を造営材に取り付ける．
　　　b：電線管を曲げる．
（ハ）b：電線管に電線を収める．
（ニ）a：接地極を地面に埋設する．
である．

【問い　2】　答（ハ）
〔解き方〕　電気工事士法により，電気工事士でなければできない作業は，
　・配電盤を造営材に取り付ける．
　・電線管のねじを切る．
　・接地極に接地線を接続する．

・金属製の電線管をワイヤラス張りの壁の貫通部に取り付ける．
などである．

【問い　3】　答（ニ）
〔解き方〕　一般用電気工作物の工事または作業で，
　・がいしに電線を取り付ける作業
　・電線管に電線を収める作業
　・電線管にねじを切る作業
　・電線相互を接続する作業
　・配電盤を造営材に取り付ける作業
などは，電気工事士でなければできない．

【問い　4】　答（ニ）
〔解き方〕　一般用電気工作物の工事または作業で，
　・電線管にねじを切る作業
　・電線管とボックスを接続する作業
は電気工事士でなければならない．

【問い　5】　答（ニ）
〔解き方〕　自家用電気工作物（500〔kW〕未満の需要設備）の非常用予備発電装置の工事は，電気工事士法第3条，同法施行規則第2条の2により，特種電気工事資格者でなければならない．（イ）のネオン工事の場合，自家用電気工作物としてのネオン工事には特種電気工事資格者の資格が必要であるが，一般用電気工作物のネオン工事は第二種電気工事士の資格で工事ができる．

3．電気事業法

【問い　1】　答（ハ）
〔解き方〕　電気事業法により，低圧受電の電気工作物は一般用電気工作物である．しかし，低圧受電の電気工作物でも，非常用予備発電設備を有するものや，構外にわたる電線路を有するものは自家用電気工作物に該当する．
　公道を隔てた構外の倉庫に電力を送っている場合は，構外にわたる電線路を有する設備である．

【問い　2】　答（ハ）
〔解き方〕　（イ）の出力 15〔kW〕の太陽電池発電設備は，小規模事業用電気工作物である．（ハ）の出力 25〔kW〕の内燃力予備発電装置は，自家用電気工作物である．（ロ）と（ニ）の低圧受電は一般用電気工作物である．

【問い　3】　答（ニ）

〔解き方〕（イ）と（ロ）の高圧受電は，自家用電気工作物である．（ハ）は小規模発電設備以外の発電用の電気工作物を同一の構内に設置しているので，自家用電気工作物である．（ニ）の低圧受電は，一般用電気工作物である．

【問い　4】　答（イ）

〔解き方〕（イ）の出力5〔kW〕の内燃力発電設備は小規模発電設備に該当するので，一般用電気工作物である．なお，（ロ）の出力55〔kW〕の太陽電池発電設備，（ハ）と（ニ）の高圧受電は，それぞれ自家用電気工作物である．

---

4. 電気工事業法

【問い　1】　答（ニ）

〔解き方〕登録電気工事業者が引続き電気工事業を営もうとする場合，「7年ごと」ではなく「5年ごと」に電気工事業の更新の登録を受けなければならない．

【問い　2】　答（ニ）

〔解き方〕電気工事業の業務の適正化に関する法律において，登録電気工事業者が営業所等に掲げる標識に記載することが義務づけられている事項は，代表者の氏名または名称，営業所の名称，登録年月日および登録番号，主任電気工事士の氏名である．したがって，電気工事の施工場所名は義務づけられていない．

【問い　3】　答（ロ）

〔解き方〕電気工事業法第25条により，営業所および電気工事の施工場所に氏名（または名称），法人にあっては代表者の氏名，営業所の名称，登録の年月日および番号，主任電気工事士等の氏名を記した標識を掲示しなければならない．問題のように，「営業所又は電気工事の施工場所のいずれか」ではなく，「営業所および電気工事の施工場所のいずれにも」である．

【問い　4】　答（ハ）

〔解き方〕登録電気工事業者が5年間保存しなければならない帳簿に，記載することが義務づけられているのは，次の事項である．

(1) 注文者の氏名または名称および住所
(2) 電気工事の種類および施工場所
(3) 施工年月日
(4) 主任電気工事士および作業者の氏名
(5) 配線図
(6) 検査結果

（ハ）の施工金額は，記載が義務づけられていない．

---

5. 電気設備技術基準とその解釈

【問い　1】　答（ロ）

〔解き方〕スタディポイント「電圧の種別」（電技第2条）より，低圧の区分は直流750〔V〕以下，交流600〔V〕以下である．なお，高圧の区分は，直流にあっては750〔V〕を，交流にあっては600〔V〕を超え7 000〔V〕以下のものをいう．

【問い　2】　答（ロ）

〔解き方〕電技第2条により，低圧は（直流750〔V〕以下，交流600〔V〕以下），高圧は（直流750〔V〕超過で7 000〔V〕以下，交流600〔V〕超過で7 000〔V〕以下）である．したがって，（ロ）が正しい．

【問い　3】　答（ハ）

〔解き方〕電技第2条により，低圧は直流750〔V〕以下，交流600〔V〕以下のもの．交流は実効値で表され，最大値は実効値より大きいので，直流より低い値にされている．

【問い　4】　答（イ）

〔解き方〕「電路の対地電圧の制限」（電技解釈第143条）により，住宅の屋内電路の対地電圧は原則として150〔V〕以下でなければならない．

【問い　5】　答（ロ）

〔解き方〕住宅の屋内電路の対地電圧は，電技解釈第143条により，150〔V〕以下でなければならない．ただし，2〔kW〕以上の電気機械器具を定められた方法により施工する場合は300〔V〕以下まで認められている．

【問い　6】　答（イ）

〔解き方〕電路の必要な箇所には過電流遮断器を施設しなければならない．また，電路には，地絡が生じた場合に電線若しくは電気機械器具の損傷，感電又は火災のおそれがないよう，地絡遮断器の施設等を講じなければならない．ただし，地絡による危険のおそれがない場合は地絡遮断器を省略できる．

【問い　7】　答（ハ）

〔解き方〕簡易接触防護措置の最小高さは，屋内は床上1.8m，屋外は地表上2.0mと接触防護措置よりも低く高さが規定されている．

6. 電気用品安全法

【問い 1】　答（イ）
〔解き方〕電気用品安全法の主な目的は，電気用品の安全性の確保につき民間事業者の自主的な活動により，電気用品による火災，感電，電波障害などの危険および障害の発生を防止することである．

【問い 2】　答（ハ）
〔解き方〕特定電気用品登録製造事業者，または特定電気用品輸入業者は，特定電気用品を販売する場合は，電気用品安全法第10条により，所定のマークを表示せねばならないが，JISマークではない．定格，製造者名なども表示する．したがって，（ハ）は誤りである．

【問い 3】　答（イ）
〔解き方〕電気用品安全法により，電気工事に使用する特定電気用品に付すことが要求されている表示項目は，届出事業者名，検査機関名，◇または<PS>Eの記号，定格である．

【問い 4】　答（ニ）
〔解き方〕電気用品安全法，令別表第一により，定格電圧100〔V〕以上300〔V〕以下で，定格電流30〔A〕以下のタンブラスイッチ，定格電流100〔A〕以下の配線用遮断器はそれぞれ特定電気用品である．

【問い 5】　答（ハ）
〔解き方〕電気用品安全法により，外径25〔mm〕の金属製電線管は特定電気用品以外の電気用品の適用を受ける．なお，250〔V〕，100〔A〕の配線用遮断器，200〔A〕のつめ付きヒューズは特定電気用品である．5.5〔kW〕のかご形三相誘導電動機は電気用品の適用を受けない．

【問い 6】　答（ハ）
〔解き方〕定格電流100〔A〕以下の配線用遮断器は特定電気用品の適用を受ける．なお，消費電力40〔W〕の蛍光ランプ，外径25〔mm〕の金属製電線管，ケーブル配線用スイッチボックスは特定電気用品以外の電気用品の適用を受ける．

【問い 7】　答（ニ）
〔解き方〕絶縁電線で導体の公称断面積が100〔mm²〕以下のもの（600Vビニル絶縁電線38〔mm²〕はこれに該当する）は，特定電気用品である．

【問い 8】　答（ロ）
〔解き方〕ケーブル導体の公称断面積が22〔mm²〕以下，線心が7本以下，外装がゴムまたは合成樹脂のもので，定格電圧が100〔V〕以上600〔V〕以下のものは特定電気用品である．

〔配線図〕

1. 屋内配線図用の図記号⑴

【問い 1】　答（イ）
⊖はペンダント，⑪は埋込器具，⑪はシーリング（天井直付）である．

【問い 2】　答（ハ）
防雨形 Water-Proof の「WP」である．

【問い 3】　答（ニ）
●_{A(3A)}自動点滅器はA及び容量を傍記する．

【問い 4】　答（ハ）
ペンダントは⊖，埋込器具は⑪である．

【問い 5】　答（ハ）
「イ」の埋込器具は⑪，「ロ」のシャンデリヤは⑪，「ニ」の引掛シーリングは⊙（丸）である．

【問い 6】　答（ロ）
抜け止め形は⊖_{LK}，防雨形は⊖_{WP}，防爆形は⊖_{EX}のコンセントである．

【問い 7】　答（ロ）
別置されたパイロットランプ（確認表示灯）は○●，位置表示灯を内蔵する点滅器は●_H，確認表示灯を内蔵する点滅器は●_L，リモコンスイッチは●_Rである．

【問い 8】　答（ニ）
3極コンセントは極数を「3P」で表示する．防水形3口コンセントは実際には接地端子付の⊖_{3ETWP}がある．

【問い 9】　答（ハ）
Hは水銀灯，100は容量ワット（W）×ランプ数（1灯は記入しない），Mはメタルハライド灯，Nはナトリウム灯で高輝度放電ランプ（HID灯）である．

【問い 10】 答（ハ）

⊖はペンダント，ⓒⓛはシーリング（天井直付），ⓒⓗは
シャンデリヤである．

【問い 11】 答（ハ）

⊖ＥＬ は漏電遮断器付，⊖ＥＴ は接地端子付，⊖Ｔ は引
掛形のコンセントである．

【問い 12】 答（ハ）

傍記の「2」は2口コンセント，「E」は接地極付，「ET」
は接地端子付，「WP」は防雨形を示す．

【問い 13】 答（ハ）

ⓒⓗはシャンデリヤ，ⓓⓛは埋込器具，◎は引掛シーリ
ング（丸）である．

【問い 14】 答（イ）

ダウンライトは埋込器具のⓓⓛ，シャンデリヤはⓒⓗ，
シーリング直付はⓒⓛである．

【問い 15】 答（ニ）

非常用照明（蛍光灯）は□●□である．

【問い 16】 答（ハ）

●Ｈは位置表示灯を内蔵する点滅器，●Ｐはプルスイッ
チ，●Ｒはリモコンスイッチである．

【問い 17】 答（ロ）

⊖ＥＬ は漏電遮断器付，⊖Ｅ は接地極付，⊖ＥＸ は防爆
形のコンセントである．

【問い 18】 答（ハ）

非常用照明は白熱灯●，蛍光灯は□●□，リモコンス
イッチは●Ｒ，立上がりは⤴である．

【問い 19】 答（ニ）

⬜TSはタイムスイッチ，⊛3 はリモコンセレクタス
イッチ点滅回路数3である．

【問い 20】 答（ロ）

⊖ＥＴ は接地端子付，⊖ＥＸ は防爆形，⊖Ｅ は接地極付
コンセントである．

2. 屋内配線図用の図記号(2)

【問い 1】 答（ハ）

合成樹脂管工事は，硬質ポリ塩化ビニル電線管を使用
し「VE」で表示する．サイズ例「16」の場合は (VE16) と
表示する．

【問い 2】 答（イ）

受電点は⤴である．

【問い 3】 答（ハ）

「LD」はライティングダクトを示す．

【問い 4】 答（ニ）

―――は床隠ぺい配線，天井隠ぺい配線は――――，
露出配線は------，天井隠ぺい配線のうち天井ふとこ
ろ内配線を区別する場合―・―・―を用いてもよい．

【問い 5】 答（ハ）

(E19) は鋼製電線管（ねじなし電線管），(VE16) は
硬質ポリ塩化ビニル電線管（合成樹脂管），(MM1) は1
種金属線ぴ工事である．

【問い 6】 答（ロ）

素通しは⤴，リモコンスイッチは●Ｒ，調光器は⤴
である．

【問い 7】 答（ニ）

地中埋設配線は JIS C 0303 8．屋外設備により―・―・―
で表せる．

【問い 8】 答（ロ）

⤴は調光器，⤴は引下げ，⤴は立上がりである．

【問い 9】 答（ニ）

(F217) は2種金属製可とう電線管，(VE16) は硬質
ポリ塩化ビニル電線管（合成樹脂管），(PF16) は合成
樹脂製可とう電線管である．

【問い 10】 答（イ）

内径22〔mm〕の硬質ポリ塩化ビニル電線管である（合
成樹脂管工事に使用）．

【問い 11】 答（ハ）

屋外設備で―・―・―は地中配線を示し，また，天井隠

ぺい配線のうち天井ふところ内配線を区別する場合に用いてもよい.

【問い 12】 答（ニ）

露出配線で「8」は太さ 8〔mm²〕,「3C」は線心数 3 心を示す.

【問い 13】 答（ニ）

電線の入っていない電線管は ⇐── で示し, コンクリート埋込配管専用は CD 管になる. また PF 管は露出, 隠ぺい, 埋込配管に使用できる.

【問い 14】 答（ハ）

⊠はプルボックス, ◎は配線がある場合蛍光灯（配線がない場合 JIS C 0303 には規定されていないが点検口として過去に出題されている）, ⊘は VVF 用ジョイントボックスである.

【問い 15】 答（ハ）

記号 EM はエコマテリアルでエコ電線・ケーブル

EM-IE：600V 耐燃性ポリエチレン絶縁電線（IV）

EM-IC：600V 耐燃性架橋ポリエチレン絶縁電線（HIV）

EM-EEF：600V ポリエチレン絶縁耐燃性ポリエチレンシースケーブル平形（VVF）

EM-CEE：制御用ポリエチレン絶縁耐燃性ポリエチレンシースケーブル（CVV）

---

3. 屋内配線図用の図記号⑶

【問い 1】 答（イ）

モータブレーカは B_M 又は $\boxed{B}$, 配線用遮断器は $\boxed{B}$ である.

【問い 2】 答（ハ）

スピーカは ◁, ブザーは ⌓, ベルは ⌒ である.

【問い 3】 答（ハ）

▱は OA 盤, ◨は制御盤, ⊠は配電盤である.

【問い 4】 答（ロ）

図は電力量計（箱入り又はフード付）で, 変流器（箱入り）は $\boxed{CT}$, 開閉器は $\boxed{S}$, 漏電警報は $(A)_G$ である.

【問い 5】 答（ロ）

過電流と地絡電流とを遮断するのは$\boxed{BE}$, 地絡電流を遮断するのは $\boxed{E}$, 不平衡電圧を検出して遮断するのは, 単相 3 線式中性線欠相保護付の配線用遮断器である.

【問い 6】 答（ハ）

モータブレーカは$\boxed{B}$, 漏電遮断器は$\boxed{E}$である.

【問い 7】 答（ロ）

天井付きの換気扇は ⧖ である.

【問い 8】 答（ロ）

$\boxed{S}$ は開閉器, $\boxed{B}$ は配線用遮断器, $\boxed{B}$ はモータブレーカである.

【問い 9】 答（イ）

$\boxed{RC}_I$ は屋内ユニット, $\boxed{RC}_O$ は屋外ユニットである.

【問い 10】 答（ハ）

$(T)_R$ はリモコン変圧器, $(T)_F$ は蛍光灯用安定器, $(T)_N$ はネオン変圧器である.

【問い 11】 答（ハ）

電技解釈第 149 条の分岐回路の施設による.

【問い 12】 答（ニ）

過電流と地絡電流を遮断する.

【問い 13】 答（ニ）

(A) は警報用のブザー, また (T) は時報用のブザーで, (A) は警報用のベルである.

【問い 14】 答（ロ）

チャイムは ♪, 壁付押しボタンは ● , 表示スイッチは ● である.

【問い 15】 答（ニ）

漏電遮断器は $\boxed{E}$, 箱開閉器は $\boxed{S}$, 電磁開閉器は JIS C 0303 には規定されていないが, 電磁開閉器用押しボタンは $●_B$ で示される.

【問い 16】 答（ロ）

イは, プルボックス.

【問い 17】 答（ハ）

Ⓜは電動機である.

【問い 18】 答（ロ）

⬚CT⬚ は変流器（箱入り），Ⓛは電流制限器，電力量計の箱入りは⬚Wh⬚ である.

【問い 19】 答（ニ）

Ⓣ$_B$はベル変圧器，Ⓣ$_F$は蛍光灯用安定器，Ⓣは電話機形インターホン親機である.

【問い 20】 答（ニ）

極数：3P，定格電流：30A，ヒューズ定格電流：15A，電流計の定格電流：10A が傍記されている.

4. 複線図と配線条数

【問い 1】 答（ロ）

点滅器回路のみ考えてみると，次の2通りになる.

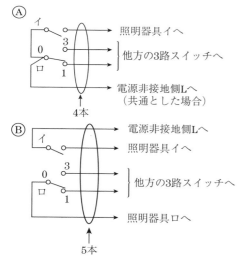

最少電線本数は，Ⓐの4本になる.

【問い 2】 答（ハ）

電源のN，L2本と点滅器（片切）回路イ，ロ，ハ3本の合計5本になる.

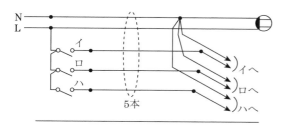

【問い 3】 答（ロ）

① 蛍光灯の接地側（N）の電源1本
② 3路スイッチ1と1，3と3の結線2本
③ 3路スイッチ「0」端子と照明器具間1本

以上より最少電線本数は4本になる.

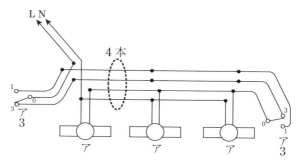

【問い 4】 答（ロ）

電線本数は，

① シャンデリヤ（オ）の接地側（N）の電源1本
② 3路スイッチ「0」端子への非接地側（L）の電源1本
③ 3路スイッチ1と1，3と3の結線2本

最少電線本数は4本となる.

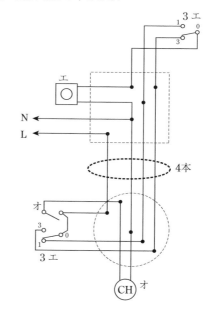

【問い 5】 答（ロ）

電線本数は，

① 蛍光灯（ハ）の接地側（N）の電源1本
② 各スイッチへの非接地側（L）の電源1本
③ 片切スイッチ（イ）と蛍光灯（イ）間1本
④ 片切スイッチ（ロ）と蛍光灯（ロ）間1本

最少電線本数は 4 本となる.

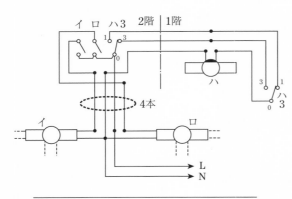

【問い 6】 答 (イ)

電線本数は,

① 照明器具の接地側 (N) の電源 1 本

② 3 路スイッチと, 4 路スイッチの結線 2 本

最少電線本数は 3 本となる.

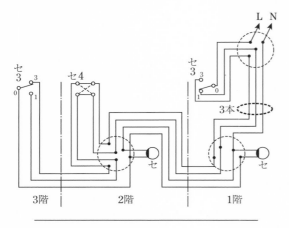

【問い 7】 答 (ロ)

電線本数は,

① 蛍光灯の接地側 (N) の電源 1 本

② 3 路スイッチ 1 と 1, 3 と 3 の結線 2 本

③ 3 路スイッチ「0」端子と照明器具間 1 本

以上より最少電線本数は 4 本になる.

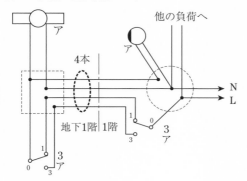

【問い 8】 答 (ハ)

電線本数は,

① 各照明器具の接地側 (N) の電源 1 本

② 各スイッチへの非接地側 (L) の電源 1 本

③ 3 路スイッチと, 4 路スイッチの結線 2 本

④ 3 路スイッチ「0」端子と照明器具間 1 本

以上より最少電線本数は 5 本になる.

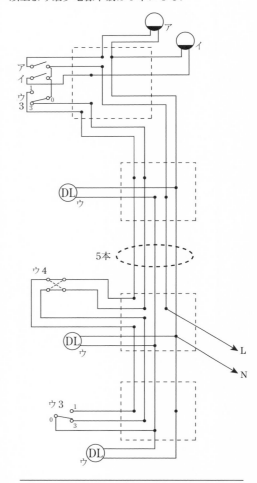

5. 低圧引込線の施設, 他

【問い 1】 答 (ロ)

電技解釈第 110 条による. 金属管工事は木造以外の造営物に施設できる (木造には施設できない).

【問い 2】 答 (ハ)

電技解釈第 147 条による. ⊖ のコンセントは傍記がないので 15A125V を設置している. 使用電圧は 100V で a の分岐回路の配線用遮断器が 20A 以下のため電路の長

さ 15m 以下は省略できる.

【問い 3】 答（ロ）

電技解釈第 166 条による. 屋外配線の開閉器及び過電流遮断器は屋内電路用のものと兼用しないことが原則であるが, 15A 以下の過電流遮断器又は 20A 以下の配線用遮断器で保護された電路に屋側又は屋外配線の長さが分岐点から 8m 以下は兼用できる.

【問い 4】 答（ロ）

電技解釈第 116 条による. 地表上 4m 以上, 道路横断する場合は路上 5m 以上であるが, 技術上やむを得ない場合において交通に支障のないときは地表上 2.5m 以上にすることができる.

【問い 5】 答（ロ）

電技解釈第 110 条による. 木造の造営物には鉛被・MI ケーブル工事, 金属管工事は施設できない.

【問い 6】 答（ハ）

電技解釈第 147 条による. 屋外の電路のこう長が 15m 以下なので省略できる.

【問い 7】 答（ハ）

図記号 ------ は露出配線である. 図記号 ― ― ― は床隠ぺい配線である. 図記号 ——— は天井隠ぺい配線である.

【問い 8】 答（ロ）

電技解釈第 116 条による. 低圧引込線の高さは技術上やむを得ない場合において交通に支障がないときは, 2.5m 以上でなければならない.

【問い 9】 答（ニ）

管類の種類を示す図記号で「VE」は硬質ポリ塩化ビニル電線管を用いた合成樹脂管工事である. 「14」は絶縁電線の太さを示し, 断面積の単位〔mm²〕を省略してよい. -///--- は電線数を示す. なお, ロは金属管工事, ハはフロアダクト工事, ニの記号 VVR は 600V ビニル絶縁ビニルシースケーブル丸形工事で, 線心数 3 心を示す.

6. 電路の絶縁抵抗, 接地工事, 電線など

【問い 1】 答（ロ）

電技解釈第 17, 29 条による. 図記号 RC○ はルームエアコン屋外ユニットである. 接地工事は D 種接地工事であるから, 接地線の太さは 1.6mm 以上とする.

【問い 2】 答（ロ）

電技解釈第 149 条による. 図記号 ⊖ は 15A のコンセントなので, 20A 以下の配線用遮断器を用いる.

【問い 3】 答（イ）

電技省令第 58 条による. $1\phi 3W$ 100/200V は単相 3 線式で, 対地電圧は 150V 以下のため, 電気温水器に使用する $1\phi 2W$ 200V の絶縁抵抗値は 0.1MΩ 以上である.

【問い 4】 答（ニ）

電技解釈第 17, 29 条による. D 種接地工事で電路に設置する漏電遮断器の動作時間は 0.5 秒以内のため, 接地抵抗値は 500Ω 以下である.

【問い 5】 答（ハ）

電技解釈第 146 条による. 図記号○は小形変圧器で設問は変圧器一次側（電圧 100V）のため低圧屋内配線である. 分岐用配線用遮断器 20A のため, 使用できる電線の最小太さは 1.6mm である.

【問い 6】 答（ニ）

電技解釈第 170 条による. 屋内に施設する使用電圧が 300V 以下の電球線にはビニルコード以外のコード又はビニルキャブタイヤケーブル以外のキャブタイヤケーブルで断面積が 0.75mm² 以上でなければならない.

【問い 7】 答（ニ）

電技解釈第 29 条による. 300V 以下の低圧回路の機械器具の鉄台及び外箱の接地工事であるから D 種接地工事である.

【問い 8】 答（ロ）

電技解釈第 145 条による. メタルラス張りの壁を貫通する部分の保護管は, 難燃性及び耐水性のある絶縁管に収めて施設することとあるので, 合成樹脂管が適している.

【問い 9】 答（イ）

電技解釈第 181 条による. 小勢力回路で使用できる軟銅線の最小太さは 0.8mm である.

【問い 10】 答（ニ）

電技解釈第 149 条による．過電流遮断器の定格電流が 40A のため，電線の太さの最小は断面積 8mm² である．

【問い 11】 答（ニ）

電技解釈第 120 条による．地中電線路は，電線にケーブルを使用しなければならない．コード・絶縁電線は使用できない．

【問い 12】 答（ロ）

電技解釈第 17 条による．D 種接地工事で接地抵抗値が 500Ω であるから電路に設置する漏電遮断器の動作時間は 0.5 秒以内である．

【問い 13】 答（ニ）

メタルラス・ワイヤラス又は金属板と器具の金属製部分とは電気的に接続しないよう施設すること．またメタルラス，ワイヤラス又は金属板張りを貫通する場合は電技解釈第 145 条による．

【問い 14】 答（イ）

電技解釈第 17, 29 条による．第 29 条により D 種接地工事，第 17 条により 100Ω 以下，直径 1.6mm 以上の軟銅線とする必要がある．

【問い 15】 答（ニ）

電技解釈第 181 条による．
呼出・警報回路等の小勢力回路電圧は最大 60V 以下である．

【問い 16】 答（イ）

電技解釈第 167 条による．低圧屋内配線がケーブル工事で弱電流電線・ガス管と接近し又は交差する場合はガス管等に直接接触しないように施設すること．

【問い 17】 答（ロ）

電技省令第 58 条による．3φ3W 200V は使用電圧が 300V 以下で，対地電圧が 150V を超える電路のため，絶縁抵抗値は 0.2MΩ 以上である．

【問い 18】 答（ロ）

電技解釈第 143 条による．住宅の屋内電路の対地電圧は 150V 以下でなければならない．ただし，定格消費電力が 2kW 以上の電気機械器具で，屋内配線と直接接続し簡易接触防護措置を施す場合（簡易接触防護措置を施

さない部分は絶縁性のある材料で作られていること，電路には地絡が生じたときに自動的に電路を遮断する装置を施設すること）で，使用電圧が 300V 以下であれば，対地電圧 300V 以下とすることができる．

7. 材料等選別

(144 ページ)

【問い 1】 答（ニ）

図記号はコンセントを示し，定格電流，定格電圧の記入がないので 15A125V，口数は記入がないので 1 口，種類を示す傍記 EET の E は接地極付，ET は接地端子付である．イは定格 15A125V 接地極付コンセント，ロは極の配置が一直線で曲りがないので定格 15A250V 接地極付コンセント，ハは定格 20A125V コンセントである．

【問い 2】 答（ニ）

図記号はコンセントを示し，定格電流，定格電圧の記入が無いので 15A125V，口数は記入が無いので 1 口，種類を示す傍記 LK は抜け止め形，ET は接地端子付，WP は防雨形である．イは口数 2 口，抜け止め形，接地極付，接地端子付の防雨形コンセント，ロは口数 1 口，抜け止め形の防雨形コンセント，ハは口数 3 口，抜け止め形，接地端子付の防雨形コンセントである．

【問い 3】 答（ハ）

図記号はコンセントを示し，口数は記入が無いので 1 口，20A は定格電流，250V は定格電圧を示す，種類を示す傍記 E は接地極付である．イは定格 15A250V 接地極付コンセント，ロは定格 20A125V 接地極付コンセント，ニは定格 15A125V 接地極付コンセントである．

【問い 4】 答（ニ）

図記号はコンセントを示し，2 は口数を示し 2 口，定格電流，定格電圧は記入が無いので 15A125V である．イは定格 15A125V 接地極付接地端子付コンセント，ロは定格 15A125V 接地端子付コンセント，ハは定格 15A125V 接地極付 2 口コンセントである．

【問い 5】 答（ハ）

図記号はコンセントを示し，2 は口数を示し 2 口，定格電流，定格電圧は記入が無いので 15A125V，EL は種類を示し漏電遮断器付である．イは定格 15A250V2 口コンセント，ロは定格 15A125V 接地極付 2 口コンセント，ニは定格 15A250V 接地極付コンセントである．

【問い 6】 答（イ）

図記号はコンセントを示し，2は口数を示し2口，定格電流，定格電圧は記入が無いので15A125V，種類を示す傍記Eは接地極付，LKは抜け止め形である．ロは定格15A125V2口コンセント，ハは定格15A，20A兼用125V接地極付コンセント，ニは定格15A125V接地端子付コンセントである．

【問い 7】 答（イ）

図記号はコンセントを示し，定格電流，定格電圧は記入が無いので15A125V，2は口数で2口，種類を示す傍記LKは抜け止め形，Eは接地極付，ETは接地端子付，WPは防雨形である．ロは定格15A125V，口数1口，抜け止め形の防雨形コンセント，ハは定格15A125V接地極付抜け止め形2口コンセント，ニは定格15A125V接地極付接地端子付コンセントである．

（145 ページ）

【問い 8】 答（ロ）

図記号は点滅器を示し，定格電流，極数の記入が無いので15A単極，種類の傍記Lは確認表示灯内蔵である．接点の構成図の ○ は表示灯を示し，「0」端子には非接地側電線，「3」端子には接地側電線，「1」端子には点滅する照明器具への電線を結線する．イは3路スイッチ，ハは単極スイッチ（片切スイッチ），ニは位置表示灯内蔵スイッチである．

【問い 9】 答（ニ）

図記号は点滅器を示し，種類の傍記4は4路スイッチである．接点の構成図より，イは確認表示灯内蔵スイッチ，ロは位置表示灯内蔵スイッチ，ハは3路スイッチである．

【問い 10】 答（ニ）

図記号は点滅器を示し，種類の傍記Hは位置表示灯内蔵スイッチである（接点構成図の ○ は表示灯を示す）．接点の構成図より，イは単極スイッチ（片切スイッチ），ロは3路スイッチ，ハは4路スイッチである．

【問い 11】 答（ロ）

図記号は調光器を示し，照明器具の明るさを調整できる点滅器である．イは屋外灯などの点滅に使用する自動点滅器，ハはひもを引いて点滅操作するプルスイッチ，ニはリモコンスイッチである．

【問い 12】 答（ハ）

図記号は点滅器を示し，種類の傍記3は3路スイッチである．接点の構成図より，イは確認表示灯内蔵スイッチ，ロは位置表示灯内蔵スイッチ，ニは単極スイッチ（片切スイッチ）である．

【問い 13】 答（ロ）

図記号は点滅器を示し，種類の傍記Aは屋外灯などの点滅に用いる自動点滅器，(3A) は容量を示す．イはひもで点滅操作するプルスイッチ，ハはリモコンスイッチ，ニは照明器具の明るさを調整する調光器である．

（146 ページ）

【問い 14】 答（ニ）

図記号はリモコンスイッチで，照明器具が消灯時に緑ランプ（左），点灯時に赤ランプ（右）が点灯する．イは照明器具の明るさを調整する調光器，ロは屋外灯などの点滅に使用する自動点滅器，ハはひもを引いて点滅操作するプルスイッチである．

【問い 15】 答（ニ）

配線図内の点滅器は，アは3路スイッチ，イ，ウ，エは単極スイッチ（片切スイッチ），オは確認表示灯内蔵スイッチである．プレートは，アの箇所に1口用，イの箇所に1口用，ウ，エ，オの箇所に3口用を使用する．

【問い 16】 答（イ）

配線図内の単極スイッチ（片切スイッチ）には，それぞれ1口用のプレートを使用する．コンセントは2箇所あるが，図記号の種類の傍記が2となっているので，2口コンセント1個ずつ（3口用のプレートを使用）もしくは1口コンセント2個ずつ（2口用のプレートを使用）のどちらかになる．選択肢には3口用2枚はないため，ここでは1口コンセント2個ずつが2箇所として2口用を2枚使用する．よってイが適切である．

【問い 17】 答（ニ）

図記号 ⒸⒽ はシャンデリヤである．イはチェーンペンダント（図記号 ⊖），ロは埋込器具（図記号 ⒹⓁ），ハはコードペンダントである（図記号 ⊖）．

【問い 18】 答（ロ）

図記号 ⒹⓁ は埋込器具である．イは天井直付のシーリ

ング（図記号 ⒸⓁ），ハはコードペンダント（図記号 ⊖），
ニはシャンデリヤ（図記号 ⒸⒽ）である.

（147 ページ）
【問い 19】 答（ニ）
　図記号には，HID 灯の種類を示す H の表記があるの
で水銀灯である．他に HID 灯の種類を示す文字記号は，
M：メタルハライド灯，N：ナトリウム灯がある.

【問い 20】 答（ニ）
　図記号はボックス付の蛍光灯である．イはコードペン
ダント（図記号 ⊖），ロは埋込器具（図記号 ⒹⓁ），ハ
は壁付灯（図記号 ◖）である.

【問い 21】 答（ハ）
　図記号は蛍光灯で，ボックスの壁側が塗ってある
ので壁付蛍光灯（ボックス付）である．イは埋込器
具（図記号 ⒹⓁ），ロはコードペンダント（図記号 ⊖
），ニは天井直付蛍光灯で，右下の引きひもはプルス
イッチであるから，蛍光灯の図記号に ●P を傍記する.

【問い 22】 答（ロ）
　図記号 ⒹⓁ は埋込器具である．なお，写真は結線部が
上部にあるもの，問い 18 のロの写真は結線部が右側に
あるものである．イはチェーンペンダント（図記号 ⊖），
ハはコードペンダント（図記号 ⊖），ニはシャンデリヤ
（図記号 ⒸⒽ）である.

【問い 23】 答（ニ）
　図記号は蛍光灯であるが，右下にプルスイッチの図記
号が付いているので,天井直付蛍光灯（プルスイッチ付）
である．イは埋込器具（図記号 ⒹⓁ），ロはコードペン
ダント（図記号 ⊖），ハは壁付蛍光灯である.

【問い 24】 答（ハ）
　図記号の壁側が塗られているので壁付灯（ブラケット）
である．イはコードペンダント（図記号 ⊖），ロは埋
込器具（図記号 ⒹⓁ），ニは蛍光灯（天井直付）である.

【問い 25】 答（ニ）
　屋側の雨線内で使用する器具は，防湿・防雨形のボッ
クス付蛍光灯である．イは埋込器具（図記号 ⒹⓁ），ロ
は蛍光灯（天井直付),ハは壁付灯（図記号 ◖）である.

（149 ページ）
【問い 26】 答（ハ）
　図記号は配線用遮断器である．傍記に 200V，2P とあ
るので，2 極 2 素子で AC100/200V 回路に使用できる配
線用遮断器となり，器具の回路図よりハとなる．イは器
具の回路図より 2 極 1 素子で 100V 回路専用の配線用遮
断器，ロは 2 極 2 素子の漏電遮断器，ニは 2 極 1 素子の
100V 回路専用の漏電遮断器である.

【問い 27】 答（ハ）
　図記号は過負荷保護付の漏電遮断器で，傍記より極数
3P，フレームの大きさ 50A，定格電流 50A，定格感度電
流 30mA のものとなる．漏電遮断器には黄色の漏電時の
動作表示ボタンと動作確認用のテストボタンがあるの
で，これに注目して解答を選択する.

【問い 28】 答（ニ）
　分電盤結線図は，主開閉器 が 3 極の過負荷保護付の
漏電遮断器，分岐回路数は 12 回路となっているので，
主開閉器と分岐開閉器 12 回路の分電盤を選択する．イ
は電流計付の箱開閉器，ロは主開閉器と分岐開閉器 4 回
路の分電盤，ハは開閉器とタイムスイッチで電磁接触器
を開閉する制御盤である.

（151 ページ）
【問い 29】 答（イ）
　①で示す部分の VVF 用ジョイントボックス内の電
線接続は，第 1 図のようになる．電線太さはすべて
1.6〔mm〕であるから，電源 N の接続点は 1.6〔mm〕× 3
本，電源 L の接続点は 1.6〔mm〕× 2 本，3 路スイッチ
の接続点は 1.6〔mm〕× 2 本が 2 箇所，蛍光灯の接続点
は 1.6〔mm〕× 2 本の合計 5 箇所となり，リングスリー
ブは「小」が 5 個必要である.

【問い 30】 答（ニ）
　②で示す部分の VVF 用ジョイントボックス内の電
線接続は，第 1 図のようになる．電線太さはすべて
1.6〔mm〕であるから，電源 N の接続点は 1.6〔mm〕× 2
本，電源 L の接続点は 1.6〔mm〕× 2 本，3 路スイッチ
の接続点は 1.6〔mm〕× 2 本が 2 箇所，点滅器イと埋込
器具間の接続点は 1.6〔mm〕× 2 本の合計 5 箇所となり，
差込形コネクタは「2 本用」が 5 個必要である.

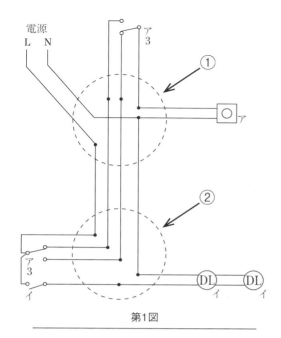

第1図

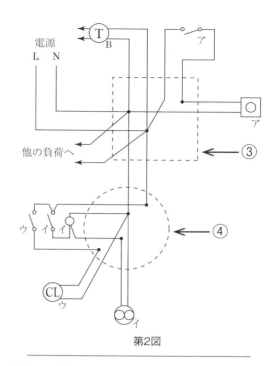

第2図

【問い　31】　答（イ）

　③で示す部分のジョイントボックス内の電線接続は，第2図のようになる．電線太さはすべて 1.6〔mm〕であるから，電源 N の接続点は 1.6〔mm〕×5 本，電源 L の接続点は 1.6〔mm〕×5 本，点滅器アと蛍光灯間の接続点は 1.6〔mm〕×2 本の合計 3 箇所となる．1.6〔mm〕×5 本の接続にはリングスリーブ「中」，1.6〔mm〕×2 本の接続にはリングスリーブ「小」を使用するので，リングスリーブは「小」が 1 個，「中」が 2 個必要である．

【問い　32】　答（ハ）

　④で示す部分のジョイントボックス内の電線接続は，第2図のようになる．電線太さはすべて 1.6〔mm〕であるから，電源 N の接続点は 1.6〔mm〕×4 本，電源 L の接続点は 1.6〔mm〕×2 本，点滅器ウとシーリング間の接続点は 1.6〔mm〕×2 本，点滅器イ，確認表示灯と換気扇間の接続点は 1.6〔mm〕×2 本の合計 4 箇所となり，差込形コネクタは「2 本用」が 3 個，「4 本用」が 1 個必要である．

（153 ページ）

【問い　33】　答（ロ）

　電流計で回路の負荷電流を測定する場合，電流計を負荷に直列接続するので，回路を切り離して電流計を直列接続しなければならないが，クランプメータは先端の変流器部分が開閉し，電線を切り離さずに変流器部分に電線を通せるため，停電することなく通電状態で電流を測定できる．イは回路計（テスタ），ハは照度計，ニは絶縁抵抗計（メガ）である．

【問い　34】　答（ニ）

　ニの回路計（テスタ）を用いる．回路計はレンジを切り替えて電圧測定，導通試験に用いる．イはクランプメータ，ロは補助極とリード線があるので接地抵抗計（アーステスタ），ハは検相器である．

【問い　35】　答（イ）

　回路の絶縁抵抗を測定するものは，イの絶縁抵抗計（メガ）である．絶縁抵抗計の目盛板には MΩ の単位が表記されている．ロは回路計（テスタ），ハは照度計，ニは低圧検電器である．

【問い　36】　答（ニ）

　三相 3 線式回路の相順を調べるものは，ニの検相器である．検相器には赤白青のリード線がある．イは回路計

（テスタ），ロはクランプメータ，ハは補助極とリード線があるので接地抵抗計（アーステスタ）である．

【問い 37】 答（ニ）

接地抵抗を測定するものは，接地抵抗計（アーステスタ）である．アーステスタには電流用と電圧用の補助極と緑黄赤のリード線がある．イは絶縁抵抗計（メガ），ロはクランプメータ，ハは回路計（テスタ）である．

【問い 38】 答（イ）

クランプメータには，レンジを切り替えて〔mA〕から〔A〕単位の電流を測定できるものがあり，通電状態の漏れ電流を測定し絶縁性能（1mA 以下）を確認できる．ロは絶縁抵抗計（メガ），ハは照度計，ニは検相器である．

（157 ページ）

【問い 39】 答（ロ）

木造部分に配線用の穴をあける工具として適切なものは，ロの木工用ドリルビットである．イは金属管のバリ取り用のリーマ，ハは金属板の穴あけに用いるホルソ，ニは金属板に穴をあけるノックアウトパンチャである．

【問い 40】 答（ロ）

リングスリーブ E 形の圧着接続に使用できる工具は，JIS C 9711 に適合する握り部分が黄色の圧着工具で，○，小，中，大の圧着マークが明確に刻印できるものである，

イは VVF ケーブルのケーブルシースや絶縁被覆のはぎ取りに用いるケーブルストリッパ，ハは圧着接続後の接続箇所に巻き付けて，絶縁処理をするために用いる絶縁テープ，ニはケーブルや絶縁電線のケーブルシース・絶縁被覆のはぎ取りに用いる電工ナイフである．

【問い 41】 答（ハ）

鉄骨軽量コンクリート造の露出部分に施工するねじなし電線管（E19）工事であるから，ハの木材に穴をあける羽根ぎりは使用しない．イのパイプバイスでねじなし電線管を固定，ロの金切りのこで切断，ニの平やすりで切断面の仕上げを行う．

【問い 42】 答（ハ）

CV5.5 - 2C（架橋ポリエチレン絶縁ビニルシースケーブル 2 心）の切断には，ハのケーブルカッタを用いる．イはパイプカッタ（金属管の切断），ロは合成樹脂管用カッタ，ニはケーブルストリッパ（VVF ケーブルのシース・絶縁被覆のはぎ取り）である．

【問い 43】 答（ロ）

ロのリーマはクリックボールに取り付けて，金属管内径のバリ取りに用いるものであるから，接地工事には用いない．イのハンマーは接地極の打ち込みに用いる．ハは接地棒（リード線付の接地極）である．ニの圧着端子は接地線の端末に圧着して，接地線を器具にねじ止めできるようにするために使用する．

【問い 44】 答（イ）

イは木材に穴をあけるために使用する木工用ドリルビットであるから，金属製のものには用いない．電灯用分電盤（金属製）には，ハのコードレスドリルに，ニのホルソを取り付けて丸い穴をあける．大きい丸穴をあけるときはホルソで下穴をあけた後，ロのノックアウトパンチャを用いる．

（159 ページ）

【問い 45】 答（ニ）

図記号 Ⓢ が示すものは開閉器である．設問の図では，開閉器に電磁開閉器用押しボタン ⦿B の図記号が接続されているので，この開閉器はニの電磁開閉器（マグネットスイッチ）となる．電磁開閉器は，電磁接触器と過負荷保護の熱動継電器を組み合わせたもので，電動機の運転停止に使用される．イは電流計付箱開閉器（図記号 Ⓢ）ロは配線用遮断器（図記号 Ⓑ），ハは低圧の三相誘導電動機（図記号 Ⓜ）である．

【問い 46】 答（ハ）

図記号 ⦿B の器具は，ハの電磁開閉器用押しボタンである．電磁開閉器用押しボタンには，電動機の運転停止操作用の「ON」と「OFF」の押しボタンがある．イはひもを引いて照明器具を点滅するプルスイッチ，ロは屋外灯を暗くなると点灯し，明るくなると消灯する自動点滅器，ニは照明器具の明るさを調節する調光器である．

【問い 47】 答（ハ）

設問に示された図記号に該当しないものは，ハのリモコンスイッチで，図記号は ●R である．リモコンスイッチは，リモコン変圧器の制御電源により，スイッチを操作するとリモコンリレーが「ON」「OFF」し，照明器具を集中制御，遠隔操作することができる．イは低圧三相誘導電動機（図記号 Ⓜ），ロは電線管が集中する場所で，電線を引き入れたり接続するために使用するプルボックス，

ス（図記号 ⊠），ニは低電圧でステンレス棒の長さを
水位に合わせ検出するフロートレススイッチ電極（図記
号 ●LF3）である.

【問い 48】 答（イ）

　図記号 ⊥ の器具はコンデンサである. コンデンサは
低圧三相誘導電動機の力率改善に用いる. ロは電流計付
箱開閉器, ハは配線用遮断器, ニは電磁開閉器である.

【問い 49】 答（イ）

　図記号 Ⓢ は低圧三相誘導電動機の手元開閉器として
用いる電流計付箱開閉器である. ロは低圧三相誘導電動
機, ハ電磁開閉器, ニは電磁開閉器用押しボタンスイッ
チである.

索 引

©電気書院 2023

改訂18版 ポイントスタディ方式による
第二種電気工事士学科試験受験テキスト

1988年10月30日　　第 1 版第 1 刷発行
2023年12月11日　改訂18版第1刷発行

編　者　電　気　書　院
発行者　田　　中　　　聡

発　行　所
株式会社　電　気　書　院
ホームページ　www.denkishoin.co.jp
（振替口座　00190-5-18837）
〒101-0051　東京都千代田区神田神保町1-3 ミヤタビル2F
電話(03)5259-9160／FAX(03)5259-9162

印刷　株式会社シナノパブリッシングプレス
Printed in Japan／ISBN978-4-485-21495-4

[本書の正誤に関するお問い合せ方法は，最終ページをご覧ください]

書籍の正誤について

万一，内容に誤りと思われる箇所がございましたら，以下の方法でご確認いただきますよう
お願いいたします.

なお，正誤のお問合せ以外の書籍の内容に関する解説や受験指導などは**行っておりません**.
このようなお問合せにつきましては，お答えいたしかねますので，予めご了承ください.

正誤表の確認方法

最新の正誤表は，弊社Webページに掲載しております．書
籍検索で「正誤表あり」や「キーワード検索」などを用いて，
書籍詳細ページをご覧ください.
正誤表があるものに関しましては，書影の下の方に正誤表を
ダウンロードできるリンクが表示されます．表示されないも
のに関しましては，正誤表がございません.

リンク

弊社Webページアドレス
https://www.denkishoin.co.jp/

正誤のお問合せ方法

正誤表がない場合，あるいは当該箇所が掲載されていない場合は，書名，版刷，発行年月
日，お客様のお名前，ご連絡先を明記の上，具体的な記載場所とお問合せの内容を添えて，
下記のいずれかの方法でお問合せください.
回答まで，時間がかかる場合もございますので，予めご了承ください.

郵便で問い合わせる	郵送先	〒101-0051 東京都千代田区神田神保町1-3 ミヤタビル2F ㈱電気書院　編集部　正誤問合せ係
FAXで問い合わせる	ファクス番号	**03-5259-9162**
ネットで問い合わせる	弊社Webページ右上の「**お問い合わせ**」から **https://www.denkishoin.co.jp/**

お電話でのお問合せは，承れません

（2023年11月現在）